JN241031

沈黙の駿河湾

東海地震説40年

静岡新聞社編

沈黙の駿河湾　東海地震説40年

はじめに

本書は２０１６年1月から２０１７年6月まで静岡新聞1面に連載した長期キャンペーン企画「沈黙の駿河湾～東海地震説40年」（全66回）と関連報道をまとめたものです。

私たちはこの長期企画を通し、１９７６年に東海地震説を提唱した石橋克彦神戸大名誉教授（当時東京大助手）が40年前とは異なる東海地震像を描いていることや、南海トラフ地震を視野に大震法の見直しを訴えているという単独インタビューの序章を皮切りに、40年間見直されてこなかった予知前提の仕組みが現状にそぐわないことを指摘し、今こそ転換を図る時であると訴えました。

重要な鍵を握っていたのが予知を前提とした大規模地震対策特別措置法（大震法）でした。しかし、取材開始当時、大震法は自治体の防災担当者ですら失念している有様で、見直し議論を始めるための材料がほとんどありませんでした。そこで第1章では強化地域8都県１５７市町村の防災担当部署にアンケートを行い、まず現状把握に努めました。静岡、高知両県の首長アンケート（第11章）、住民アンケートも実施し、検証に必要な客観データを揃えることを意識しました。

第2章では現状の警戒宣言の仕組みがいかに理想論かを浮き彫りにしました。第3章では大震法が原子力災害対策特措法の手本になったことを踏まえ、警戒宣言に相当する原子力緊急事態宣言を実際に首相が発令した原発事故の教訓を探りました。第4章では大震法の歴史を掘り起こしました。2016年4月に三重県沖で70年ぶりのM6・5のプレート境界地震や熊本地震が起きたことを捉え、教訓を検証したのが第5章です。第6章では突発型と予知型が混在した防災訓練の現状を描きました。2016年6月に政府が大震法のあり方の見直しを決めた後は、国の議論も検証しました。最後に取材班として「『予知はできない』と総括を」など6点の提言を打ち出しました。

連載開始後に政府が方針転換を決め、警戒宣言を凍結する一方、南海トラフ地震に備えた新たな対応を国民的議論で探ることになりました。取材班として国を動かすことができたと自負しています。

書籍化に際し、最小限の加筆修正を行いました。文中の役職や年齢は掲載当時のものです。本書を通して、今後の国民的議論がより充実し、また、大震法の節目の前後に何が起きていたのか、どんな議論がなされていたのかを後世に伝え残すことができれば幸甚です。

大震法取材班

沈黙の駿河湾　東海地震説40年

2016.1.1朝刊

「大震法　見直し必要」

南海トラフ対策と統合を

１９７６年に石橋克彦東京大理学部助手（現・神戸大名誉教授）が東海地震説（駿河湾地震説）を提唱して２０１６年で40年。静岡新聞社は15年12月、石橋氏に自説や地震予知を前提とした大規模地震対策特別措置法（大震法）について見解を聞いた。東海地震説を受けて78年に成立した大震法。立法のきっかけを作ったともいえる石橋氏は「見直したほうがよい。予知を大前提にせず、南海トラフ巨大地震対策と統合すべきだ」として抜本的見直しの必要性を示した。石橋氏は大震法の法案作成には関わっていなかった。

石橋克彦氏

「明日起きてもおかしくない」と言われてきた東海地震。しかし、明確な前兆を捉えることもないまま時が過ぎ、２０１１年3月の東日本大震災以後は１００～１５０年おきに繰り返すとされる南海トラフ巨大地震に社会の関心が移っている。石橋氏も「駿河湾での大

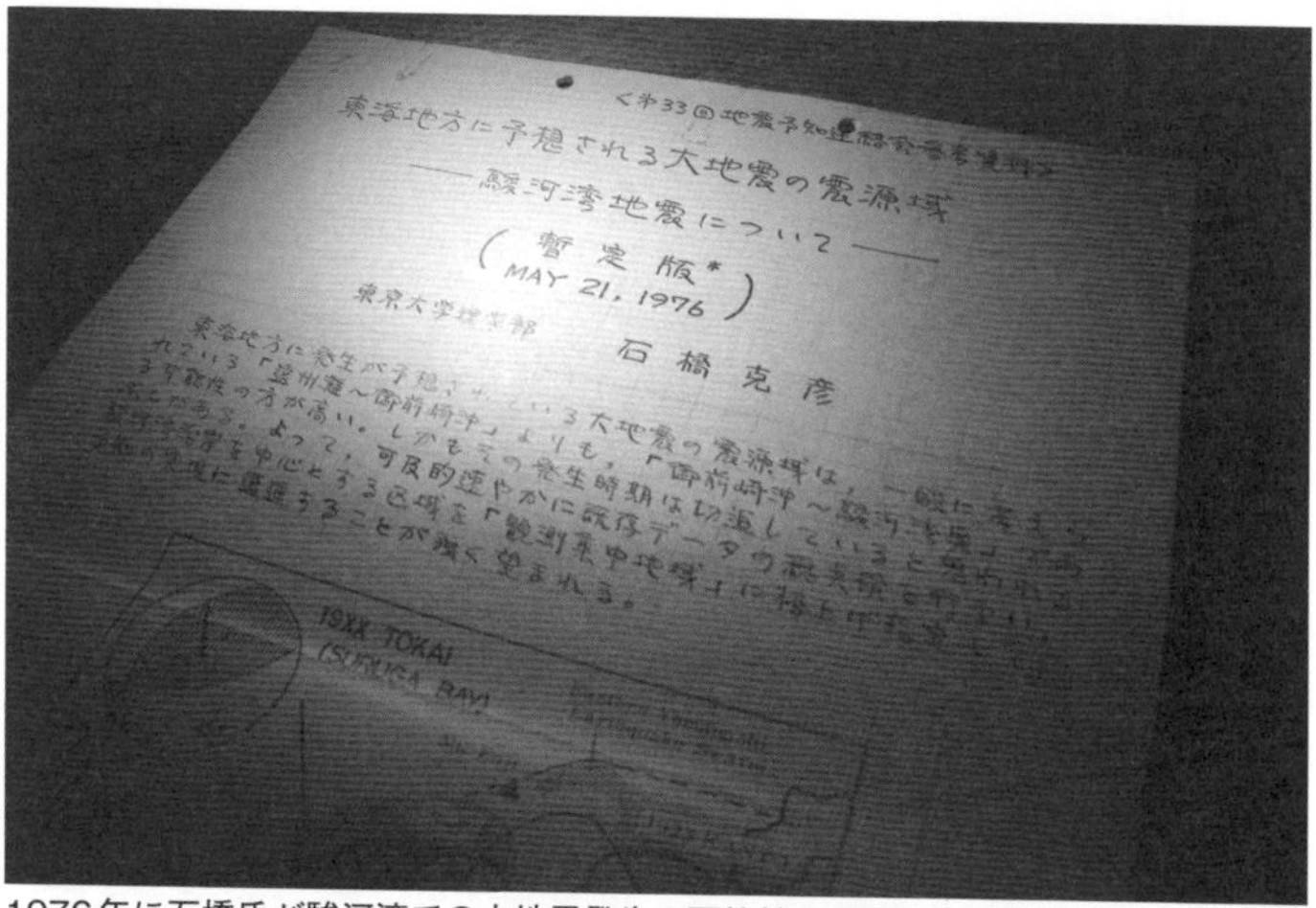

1976年に石橋氏が駿河湾での大地震発生の可能性を指摘した手書きのリポート。社会はここから大きく動き出し、78年の大震法成立につながった

地震が次の南海トラフ巨大地震と同時に起きる可能性を考慮するのは当然だ」という。

大震法に基づいて予知情報と警戒宣言が出されると、危険地域の住民は一斉に避難を開始。鉄道やバスは運行を中止し、主要道路は規制される。こうしたルールがあるのは現状では東海地震だけだ。社会の負担が大きく、混乱を招きかねないとの指摘がある一方、南海トラフ地震にはこうしたルールが全くない問題点も一部の研究者らが指摘してきた。

石橋氏も「予知の可能性があるとされる東海地震が不意打ちになる恐れがある一方、予知できないといわれる南海トラフ巨大地震でも『これは明らかに異常だ』という（前兆的な）現象が観測されることが絶対ないとは言えない」と地震予知の不確実な実情を指摘。「予知を前提としない地震対策を基本にしつつ、南海トラフ沿いのどこかで異常現象が観測された場合の対応を柔軟に考えておく必要がある」と大震法と南海トラフ地震に関する特別措置法（南海トラフ法）の一本化を提言した。「例えば、鉄道は運行中止ではなく、徐行にとどめるのがいいかもしれない。そうした議論を始めるべきだ」

石橋氏はこれまで大震法に違和感を持ちながらも具体的な論評はしてこなかった。「国土や社会の在り方といった根本的な地震対策に関心が移り、大震法についてはあまり考えてこなかった」と打ち明け、「現実的対策の重要な仕組みであるのに、東海地震説を言い出した人間として（大震法に）無関心だったのはよくなかった」と自省する。

「そもそも地震関連の法律は、いくつもの特措法の継ぎはぎではなく、全国的に一本であるべきだろう。各地の地震の理解が不十分というこ

【大規模地震対策特別措置法（大震法）】 大地震から国民の生命、身体、財産を守るため、地震予知を前提に、「地震防災対策強化地域（強化地域）」の指定や地震観測体制の強化、気象庁長官から「地震予知情報」の報告を受けて内閣総理大臣が「警戒宣言」を発令する仕組みなどを定めた特別措置法。警戒宣言発令に伴って国や自治体、民間事業者などがどう対応するか（地震防災応急対策）をあらかじめ決めておくことなども求めている。東海地震に限った法律ではないが、現在は想定東海地震だけが予知の可能性があるとされ、深刻な被害が予想される8都県157市町村が強化地域に指定されている。

【南海トラフ地震に係る地震防災対策の推進に関する特別措置法（南海トラフ法）】 南海トラフ巨大地震に備え、津波対策に関する自治体の財政支援などを強化する特別措置法。遠州灘西部―土佐湾までを対象にした従前の「東南海・南海地震に係る地震防災対策の推進に関する特別措置法」の範囲を想定東海地震の震源域（駿河湾付近）から日向灘までに拡大し、名称を「南海トラフ―」に改めた。2013年11月、改正・成立。地震予知は前提とせず、万が一、明らかな異常が観測されても大震法の警戒宣言のような仕組みはない。

ともある」。石橋氏は地震学の実力に対する過信も懸念してそう強調した。

石橋氏は1976年、それまで遠州灘沖と考えられていたマグニチュード（M）8級のプレート境界巨大地震の震源域の主要部が本県中・西部の直下を含んだ駿河湾地域になる可能性が高いとする駿河湾地震説を発表して社会に警鐘を鳴らした。（以後、原則として敬称略）

「なぜ起きない」に迫る

1976年、当時東京大助手の石橋克彦（71）＝神戸大名誉教授＝が東海地震説（駿河湾地震説）を提唱した。40年の歳月を経て駿河湾はいまだ不気味な沈黙を続ける。提唱当時から「駿河湾地震は単独発生しない」という批判があったが、なぜか―という説明は誰もしてこなかった。今、石橋自身がその問題に迫っている。

「駿河湾地震の発生原因の考え方は間違っていたかもしれない」―。2014年3月に出版した自著にそんな趣旨の見解を書き、東海地震の発生機構について新たな仮説を打ち出した。15年12月中旬、石橋は神戸市の自宅で取材に応じ、最新の考えを語った。「陸側のプレートが東向きに動こうとしていることが重要だと考えている」

東海地震の発生機構は従来、陸側のユーラシアプレートにフィリピン海プレートが沈み込み、プレート境界のひずみが極限に達するとユーラシアプレートが跳ね返る―と説明されてきた。フィリピン海プレートだけが動いているという仮定だ。

しかし日本付近のユーラシアプレートは、アムールプレートというマイクロプレート（小プレート）で、長期的に東に動いていることが分かりつつある。新説は、フィリピン海プレートの沈み込みに加えて、これを重視する。ただし普段は、日本海東縁～本州内陸の衝突帯や南海トラフの固着域が抵抗になっていて、アムールプレートはすんなりとは東進できない。

石橋は次のように説明する。①アムールプレートにフィリピン海プレートが沈み込む②プレート境界にひずみがたまる③内陸地震が多発しアムールプレート東進の抵抗が減る④南海トラフの巨大な固着域がはがれ（南海トラフ地震の発生）、留め金が外れたアムールプ

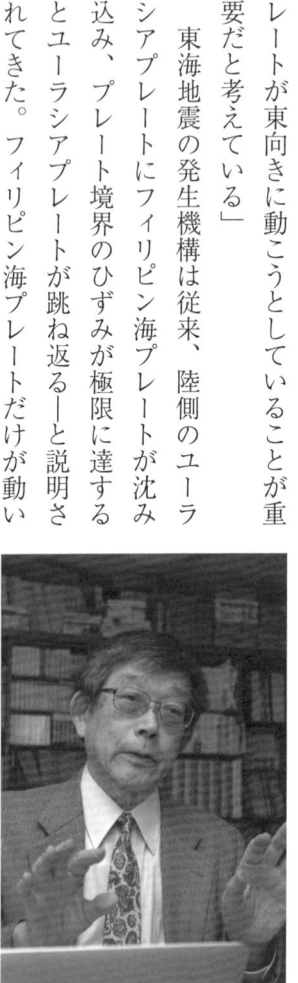

東海地震の発生機構について新たな仮説を説明する石橋克彦氏＝2015年12月11日、神戸市内の自宅

レートが一気に東に動く⑤同プレート東限の駿河湾付近のひずみが増大し、極限に達する⑥アムールプレートが跳ね上がる形で東海地震が起こる—。

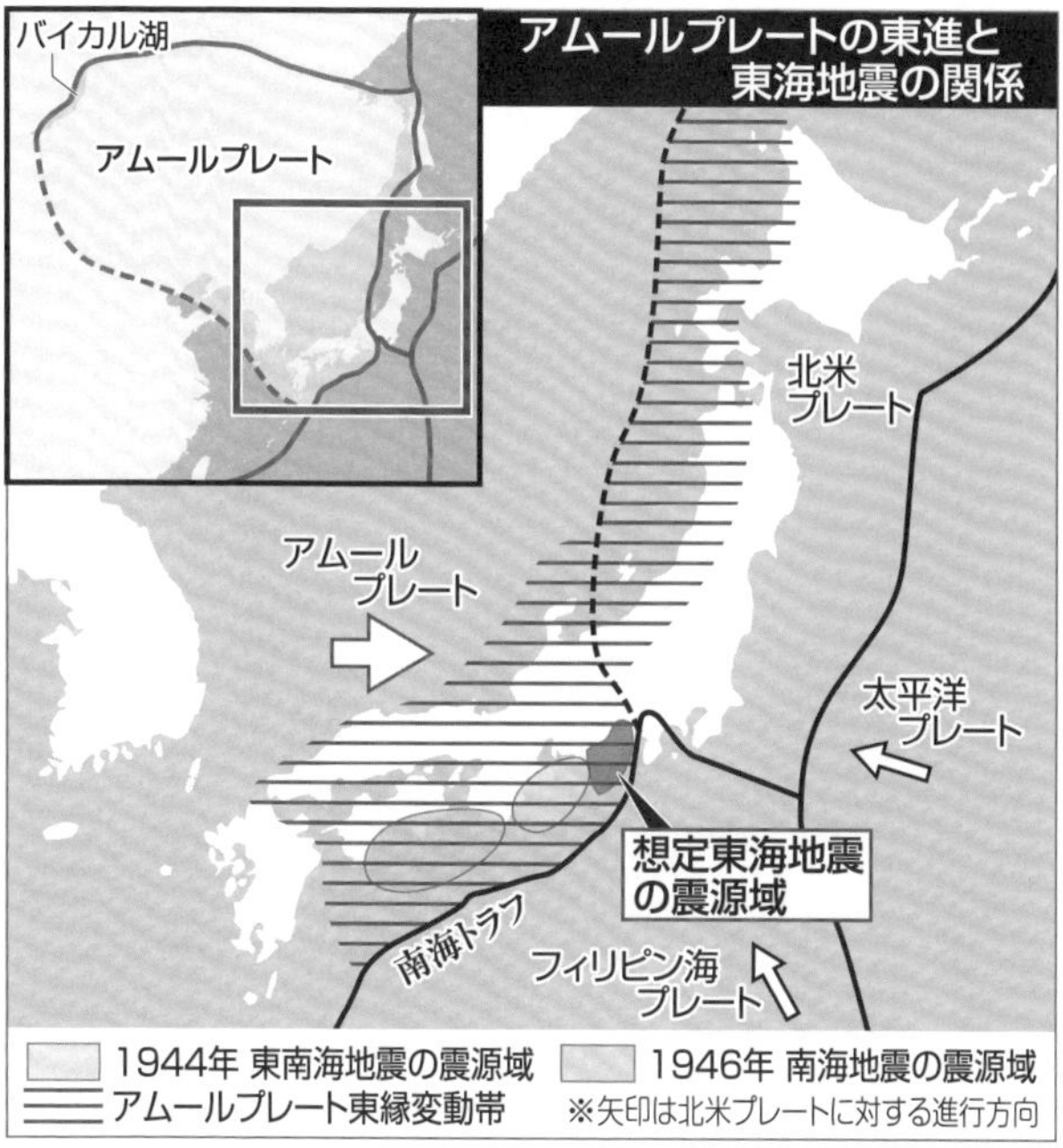

この仮説なら、過去の駿河湾での大地震が必ず南海トラフ巨大地震に伴っていたことを説明できる。南海トラフ地震の数十年前からアムールプレート東縁の衝突帯で内陸地震が活発化してきた事実もこの説を補強する。

太平洋プレート境界がずれ動き、東日本大震災を引き起こした11年3月の東北地方太平洋沖地震。本州全域で東西圧縮力が大きく解消されたはずが、その後多くの内陸地震は依然、ほぼ東西方向の圧縮力で発生している。「アムールプレート東進説」で石橋が予想した通りだ。「以前から考えていた新説だが、3・11を経て間違っていないという確信を深めた」

ひずみ蓄積の主因は従来通りフィリピン海プレートの沈み込みであり、東海地震の単独発生も否定されるわけではない。ただ、40年前に単純な「大地震空白域」の考えだけから切迫性を強調したことは「理論的に間違っていたのでは」と思う。

一方、危機感は増している。駿河湾で大地震が再発することは疑いない。「これからの40年は、それこそ万全の地震対策が求められる」

◇

南海トラフ―駿河トラフが全域破壊する巨大地震発生の可能性が高まったことを「東海地震説」の提唱者が認め、駿河湾の深奥に新たな光を当てた。社会を大きく動かした提唱者にこの40年間の思いや今後の防災対策への提言を聞いた。

■メモ　アムールプレートはロシアのバイカル湖付近から日本海・西南日本までが属するマイクロプレート。従来のユーラシアプレート東端部にあたる。平均で年間1～2センチの速さで東進していることが観測されている。東進に伴い、北米プレート（オホーツクプレート）やフィリピン海プレートとの境界付近に、ひずみが集中する「アムールプレート東縁変動帯」を形成する。同変動帯では、北海道南西沖地震（1993年）や兵庫県南部地震（95年）、鳥取県西部地震（2000年）、新潟県中越地震（04年）、福岡県西方沖地震（05年）、新潟県中越沖地震（07年）、岩手・宮城内陸地震（08年）など、いずれもほぼ東西方向の圧縮力による内陸地震が起きている。同変動帯は、石橋が95年ごろから提唱している。

2016.1.3朝刊

危機感の欠如に絶句

忘れられた震源域に注目

東京大理学部助手（当時）の石橋克彦（71）が1976年に発表した東海地震説（駿河湾地震説）は、山梨県東部地震群の研究がきっかけだった。この活動が静かだから相模湾の大地震は当分起きない。そう結論付けて地図を眺めていた時、ひらめきがあった。「大地震を起こさないとされている駿河湾こそ、危ないのではないか」

1854年の安政東海地震の震源域が鍵だと考え、後輩の大学院生だった栗田敬（64）＝浜松市中区出身、現・同大地震研究所教授＝にもらったまま埋もれていた古文書を見た時、直感は確信に変わった。そこには、この地震で薩埵峠（静岡市清水区）の麓が隆起したことが記されていた。

【薩埵峠の麓の隆起】　東海地震説の鍵になった地形の変動。安政東海地震（1854年）に伴って麓の海岸地盤が上昇した。山が海に迫った薩埵峠は東海道の難所として知られ、安政東海地震以前、麓の磯道は通行に危険が伴うことから「親知らず子知らず」とも呼ばれ、主に峠越えの山道が使われていた。石橋克彦氏が入手した史料には「この地震より後、海水裾をひたす事なく、波は裾より一町ほど先へ打寄るのみになりしよし」などの記述がある。現在は隆起した海岸が東西交通の要衝になっている。

隆起は、安政東海地震の震源域が従来の定説とは異なり、駿河湾の奥まで達したことを意味する。一気に興奮が高まった。「1944年（昭和東南海地震）は違った。そうであれば、駿河湾の中が破壊せずに残っているのは明らか。次はそこが壊れる。直下型巨大地震になり、国家的災害になるだろう」。仮説の核心は一瞬で完成した。

地球科学に興味を抱いたのは、神奈川県平塚市で暮らしていた小学生の時。1956年、日本初の南極観測隊が東京港を出発した。心躍るニュースにくぎ付けになり、観測隊に100円を寄付した。

土木技術にも心を奪われた。南極観測と同じ頃、浜松市天竜区では佐久間ダムの本体工事が始まっていた。山中で躍動する米国製の大型重機の存在感は圧倒的だった。記録映画を見て、コンクリートバケットの模型作りに熱中した。

地球科学と土木。文学にも関心があった。進路を

山中で微小地震の観測に取り組む石橋克彦氏＝1969年10月、福島県内（石橋氏提供）

決められない状態は、東京大に入学した後も続いた。転機は1964年6月16日に発生した新潟地震。東京都杉並区の下宿も強く揺れた。ラジオから「地震学者が少ない」と嘆く地震専門家の声が流れた。「じゃあ、やるかな」。この時から、理学部地球物理学科に進もうかという気持ちが膨らんだ。

東海地震説を基に「世の中を動かさなきゃいけない」と痛感した現場は島田市だった。仮説のリポートを地震予知連絡会に提出した翌日、予知研究の一環で地下水観測網を整備するため、島田球場の周辺を訪ねた。案内してくれた県の技術職員に東海地震への不安を問うと、返ってきた答えは「あれは遠州灘の沖の方だから、どうってことないですよ」。危機感の乏しさに絶句した。

地震予知推進本部と東海地域判定会（地震防災対策強化地域判定会の前身）の設置、大規模地震対策特別措置法の制定――。東海地震説を発表した直後から、世の中は大きく動き始めた。

■メモ　石橋氏と静岡との縁は少なくない。徳川家の御家人だった石橋家は明治維新後、16代徳川家達と共に一時、県内に居を移した「静岡県士族」。家には幕臣子孫ゆかりの「葵会」の名簿があり、「名簿をまたいではいけない」と言われながら育った。東京大理学部時代は、不十分な観測網を補う極微小地震移動観測班の助手。高草山（焼津市、藤枝市）などで観測の適地を探して回った。伊豆半島沖地震（1974年）の直後から伊豆半島のほぼ全域の山中で余震観測を続けた経験もある。

序章　提唱者はいま（下）

2016.1.4朝刊

震災軽減へ積極発信

「国土の自然条件　原点に」

1976年8月24日に報じられた東海地震説（駿河湾地震説）は瞬く間に社会の関心を集めた。提唱した石橋克彦（71）は殺到する取材や講演依頼の対応に追われた。「今だったら絶対に断るけど」と苦笑するワイド番組の出演も時間の許す限り引き受けた。32歳の東京大理学部助手は一躍、時の人となった。

「石橋はマスコミに踊らされている」。そんな批判も耳に入ったが、気にしなかった。説はもともと地震予知連絡会に提出したとはいえ、世の中に出た以上、説明する責任感が先にあった。

むしろ以前から疑問だったのは、自己規制に傾きがちな学界の雰囲気だった。「社会に対して消極的すぎるんじゃないのか」。何となくそう感じていた。

時に異端視されようと、その後も発信をためらわなかった石橋。内容も徐々に、東海地震説から社会の在り方そのものへの警鐘に広がっていく。

「原発震災」はそんな中で1997年に生み出した造語だ。地震で原発が大事故を起こせば、通常の震災と放射能災害が複合して破局的な被害を招くと指摘。特に、東海地震の想定震源域に立地する中部電力浜岡原発（御前崎市佐倉）には厳しい視線を注いだ。

しかし、「いずれ必ず起こる」と主張していた本人も、あまりに早い原発震災の現実化はショックだった。神戸市の自宅で迎えた2011年3月11日の東日本大震災と、続く東京電力福島第1原発事故。「起こる可能性のあることはすぐにも起こる」。こう捉える必要性を痛感した。

石橋は現在、歴史地震の研究に没頭する。「日本列島で近代的な地震観測が始まってたかだか100年。『古い地震の観測』が必要不可欠」。穏やかに語る一方で、現実の社会や国の将来に目を向けると気持ちは複雑だ。

「日本人のやってきたことが問い直されている」。人々がこう口をそ

【地震予知連絡会】 地震予知に関する調査や観測、研究結果などの情報交換と学術的な検討を目的に、国土地理院長の私的諮問機関として1969年4月に発足した組織。国の関係機関や大学の研究者らで構成し、年4回、定期的に会合が開催される。石橋克彦氏が東京大理学部助手だった当時にまとめた東海地震説のリポートは、報道される3カ月前の76年5月24日の第33回予知連で参考資料として初めて配布された。

ろえた3・11を経てもなお、東京一極集中や都市部での超高層ビル建設は止まらない。原発は再稼働が始まった。震災軽減のために自らが唱えてきた分散型の国土づくりや経済至上主義からの脱却とは、まるで正反対に進んでいるように映る。

今こそ大地震や気象災害は「国土の基本条件」との認識に政治家が、国民が、立ち返る時だと思う。災害対策が、経済原理を優先するための安全弁のように扱われるのでなく、「大変なことが起こるイメージを社会全体がリアルに描き、それに対して日ごろからどうするべきかという方向に向かってほしい」。

理学系の人間が青臭いことを言って

沈黙が続く駿河湾の近くに広がる市街地。東海地震がどんな状況で起きても災害を最小限に抑える方策が求められる＝2015年12月28日、静岡市上空（本社ヘリ「ジェリコ1号」から）

いる、そんな自覚もある。それでも、技術的にも文化的にも一目置かれる日本だからこそ、世界を変える気概を持っていいはずだと信じる。

若い頃には無限だと感じていた人生の時間を、「残りわずか」と実感する年齢になった。だがこれからも、地震研究者だからこそ気がつく社会の問題を世の中に訴えていきたい。

「震災論は突き詰めれば文明論なんです」

■メモ

日本の古代から近世初頭までの全地震史料は、石橋氏が研究代表者を務めた文部科学省の科学研究費補助金によるプロジェクト（地震、火山、日本史、情報工学などの幅広い研究者が参加）でデータベース化され、静岡大防災総合センターのサイトで公開されている。既刊の地震史料集は内容の信頼性や活用の難しさで問題があったが、それを抜本的に改善し、今後の研究に役立てるのが狙い。石橋氏は今も、メンバーとともに改訂作業を続けている。

第1章　強化地域アンケート（上）

2016.1.21朝刊

警戒宣言で「混乱」8割

市町村9割　情報認知度「不足」

静岡新聞社は大規模地震対策特別措置法（大震法）に基づく地震防災対策強化地域の157市町村の防災担当部署を対象にアンケートを行い、9割超の147市町村から回答を得た。東海地震に備えた観測網が異常を捉えると気象庁が発表する一連の情報の認知度や「警戒宣言」発令時の懸念などを問う調査に対し、8割超の自治体が警戒宣言発令時の混乱を予想し、施行後40年近くを経た大震法についてあらためて議論を求める現場の声を浮き彫りにした。専門家は過去に類似調査の例がなく回収率も極めて高いことから貴重なデータと指摘する。3回に分けて詳報する。

アンケートは、ひずみ計の観測データなどに通常とは異なる変化が観測された場合に発表される「調査情報（臨時）」や東海地震の前兆現象の可能性が高まった場合に発表される「注意情報」、東海地震発生の恐れが高まった場合に首相が発令する警戒宣言に伴って予知の根拠などが発表される「予知情報」などについての設問が中心。

社会活動に大きな影響を与える警戒宣言について、「発令されたら住民に何らかの混乱が懸念される」と答えた自治体は回答自治体の8割を超す118市町村（80・3％）に上った。「発令されたらほとんどの住民は冷静に適切な行動をとる」と答えた自治体は4町村（2・7％）にとどまった。「そもそも発令は難しい」とした自治体も13市町（8・8％）あった。

カラーレベル「青」で表され、続報に注意しながら平常通りの生活を送ればよいとされる調査情報（臨時）の段階でも、約5割の市町村が混乱を懸念した。

各情報に対する強化地域自治体の考え

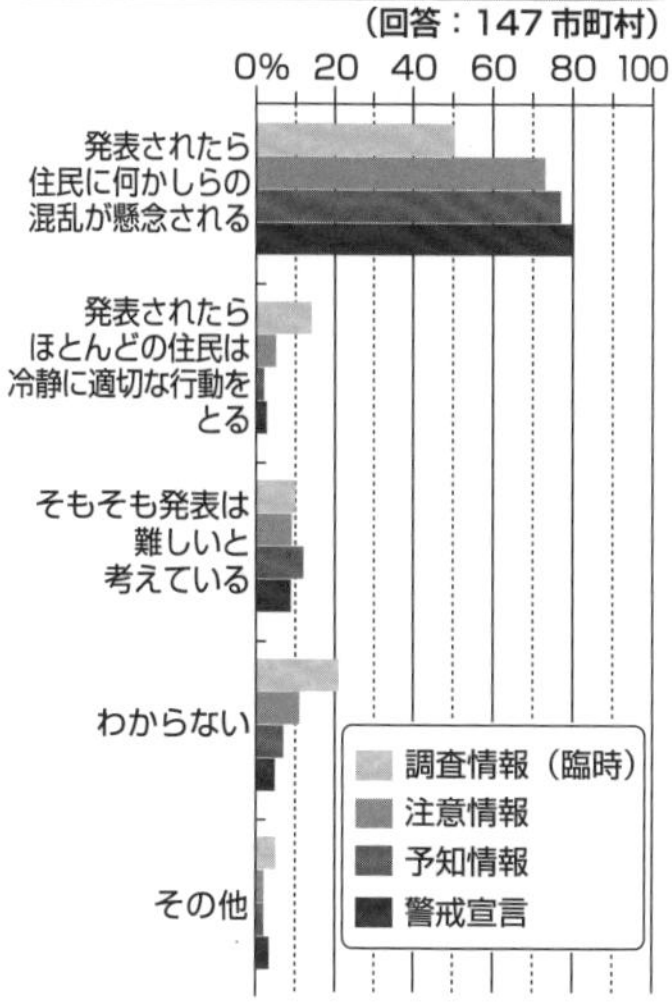

それぞれの情報の段階でとるべき対応に関する住民の認知度について聞いたところ、84市町村（57・1％）が「広く知られているとはいえない」、56市町村（38・1％）が「広く知られているが、正確には理解されていない懸念がある」と答えた。両回答を合わせると140市町村（95・2％）に達し、ほとんどの自治体が認知度不足を感じていた。「広く知られており、正確に理解されている」と答えた市町村はゼロだった。

一連の情報について「住民の認知度を調査したことがあるか」との問いには、「調査したことはない」が93・2％に上り、現状把握もできていないことが浮き彫りになった。

大震法の見直し議論については、回答自治体の8割近くが「議論はしたほうがよい」との認識を示した。

◆情報の認知度

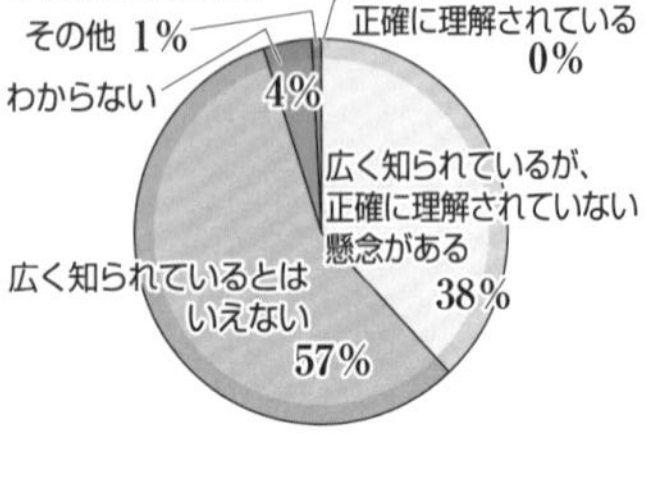

アンケートは、強化地域の全市町村の防災担当部署を対象に2015年11月下旬から12月下旬にかけて郵送やファクスで実施した。防災担当課長や危機管理監、防災担当者などから回答を得た。回収率は93・6％だった。市町村とは別に強化地域の8都県も対象に行い、全都県が回答した。

■メモ　強化地域は原則、①震度6弱以上が予想される地域②20分以内に高い津波が来襲する地域③一体的な防災体制を確保する観点から必要とされる地域―が指定されている。強化地域の行政機関や民間事業者などは異常データが観測された際に発表される一連の「東海地震に関連する情報」や「警戒宣言」といった段階ごとにとるべき対応を定めておく必要がある。一連の情報には、切迫性を感覚的に示すため「カラーレベル」が導入されている。警戒宣言と直結した「予知情報」は赤、要援護者の避難などが始まる「注意情報」は黄、平常生活を続けながらデータの推移を見守る「調査情報（臨時）」と毎月定期的に発表される「調査情報（定例）」は青に色分けされている。

「自治体は現状に不安」

警戒宣言対応　時代踏まえ整備を
静岡大防災総合センター・岩田孝仁教授に聞く―本社アンケート

大規模地震対策特別措置法（大震法）に基づく地震防災対策強化地域の８都県と１５７市町村の防災担当部署を対象に実施し、９割超の回答を得た本社アンケート。本県の防災専門職として長年東海地震対策に取り組み、大震法や防災行政に詳しい静岡大防災総合センターの岩田孝仁教授（防災学）に調査結果について聞いた。

―全体的な結果をどう見るか。

「強化地域の担当課長らは皆、基本的な大震法の枠組みを理解し、東海単独でなく南海トラフに拡大して考えた時に中途半端な状態にあることも認識している。市民の認知度が低いことへの不安もうかがえる。こうした調査は初めてで、極めて貴重なデータだ」

「（警戒宣言の発令に特化した）訓練について『必要性は感じるが、具体的に予定はない』

アンケートの結果について見解を述べる静岡大防災総合センターの岩田孝仁教授＝静岡市駿河区の同大

▽いわた・たかよし
前県危機管理監。1955年、大阪府生まれ。79年、静岡県庁入庁。地質学などの専門知識を生かして一貫して防災畑を歩み、東海地震対策や火山対策などを推進して「防災先進県」の礎を構築した。2010～11年に注意情報や予知情報など「東海地震に関連する情報」の理解促進策を議論した気象庁の有識者検討会の委員も務めた。15年から現職。

との回答がほとんどだった。警戒宣言や注意情報が出たら的確に伝えられるのか―。住民の理解が十分でなく、関係機関も具体的な対応を検証していない可能性に、防災担当者が漠然と不安を持っているのが分かる」

―臨時の調査情報が出た時点でさえ半数が混乱を懸念する。注意情報で一気に懸念の回答が増している。

「情報の位置付けが生活や社会に十分浸透していないという不安の表れだろう。注意情報は体の不自由な方などに先に避難してもらう段階なのに、ほとんど警戒宣言と変わらないイメージになっている。気象庁の検討会で、まさに私が『警戒宣言の前倒しになりかねない』と主張したのに通じる。気象庁や判定会にすれば黄信号があれば警報を出しやすい。だが、受け取る側にすれば、限りなく警戒宣言に近い情報になりかねない」

―警戒宣言や各情報の在り方をどう考えるか。

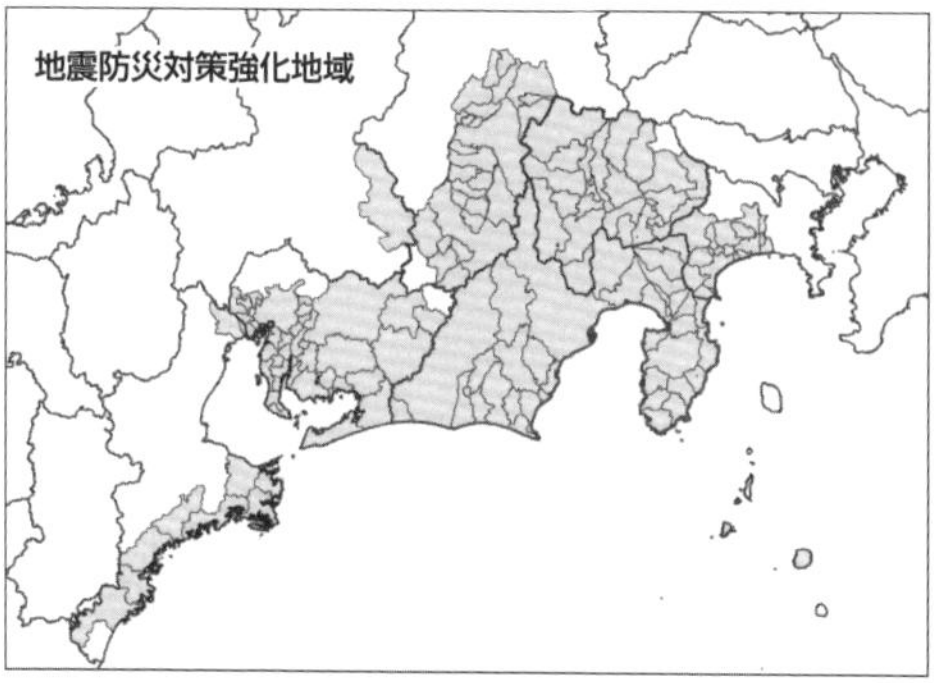

「40年前は警戒宣言に頼るしかない部分があった。今は耐震性のある建物にいれば大急ぎで飛び出さなくていい。市民生活を維持するため、耐震性のある百貨店やスーパーは営業を続けられるよう運用も変わっている。時代の変化を踏まえてきちんともう一回整備すべきだ」

「警戒宣言がどういう状況になれば解除できるかも議論されていない。解除するにしても、注意情報に戻すのか、調査情報レベルなのか。長期化したらどうするかも議論する必要がある。東海地震が発生し、南海地震が起こらなかった時に西日本地域はどう対応するか。逆に先に南海地震が起きて東海地震が残されたらどうするか。問題は山積している」

――今後に提言を。

「例えば熊野灘に海洋研究開発機構（神奈川県）が整備した地震・津波観測監視システム（DONET）を24時間監視に組み込めば強化地域を宮崎県まで拡大できるはず。特に南海地震は過去に井戸水や温泉をはじめ、多くの前兆現象が報告されている。大震法に基づく監視体制は東海地域のひずみ計など地殻変動の監視に偏っているが、さまざまな前兆を捉える観測網を整備した上で強化地域を拡大してはどうか。何か異常が出た時に警報を発し、社会がどうするかのルール（地震防災応急計画）を、各地域の特性に応じて作っておけばいい。特に新しいことが必要になるわけではない」

■回答自治体一覧

アンケートに回答した市町村と都県は次の通り（かっこ内は強化地域指定自治体数と回答自治体数）

【静岡県】全35市町

【東京都】新島村、神津島村、三宅村（3村中3村）

【神奈川県】平塚市、小田原市、茅ケ崎市、秦野市、厚木市、伊勢原市、海老名市、南足柄市、寒川町、大磯町、二宮町、中井町、大井町、松田町、山北町、開成町、箱根町、湯河原町（19市町中18市町）

【山梨県】甲府市、富士吉田市、都留市、山梨市、大月市、韮崎市、南アルプス市、甲斐市、上野原市、甲州市、中央市、市川三郷町、早川町、身延町、南部町、富士川町、西桂町、忍野村、山中湖村、鳴沢村、富士河口湖町（25市町村中21市町村）

【長野県】諏訪市、茅野市、下諏訪町、富士見町、原村、伊那市、駒ケ根市、辰野町、箕輪町、飯島町、南箕輪村、中川村、飯田市、松川町、高森町、阿南町、下條村、天龍村、泰阜村、喬木村、豊丘村、大鹿村（25市町村中22市町村）

【岐阜県】中津川市（1市中1市）

【愛知県】豊橋市、岡崎市、半田市、豊川市、津島市、碧南市、刈谷市、豊田市、安城市、西尾市、蒲郡市、常滑市、新城市、東海市、大府市、知多市、知立市、高浜市、豊明市、日進市、田原市、愛西市、弥富市、みよし市、あま市、長久手市、東郷町、大治町、蟹江町、飛島村、阿久比町、東浦町、南知多町、美浜町、武豊町、幸田町、設楽町、東栄町（39市町村中38市町村）

【三重県】伊勢市、桑名市、尾鷲市、鳥羽市、熊野市、志摩市、木曽岬町、南伊勢町、紀北町（10市町中9市町）

【都県】東京都、神奈川県、山梨県、長野県、静岡県、愛知県、三重県、岐阜県（8都県中8都県）

※結果詳報は395ページ

第1章　強化地域アンケート（中）

2016.1.22 朝刊

情報伝達や長期化　懸念

警戒宣言時の課題山積

大規模地震対策特別措置法（大震法）に基づく地震防災対策強化地域（8都県157市町村）を対象に静岡新聞社が行ったアンケートで、回答した147市町村のうち約8割が、警戒宣言発令時の懸念事項として「住民への適切な情報伝達」を挙げていることが分かった。現状では警戒宣言を解除する仕組みがなく、長期化した場合の対応を懸念する声もあった。

警戒宣言が発令された場合、懸念される項目を順位別に複数回答（最大五つ）で尋ねたところ、147市町村のうち、76・2％に当たる112市町村が「住民への適切な情報伝達」を1～5位のいずれかに選び、そのうち86市町村が最も心配な事項に挙げた。「警戒宣言が長期化した場合の対応」を選択した自治体も、全体の54・4％に当たる80市町村。「要援護者の避難」47・6％や「流言飛語（デマ）」36・7％、「予期できない事態」33・3％、「深夜未明に発令された場合の対応」29・9％などが続き、前例のない事態への強い不安感

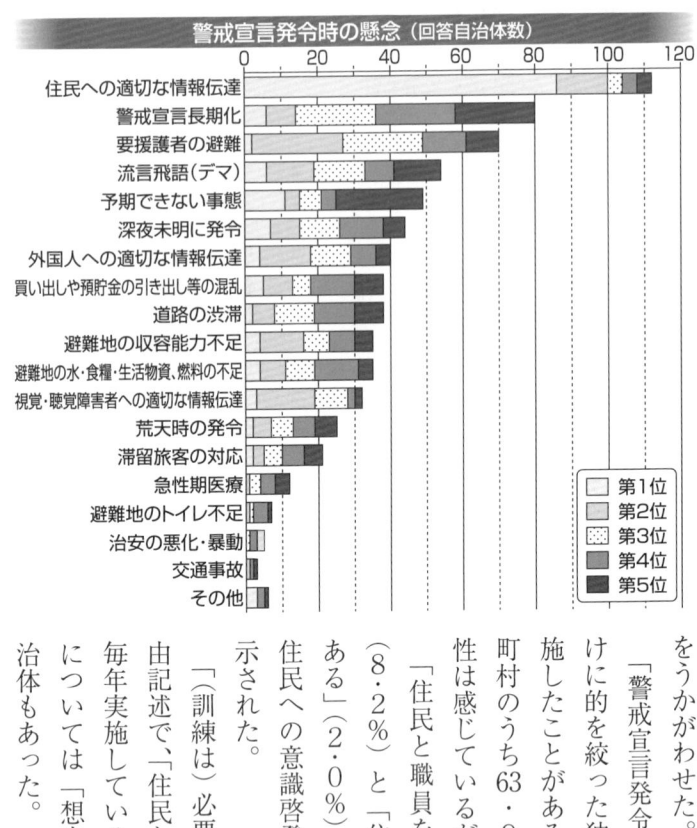

警戒宣言発令時の懸念（回答自治体数）

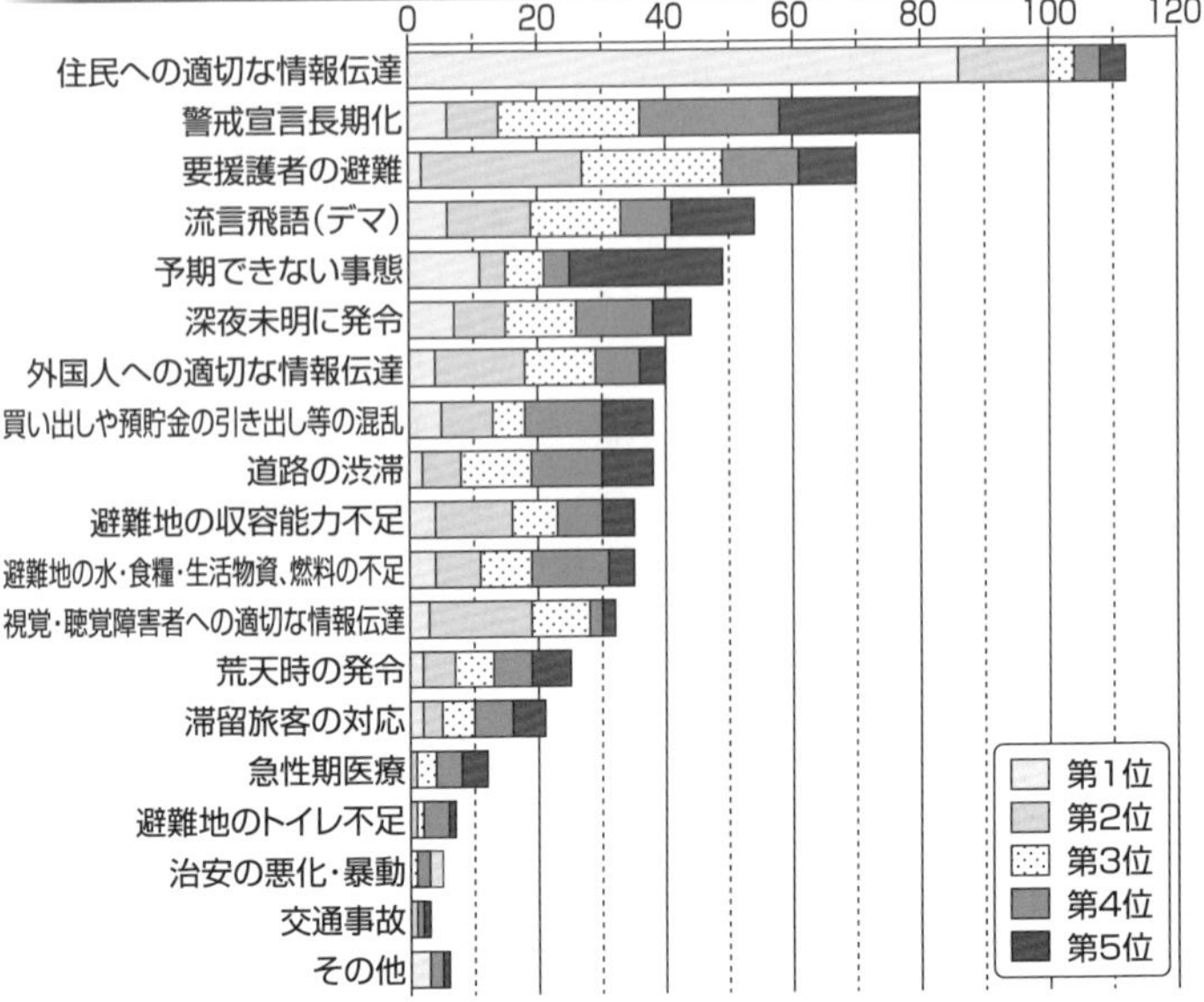

をうかがわせた。

「警戒宣言発令と、その対応を検証することだけに的を絞った独自の訓練を最近5年以内に実施したことがあるか」との問いには、１４７市町村のうち63・9%に当たる94市町村が「必要性は感じているが具体的な予定はない」と回答。

「住民と職員を対象に実施したことがある」（8・2%）と「住民対象にだけ実施したことがある」（2・0%）を合わせても1割にとどまり、住民への意識啓発が進んでいない実態が顕著に示された。

「（訓練は）必要ない」との回答は3・4%。自由記述で、「住民と職員を対象に地震防災訓練を毎年実施している」とする一方、警戒宣言発令については「想定に盛り込む程度」と記した自治体もあった。

「警戒宣言発令時に避難が必要な人口に対して避難地は確保できているか」との質問に対し、「確保できていない」は25市町村（17・0％）。

46・3％に当たる68市町村が「南海トラフ地震の新想定（連動型）で津波の浸水域が拡大するなどしたが、避難地は確保できている」と回答し、10市町村（6・8％）が「東海地震（単独型）に対しては確保できていたが、南海トラフ地震の新想定（連動型）で津波の浸水域が拡大するなどし、できなくなった」と答えた。

また、「分からない」とした自治体が20市町村（13・6％）あった。ある自治体は「警戒宣言発令時の避難想定者数さえ算定されていないのが現状」と明かした。

■メモ　大震法に基づき警戒宣言が発令された場合の情報の周知は、中央防災会議の「東海地震の地震防災対策強化地域に係る地震防災基本計画」で「混乱発生を防止するため、正確かつ迅速に周知させる必要がある」などと方針が定められている。宣言の発令はテレビやラジオなどのメディアで速報され、強化地域の市町村も全国瞬時警報システム（Ｊアラート）を通じた一報を同報無線で流し注意を呼び掛ける。同法施行規則は、自治体に、地震防災信号（サイレンか警鐘、あるいは併用）を用いて住民に事態を周知するようにも定める。サイレンは45秒間連続で鳴らし15秒間の空白を置いて繰り返す。警鐘は5連打を繰り返す。こうした形式が警戒宣言の発令を意味するとして厳格に定められている。地域情報や自治体ごとの指示・指導などは同報無線のほか広報車、メール配信サービス、ホームページ、自主防災組織などを通じて伝えられる。

第１章　強化地域アンケート（下）

2016.1.23 朝刊

警戒宣言　75％が「必要」

大震法　運用見直し求める声も

　大規模地震対策特別措置法（大震法）に基づく警戒宣言発令の仕組みについて静岡新聞社のアンケートに答えた強化地域の１４７市町村のうち、75％の１１０市町村が「今後も必要」との考えを示した。より実効性を高めるための議論や南海トラフ巨大地震を踏まえた運用の見直しを求める声も目立った。

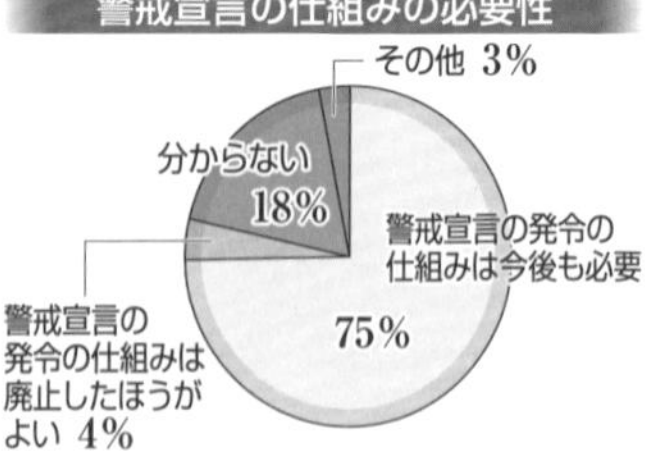

　警戒宣言は必要と回答した１１０市町村に「大震法の今後の在り方」を聞いた。「現状のままでよい」と答えたのはわずか5市町村（4・5％）で、強化地域の自治体の多くが大震法に基づく現状の仕組みに議論や見直しが必要と考えていることがうかがえる。47市町村は「現状のままでよいが、より実効性を高める議論をすべき」とした。

　29市町村が「運用を見直すべき」、51市町村が「南海トラフ地震を組み込むために運用を見直すべき」と回答し、東海地震単独にしろ南海トラフ地震を考慮するにしろ運用の見直

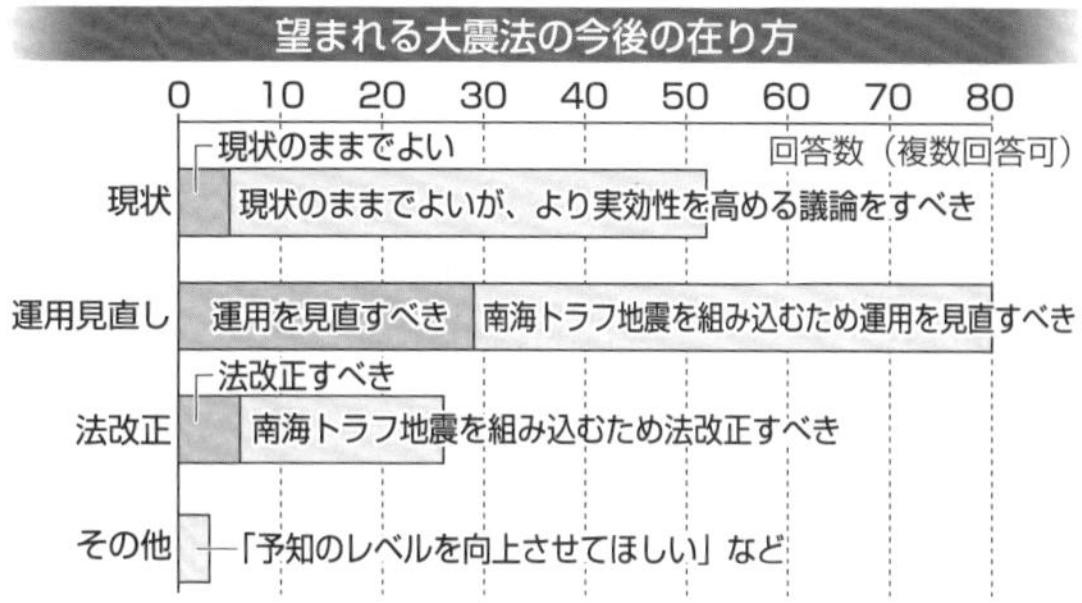

しが必須と考える自治体が多いことを示した。「法改正すべき」は6市町村、「南海トラフ地震を組み込むために法改正すべき」は20市町村で、法改正という大なたに期待する自治体も少なくなかった。

警戒宣言が必要な理由は、70市町村が挙げた「減災に役立つと思うから」がトップ。次に多かった理由は「異常が観測された場合に備えて受け皿が必要だから」で、59市町村が選んだ。「地震予知に期待しているから」も25市町村が挙げた。

国の中央防災会議のワーキンググループと調査部会は２０１３年、南海トラフ沿いで起きる大地震の直前予知の可能性について、想定東海地震が前提にしているような前兆すべりを捉える手法を含めて否定的な見解を示したが、アンケート結果からは強化地域の自治体の多くが南海トラフ沿いで万が一、異常データが捉えられた時の受け皿となる仕組みなどを根強く求めていることが浮き彫りになった。

警戒宣言の発令の仕組みを「廃止したほうがよい」と回答したのは6市町（4％）。うち5市町が「予知を前提とせず、南海トラフ地震と合わせた法律にしたほうがよいから」と理由を挙げた。

国への注文は、情報伝達手段を強化するハード整備費の補助に加え、訓練費などソフト面もカバーする財政措置を求める声が上がった。糸魚川―静岡構造線沿いの内陸地震も懸念している自治体は大震法が事実上、想定東海地震だけを対象にしていることに対して「さまざまな地震を想定した内容への見直しを期待したい」と望んだ。「再度住民に対し周知すべき」「国も広報活動を強化してほしい」など40年近い年月を経て〝風化〟が進む警戒宣言の仕組みをあらためて国民に広く知らせる必要性を指摘する意見もあった。

◇

アンケートには強化地域の多くの自治体から真剣な意見が寄せられた。背景の一つにあるのは現実味を帯びてきた南海トラフ巨大地震の存在だろう。想定東海地震はこの40年間起きなかったが、南海トラフ沿いの他の大地震の周期も視野に入る次の40年こそは、いよいよ切迫感が高まっていく可能性が高い。大震法は今後どうあるべきなのか―。強化地域の自治体は、国民的な議論を求めている。

■メモ　社会に大きな影響を与える一方で認知度不足や解除の仕方など課題が山積している警戒宣言という仕組みの是非や、想定東海地震と同時発生する可能性も高まってきたとされる南海トラフ巨大地震と大震法の関係の整理などをめぐっては、研究者の間でもさまざまな意見がある。一方、国の中央防災会議・防災対策推進検討会議のワーキンググループと調査部会は2013年、南海トラフ沿いの大地震の連動可能性や予測可能性を検討したが、「現在の科学的知見からは確度の高い地震の予測は難しい」と結論し、直前予知を前提とした大震法の在り方に一石を投じた。大震法の強化地域の多くは現在、南海トラフ法の「推進地域」などにも重複指定されている。

第2章　警戒宣言、その時（1）

2016.2.20朝刊

〝認識格差〟が混乱助長

情報伝達に多くの課題

国内外から多くの観光客が訪れる世界遺産富士山。御嶽山の悲劇を契機に噴火に備えた対策が進む一方、登山中に東海地震が予知されて警戒宣言が発令される可能性についても啓発が求められている。全国の火山を対象にした「噴火警戒レベル」に比べ、警戒宣言は強化地域以外の住民にほとんどなじみがない。関係者は「噴火の啓発に併せて警戒宣言も周知する必要がある」と口をそろえる。

「ただいま東海地震が予知され、警戒宣言が発令されました。地震が発生しますと落石などによる事故が予想されますので直ちに登山を中止して下山または一時避難してください」──。夏山期、1日2千人前後が利用するとされる富士宮口で、5合目や山小屋から登山者に向けた通報用に準備されている伝達文案だ。警戒宣言発令時、富士登山客の避難誘導を迅速かつ的確に行うために、富士宮市は連絡手段や伝達文案を定めた「観光客避難計画」を地域防災計画に盛り込んでいる。

だが、実効性は不透明だ。2015年7月に県内3ルートの山小屋と行政が連携して初めて実施した噴火警戒レベルの情報伝達訓練では、拡声器の声や無線の電波が届かない場所があるなど多くの課題が洗い出された。加えて、そもそも警戒宣言の知名度自体が低いことが不安材料になっている。同市の惟村克巳危機管理監は「警戒宣言について県民はある程度知っているが、強化地域外や海外から来る観光客がどれだけ知っているのか」と認識の〝地域格差〟を懸念する。

小屋や関係市町が連携して初めて実施した噴火警戒レベルの情報伝達訓練。警戒宣言の伝達の課題も浮き彫りにした＝2015年7月、富士山富士宮口6合目

噴火警戒レベルは今や国民に広く知られる。運用対象の32火山が国内各地に分布し、国民に身近であることが大きい。対して警戒宣言の認知度は低い。大規模地震対策特別措置法（大震法）が事実上、想定東海地震だけを対象にして全国民を巻き込んでこなかったためともいえる。外国人には言葉の壁もある。登山客でにぎわう山頂に突然、聞き慣れない警戒宣言が響いたらどうなるのか。〝下界〟もパニック状態が懸念される中、登山客は極度の不安に陥るのでは—。噴火対策に

本腰を入れ始めた関係者の脳裏を新たな心配がよぎる。

8合目以上の山小屋経営者でつくる富士山頂上奥宮境内地使用者組合の宮崎善旦組合長（66）は、噴火に備えた具体的な取り組みがようやく一歩を踏み出したと評価した上で、「これまで手が回らなかった警戒宣言の啓発も当然、その延長上にある」と強調する。「今後噴火に関する印刷物や標識を作る時には警戒宣言についても触れる必要がある」

◇

地震予知を前提に、〝突発型〟の災害とは全く異なる特殊な状況を招く警戒宣言の仕組み。大震法制定から40年近くたち、国民の関心や認識が低下しているのは否めない。発令されたら社会が、個人がどうなるかをあらためて示しながら、功罪や課題を検証する。

■メモ　富士宮市の「観光客避難計画」は、警戒宣言発令時に観光客の避難誘導を迅速かつ的確に実施する目的で①富士登山（夏山シーズンと夏山シーズン以外の２通り）②白糸ノ滝③田貫湖―という市内観光地について、それぞれの立地の違いを踏まえた伝達文案や市警戒本部と関係者、観光客との間の通報手段などについて定めている。2014年９月の御嶽山（長野、岐阜県）の噴火災害以降、富士山の噴火対策をめぐる関係市町や関係機関の取り組みや知見の蓄積は急速に進んでいる。噴火に伴う避難計画のノウハウの一部は東海地震の警戒宣言時の避難計画にも準用できるとみられ、今後噴火対策の進展に応じて同市の観光客避難計画も見直しが求められそうだ。

第2章　警戒宣言、その時（2）

2016.2.21朝刊

鉄道停止、〝難民〟大量に

「東海地震の警戒宣言が出ました。最寄り駅に停車します」。東海道新幹線の車内アナウンス。いずれかの駅で降りた乗客は、徒歩で自治体の指定避難所へ―。警戒宣言が発令されると、県内はじめ大規模地震対策特別措置法（大震法）に基づく地震防災対策強化地域の鉄道網は原則すべてストップし、帰宅の手段を失った乗客は身動きが取れなくなる。最も影響が懸念されるのは、警戒宣言が長期化した場合だ。

ＪＲ東海「防災業務計画」は、警戒宣言発令時の東海道新幹線の運転について、①想定震度6弱以上の地域への進入を禁止②同6弱以上の地域を運行中の列車は最寄り駅まで安全な速度で運転して停車③同6弱未満の地域において名古屋・新大阪間については運行継続。この場合、強化地域内は安全な速度で運転する―と定める。在来線も、強化地域内を運行中の列車は、停車に適さないとされる一部の駅を除く最寄り駅などに停車することになっている。

県内は、ほぼ全域が震度6弱以上と想定され、東は新横浜駅、西は名古屋駅もしくは三河安城駅を境として列車の出入りはできなくなる。ＪＲ東海によると、どこの駅で線を引

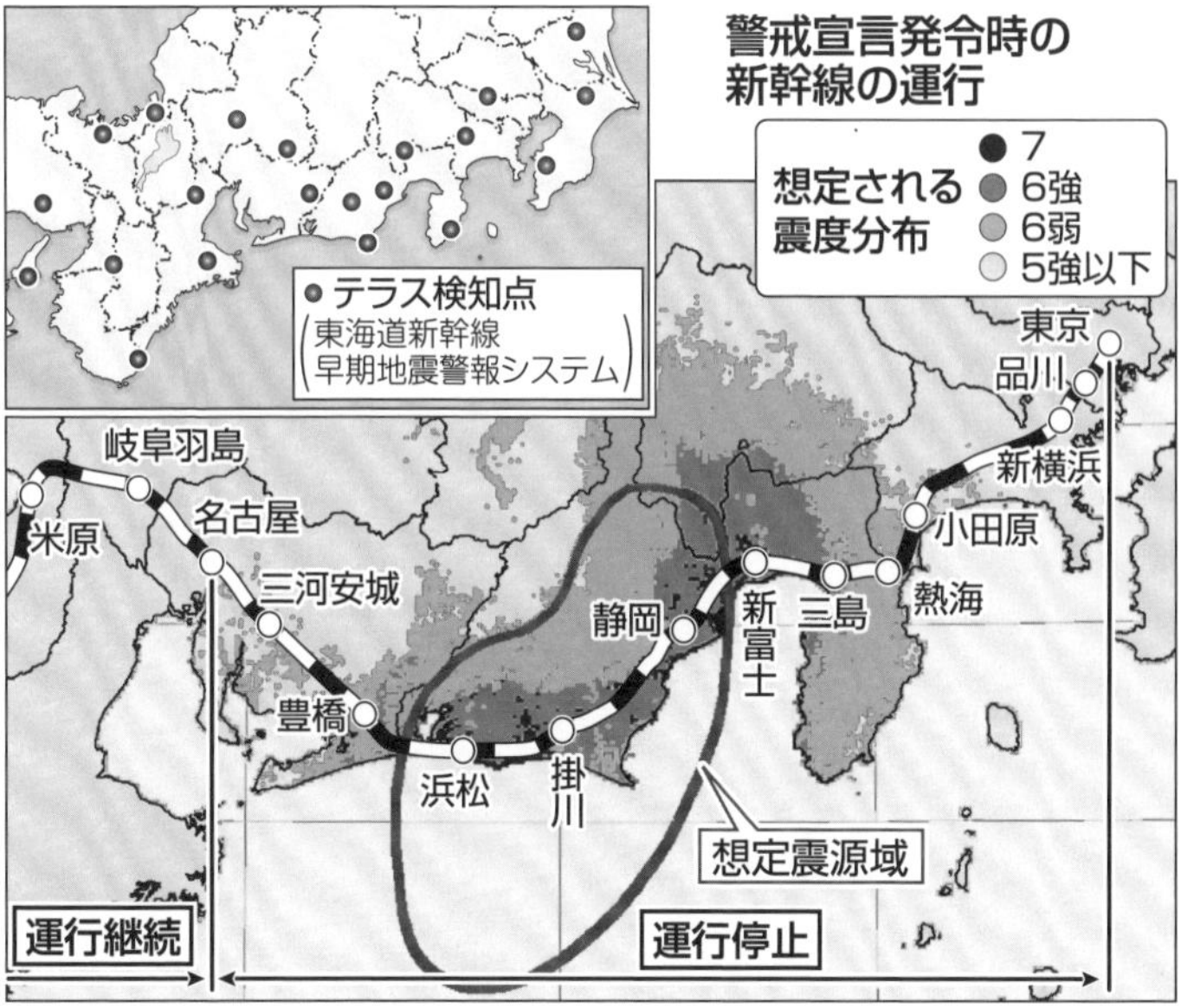

くかは厳密には決まってはいない。ただ、運よく名古屋以西に抜けた下り列車を除き、新幹線で目的地にたどり着くことは困難になり、現状では帰宅難民の大量発生は避けられない。

ＪＲ東海は大地震に備え、１９９２年から新幹線に早期地震警報システムを導入。２００５年以降は通称「テラス」と呼ばれる改良型を導入し、大地震の初期微動（Ｐ波）を検知して素早く速度を落とす仕組みを整えた。東海地震説提唱から40年で、新幹線を安全に停車させるための技術は飛躍的に進歩した。

技術革新を踏まえ、帰宅難民を最小限にとどめるよう列車の運行を可能な限り続けることは時代の要請といえる。だが、ＪＲ東海の担当者は「列車にとって最も安全なのは停車している状態。平時より大地震の可能性が高い警戒宣言下で列車を動かし続ける選択は考えにくい」と言う。

同社は1988年以降、9回にわたり防災業務計画を改定。2003年、中央防災会議が「警戒宣言までは、需要に応えるため極力運行を継続」などと基本計画を修正したのに伴い、新幹線などの運行を一部規制していた注意情報段階でも、旅客列車の平常運行を継続する方針を決めた。

一方、警戒宣言下での運行について、同社は「社会情勢の変化、新しい知見があった場合や、中央防災会議の基本計画に変更があった場合は、防災業務計画を改定し、警戒宣言下の列車運行を見直す可能性はゼロではない」と説明する。

■メモ　JR東海によると、テラスの検知点は茨城県から兵庫県まで計21カ所。大地震などによる初期微動（P波）の振幅増加度で新幹線への影響度合いを判断し、必要な場合は警報を発信する。この警報を受け、変電所から列車への送電が自動的に停止し、主要動（S波）が沿線に到達するまでに列車の速度を下げる仕組み。2008年11月からは、気象庁が配信する緊急地震速報の活用も開始し、地震対策を強化。東日本大震災以降、得られた知見を生かし、南海トラフ地震の想定震源域内のどこかで一定規模以上の地震があった際、列車に停止指令を出すなど、さまざまな機能を追加した。

第2章　警戒宣言、その時（3）

2016.2.22朝刊

増える車、道路網は混乱

大規模地震対策特別措置法（大震法）が制定された1978年。県は、警戒宣言の発令に伴う自動車交通への影響を検証するためのシミュレーションに着手した。2年間に及ぶ調査と分析で、想定される道路の大混乱を示し、喫緊の課題をあぶり出した。40年近くが経過し、社会情勢は大きく変化したが、県に新たな試算を実施する予定はない。

交通量は平常時の3～5倍に膨れ上がり、市街地では最低3～7時間の渋滞が続く―。調査結果をまとめた「警戒宣言時の交通対策読本」（80年3月）には、切迫した危機感がにじむ。緊急輸送路や避難路の確保が困難になり、約7400台の放置車両の発生が通行の支障に拍車を掛けると予測した。

県の統計によると、79年当時の県内の二輪車を除く自動車保有台数は123万5千台。2015年は274万2千台で、シミュレーション実施時の2倍以上に達している。道路の改良・新設も進んだが、車の数は交通基盤の整備をはるかに上回るペースで増えた。共働き家庭の増加や生活スタイルの多様化により、車を使う機会、使い方も大きく広がった。

警戒宣言の発令に伴って一斉に大量の車が動くのは確実で、関係自治体の懸念は強い。

静岡新聞社が地震防災対策強化地域の自治体を対象に実施したアンケートでは、25％が警戒宣言発令時に特に懸念されることとして「道路の渋滞」を5位以内に挙げた。

県内最大人口の浜松市も、買い出しなどで一定の地区内を往来する2次的な行動が渋滞を深刻化させるとみて、強い警戒感を示している。市危機管理課の小林正人課長補佐（47）は「数時間から数日で地震が来ると思えば不安になる。『われ先に』と食料やガソリンを買い求める動きが出てくるだろう」との見方を示し、平常時の備蓄の重要性を訴える。

阪神大震災の発生（95年）以前、県と県警は、主要な幹線道路の走行を時速20キロに制限し、東名高速道への車両の流入を規制するなどの実践的な訓練に取り組んでいた。震災

夕方の交通ラッシュで渋滞する幹線道路。警戒宣言発令時の混乱の度合いは未知数だ＝2016年2月17日午後、浜松市中区

を機に、訓練の主流は警戒宣言発令時の対応から突発型地震への備えへと変化した。

警戒宣言発令時の交通対策について、大震法制定直後に編まれた読本は、県民に自動車利用の自粛を強く要請。行政には、発令時に備えた体制づくりが急務と提起した。県危機政策課の杉浦邦彦課長（55）は「肝心なのは、交通量の発生をいかに抑えるか。大きな課題は変わらない」と指摘する。

■メモ　「警戒宣言時の交通対策読本」の調査・検討には、県と県警の担当課長に加え、都市計画の専門家や警察庁科学警察研究所の幹部も加わった。当時を知る元県職員によると、議論の過程では、県民に過度な不安を与えるとして「公表すべきではない」との意見もあったという。県は、設定する条件次第で結果が変わる可能性があることなどから、再度のシミュレーションの実施を検討していない。担当者は「突発型に対応できれば、予知型でも混乱を軽減できる」と話す。警戒宣言が発令されると、強化地域内への一般車両の流入を抑制する交通規制が講じられ、県境の主要道路には検問所が設置される。流出の制限はない。東名・新東名高速道のインターチェンジからの流入も規制される。

観光客滞留　備蓄に不安

県内を代表する観光地の伊豆半島。大規模地震対策特別措置法（大震法）に基づく警戒宣言が発令されると、行政や業界の関係者は来訪客の安全な退避へと一斉に動きだす。しかし、鉄道が止まり、幹線道路が渋滞すれば移動手段を失った観光客は地域にあふれ、混乱は事前の想定をはるかに超える可能性がある。2020年には東京五輪の自転車競技が伊豆市で開催予定。各市町の関係者は滞留客対策の練り直しを迫られている。

県が1987年にまとめた「警戒宣言時における滞留客・滞留車両対策読本」は、「観光客は可能な限り域外に脱出させることが望ましい」と記している。滞留者を減らして避難者支援の負担軽減を図るほか、観光客と地元住民の間で環境の違いから生じるトラブルを回避するためだ。

「支援の負担軽減」には、特に切実な事情がある。「滞留観光客が多すぎれば、避難場所に備蓄した非常食は足りず、車を止める場所も不足する」。伊東市危機対策課の村上靖課長（54）は行楽のハイシーズンである夏場に警戒宣言が発令され、避難所運営などに支障が生じる事態を恐れる。

広域避難場所の防災倉庫。想定避難者数の３日分の食料や生活用品が保管されている＝2016年２月22日午後、伊東市立宇佐美小

万一の際、同市は足止めされた観光客に、市内20カ所の広域避難場所に向かうよう呼び掛ける。各避難場所には地域人口と一日の平均観光客数を基に算出した3日間分の非常食の用意がある。だが、想定を上回る観光客が避難してきたら―。村上課長は「保管期限やスペース確保の観点から、観光ピーク時を基準にするのは困難」と明かす。時期によって滞在人口が大きく変動する観光地の災害対策の難しさがここにある。

宿泊施設は、利用客に災害情報を正確に伝える方法に悩む。伊東温泉旅館ホテル協同組合の磯川義幸専務理事（62）は「東海地震になじみの薄い県外客に、警戒宣言の意味や取るべき行動を説明するのは難しい」と話す。市は発令時、同報無線やエリアメールなどで情報発信するが、観光客にどこまで浸透するか分からない。適切な防災行動を促すためには宿泊施設による迅速な情報把握が欠かせず、磯川専務理事は「行政機関は素早く明快な情報提示を」と訴える。

東京五輪の2020年には、自転車競技会場の伊豆市を中心に観光客の大幅増が確実視される。同市防災安全室の相磯浩二室長（57）は「競技中に警戒宣言が出たら、会場付近は大パニックに陥る」と危機感を募らせる。特に外国人旅行者への対応には未知の部分が多い。相磯室長は「言葉が通じず、避難誘導に手間取る可能性が高い」とし、道路看板や案内冊子の多言語化など、事前準備の重要性を強調する。

■メモ　県の「警戒宣言時における滞留客・滞留車両対策読本」は、警戒宣言の発令後、群衆になった観光客がパニックに陥らないようにするため、地元住民とは集合場所を分離する必要性を指摘する。鉄道やバスの利用客に対しては、拠点駅など交通機関ターミナルの近くに集合するよう鉄道会社から呼び掛けることを勧めている。自家用車の観光客が逃げ込む場所の確保が難しい場合は、避難場所近くの駐車場や空き地に駐車させ、車内で休憩、宿泊してもらう手段を提案。また長時間の渋滞に備えてドライバーに「水や食料を供給する体制を整える必要」があるとしている。カーラジオやガソリンスタンドを通じた情報発信の大切さも訴えている。

第２章　警戒宣言、その時（５）

2016.2.24朝刊

「応急計画」戸惑う現場

「『東海地震注意情報』『東海地震予知情報』が発表された場合、警戒宣言発令中は対象地域の拠点は休業」—。大手楽器メーカーのヤマハ（浜松市中区）が社員に配っている地震防災ポケットマニュアルの一文。東海地震関連情報が出ると、遠州地区の10拠点で約６千人がこの基本ルールに沿って動くことになる。

大規模地震対策特別措置法（大震法）に基づく同社の地震防災応急計画は、注意情報の段階から対応を始めると規定。就業中であれば事務部門はパソコンなどを停止、製造現場は重要設備に必要な処置を施し、社員は帰宅する。行動基準を明確化し、ポケットマニュアルや訓練で浸透を図る。予知型地震への訓練は２００５年から14年まで計５回。東日本大震災以降、地震対策は突発型への対応に軸足が移った。それでも万が一の際に応急計画を機能させるため、「ある程度の頻度で予知の訓練を実施する必要性は認識している」。ＢＣＭ推進室の高橋浩孝主事（51）はこう話す。

ただ、現場には地震予知の実現可能性に疑念の声が根強い。全国から人材が集まるだけに、出身地域で東海地震への意識も違う。社員が疑問を抱いたり、前提を理解しなかったりしたまま受ける訓練であれば、効果や意義を失いかねない。

同室の渋谷朋晃室長（41）は「大震法は予知の訓練をやるときの一つのよりどころ」とした上で、「一般に法律が忘れ去られている面がある。今の仕組みを残すのならば、しっかり周知してほしい」と行政に求める。

応急計画をめぐって腐心する現場はほかにもある。

警戒宣言を想定し、14年度から幼稚園や保育園、小学校の計13施設で園児・児童を保護者に引き渡す一斉訓練を続ける御前崎市。ある小学校では初年度、迎えの車で大渋滞が発生。反省を踏まえ、2年目は職員が誘導ルートなどを再検討して一定の改善につなげた。「経験をして見えてくる部分はある」。市教

社員向けのポケットマニュアルを示しながら、応急計画について説明するヤマハBCM推進室のスタッフ＝2016年2月15日、浜松市中区

委学校教育課の長谷川延明課長（53）は、訓練で課題が浮き彫りになること自体には前向きな見方を示す。他方、応急計画が実態に見合うか疑念を抱かざるを得ない面もあるという。例えば、津波の危険がある場合。海岸に近い地域に住む子どもは、応急計画通り保護者に引き渡すのではなく、学校にとどめた方が安全ではー。計画とは異なる判断を迫られるかもしれない。

働く保護者のことも気になる。「警戒宣言の際、本当にどこの事業所も『すぐに子どもを迎えに行ってください』となるのか」と長谷川課長。実情を把握したいと考えている。

メモ　大震法は強化地域内の特定の事業者や施設に対し、警戒宣言発令時の行動などを盛り込んだ「地震防災応急計画」の策定を義務付けている。県によると、2015年4月1日現在の県内の対象は3万247件。策定率は82・0％だが、伸び悩む。策定済みの事業者でも内部で周知されていなかったり、長年見直されていなかったりするケースがあるとされ、実効性が課題となっている。常葉大社会環境学部の池田浩敬学部長（55）は警戒宣言が長期化した場合も問題点に挙げる。病院の外来診療中止や交通規制、事業所の休業が続くような社会状況が「本当にあり得るのか」と疑問を呈し、制度や計画が実態に即すよう議論を促す。

2016.2.25朝刊

避難どこへ　悩む漁業者

静岡県の海岸線の総延長は518キロ。49もの漁港が点在し、計5240隻の漁船のうち10トン未満の数人乗り小型船が95％を占める。大規模地震対策特別措置法（大震法）に基づき警戒宣言が発令され、津波の危険性が高まった場合、こうした漁船はどこへ、どう避難すればいいのか―。県全体の7割以上に当たる37の漁港が集中する伊豆半島でも、実はほとんど議論されていない。

高級魚キンメダイ漁が盛んな伊豆東海岸。東伊豆町の稲取漁港で最大の「稲荷（いなり）丸」（12トン）に乗り、長男（22）とキンメ漁で生計を立てる内山直久さん（50）＝同町稲取＝は「他県の港に避難することも考えざるを得ない」と苦渋の表情で話す。

稲荷丸は、伊豆でも少なくなった、親子で操業する「親子船」。長男が生まれた年に4千万円をかけて仕立てた一家の財産だ。警戒宣言が長期化した場合を想像すると気が気でない。内山さんは「他人の港でいかりを下ろして、何カ月間もいられるか。皆が〝難民〟状態になるんじゃないか」と案じる。

下田港を母港とする大型キンメ漁船「第10福一丸」（76トン）の船長、松本守定さん（67）

＝下田市五丁目＝も「とても他港に避難などできない」との見方を示す。「船員9人の生活がかかっている。結局ここにいるしかないのでは…」

水産庁防災漁村課によると、東日本大震災後の2012年3月に改訂した漁船の津波避難に関するガイドラインは、災害発生時の対応は定めるものの、警戒宣言など大震法を前提にした記述は皆無。同庁計画課の担当者は「観測データが異常を示してから、全国で分散して受け入れることになると思う。港同士などであらかじめ受け入れ先を決めることが望ましい」と話す。県下田土木事務所など地元の行政機関も発災時の対応が優先で、予知を前提とした大震法への対応までは手が回らないのが実情だ。

10トン前後の小型船が多く係留されている稲取漁港。現状、警戒宣言発令時の対応については漁業者個々に任されている＝2016年2月17日、東伊豆町稲取

大震災後、漁業者が加入する漁船保険の支払いは549億円に膨らみ、国が322億円を補塡（ほてん）した。一部の専門家は、警戒宣言時における小型漁船の避難計画などの整備は国家財政上も有益と指摘する。津波で漁船が流されれば、小型といえども「凶器」になる恐れがある。ただ、漁船が市街地に流れないよう港に柵などを整備する取り組みは、普段の水揚げ作業の邪魔になるとして一向に具体化しない。

東京海洋大の竹本孝弘教授（海上交通安全学）は「津波が来ると分かれば、漁業者は船を守りたい一心。ばらばらな行動で混乱が生じる事態を避けるため、地元だけではなく、国や県が前もって受け入れ先の決定に関与すべき」と提言する。

■メモ　県内の主要な港は災害時、海上保安部や水難救済会を事務局に「台風・津波等対策協議会」を設置し、対応を検討することになっている。台風の場合にはメンバーがその都度集まり協議する。一刻を争う津波警報などの発令時はあらかじめ決めた会則に沿って行動する。船舶の規模や積み荷によって「係留避泊」や「港外退避」（沖出し）といった「勧告」を出すが、強制力はない。県内最大の清水港では警戒宣言発令時の対応について「荷役を中止」「小型船舶以外は港外の安全な場所に避難」などと定める。ただ、具体的にどこの港に避難するかについては各船の自己判断。多くの協議会で同様の会則を定めている。

第2章　警戒宣言、その時（7）

2016.2.26 朝刊

原発避難、「注意」で準備

遠州灘にほど近い御前崎市塩原新田のバス運行会社「エポック」。小型から大型まで18台を所有する同社は2013年3月、同市と大規模災害時の支援協定を結んだ。巨大地震や中部電力浜岡原発（同市佐倉）の原子力災害が発生した時、市の要請を受けて住民避難のための車両を提供する。松本仁孝社長（57）は「観光や送迎、スクールバスとして多くの市民に利用してもらっている。万一の時は役に立ちたい」と意気込む。

ただ、「そんな時にも車両提供の要請があるとは」（松本社長）と驚くケースがあった。大規模地震対策特別措置法（大震法）に基づき、気象庁が「東海地震注意情報」を発表した場合だ。

注意情報が発表されると、学校など一部で防災の準備行動が始まるが、社会活動は継続する。避難の必要はなく、自力での避難が困難な要援護者についても「避難を始めることができる」とされるにとどまる。

だが、浜岡原発から半径5キロ圏のＰＡＺ（予防防護措置区域）に入る御前崎、牧之原両市に限っては事情が異なる。

東京電力福島第1原発事故を受けた国の原子力災害対策指針に基づき、県の地域防災計画は、PAZを含む市は注意情報の発表段階で高齢者や安定ヨウ素剤が服用できない乳幼児ら「要避難者」を避難させる準備を行う—と定める。警戒宣言（予知情報）が出される前から、避難準備が動きだすことになる。

具体的には、避難先の確保やバスなど移動手段の手配、住民への広報活動が始まり、PAZ外の市町も避難者の受け入れといった協力要請を受ける。

浜岡原発は現在、1、2号機が廃止措置中、3～5号機が停止しているが、指針は燃料プールに使用済み核燃料が

原子力災害を想定し訓練に臨む中部電力社員。地震予知を前提にした訓練も実施しているという＝2015年9月、御前崎市佐倉の浜岡原発

存在すれば原則、停止原発にも同様の対応を求める。浜岡3～5号機の燃料プールは現在、計6500体以上の使用済み核燃料を保管する。

原発事故から5年近くが経過した今も、こうした仕組みはほとんど浸透していない。東日本大震災以降、かえって「地震予知は非常に困難」（日本地震学会）との見方が広まり、地震予知に関する啓発や訓練などへの関心は薄まった。

浜岡原発はどう対応することになっているのか―。運転時に注意情報が出れば「電力の需給を勘案しながら基本的に停止させる」（中電）。注意情報や予知情報の発表を想定した訓練も行っているという。

県防災・原子力学術会議の委員を務める興直孝静岡大名誉教授（71）は「原子力防災には特有の課題がある。計画は作って終わりでなく、広く周知するとともに訓練を通して検証することが重要」と指摘し、地域防災計画に対する県民の理解の広がりに期待する。

■メモ　国の原子力災害対策指針は、静岡県や御前崎市などが東海地震注意情報の発表とともに浜岡原発の半径5キロ圏に住む高齢者や乳幼児の避難準備に着手する根拠になっている。指針は、原発の異常や事故のレベルに応じて「警戒事態」「施設敷地緊急事態」「全面緊急事態」を設け、それぞれの段階で国や自治体、原子力事業者が講じるべき対応を定めている。警戒事態に該当するのは、原子炉への給水機能の喪失や3時間以上の外部電源の途絶えなど。唯一、地震予知の可能性があるとされる東海地震の震源域に立地する浜岡原発では、注意情報の発表も警戒事態に当てはまる。

第2章　警戒宣言、その時（8）

2016.2.27 朝刊

買い物客保護　模索続く

「地震が来ます」「頭を保護してしゃがんでください」。２０１６年2月25日朝、静岡伊勢丹（静岡市葵区）で開かれた地震防災訓練。緊急地震速報の警報音に続き、子供服売り場に社員の声が響いた。

買い物客でにぎわう午後2時の発災を想定。商品棚のない通路で揺れが収まるまで待つことなど、客の安全確保と避難誘導の手順を確かめた。防災担当の多々良正人総務部マネジャー（48）は「百貨店は家族連れや年配のお客さまも多い。落ち着いて避難してもらうよう、従業員の冷静な対応が重要になる」と気を引き締める。

大規模地震対策特別措置法（大震法）に基づく警戒宣言発令時、同店を含め、県内の百貨店や大型商業施設は原則的に営業を停止する。国の東海地震防災基本計画では、耐震性が確保されている場合は営業が継続できるとされているものの、多くが閉店の方針を示す。大勢の客が訪れる大型店では、パニックによる将棋倒し事故など不測の事態も懸念されるからだ。各施設とも防災訓練を重ねて対応力向上に懸命に努めてはいる。ただ、即時対応力を磨く突発型が中心で、予知型を想定した訓練ではない。

売り場での客の安全確保策を確認した防災訓練＝2016年2月25日、静岡市葵区の静岡伊勢丹

来店者には、店舗側の危機感が伝わっているといえるのか―。静岡伊勢丹は毎日2回、緊急地震速報発令時の避難対応を説明する全館放送を流している。県内では数少ない取り組み例だ。業界関係者からは「店内に災害をイメージさせる展示や掲示はなかなかしにくい」との本音も漏れる。

県内には、耐震性能を満たした建築物を対象に、任意で認定マークの掲示を可能とする制度がある。県の要請を受け、２００８年に日本建築防災協会などが創設した基準適合認定建築物マーク。13年から国の制度に切り替わったが、県内ですら認定を受けた施設は公共、民間合わせていまだ30件程度にとどまる。

認定は無料。業界団体に1万円を支払って掲示用プレートの交付を受ける。マークの普及を進める県建築安全推進課は「耐震化された施設の存在を社会に発信してほしいとは思うが、あくまで任意の制度」と歯切れが悪い。既にプレートを取得している静岡市内の大型店の担当者も、防火態勢を整えた施設に消防庁が交付する通称「適マーク」と比べて「知名度は低い」と率直に言う。

19年にラグビーワールドカップ、20年には東京五輪。訪日外国人客の増加も予想される中、多くの人が集まる大型商業施設の安全対策は喫緊の課題といえる。来店者の意識を平時からいかに高めるか、施設側の発信力も問われる。解決すべき課題は少なくない。

■メモ　大型商業施設と同様に買い物客が集まる県内の多くの商店街でも、警戒宣言発令に備えた統一的なマニュアルは策定されていない。店舗の耐震性が確保されている場合は営業が継続できるが、営業を継続するかどうかは各店舗の判断になる。実際は同一の商店街の中に、棟続きの店舗や雑居ビル、個店など、新旧の施設が混在しているため、「来店客にはどの施設が安全かは分かりにくい」(静岡市内の商店街役員)。商店街内のスピーカーの活用など、警戒宣言発令時の客への通知手段も課題。発災後を想定した防災訓練を続ける静岡市葵区の静岡呉服町名店街の海野誠治郎総務委員長(76)は「警戒宣言に対応した訓練も必要と考えている」と話す。

第2章　警戒宣言、その時（9完）

2016.2.28 朝刊

「避難地」薄れる存在感

東海地震説（駿河湾地震説）の提唱から40年。大規模地震対策特別措置法（大震法）に基づく予知型の防災訓練を実施する自治体は減り、啓発や検証の機会が失われつつある。警戒宣言発令を受けて危険地域の住民があらかじめ避難する「警戒宣言時避難地」の存在感は薄まり、特に東日本大震災後は突発型地震に備える避難地や避難所への関心が高まった。意味合いの異なる避難場所が併存し、住民の間に誤解、混乱が生じた例も聞こえてくる。

「大富中に避難する訓練を行ったことがあるが、国道１５０号を渡るのは大変だった。他の避難場所をお願いしたい」。２０１３年12月、焼津市の港第23自治会で開かれた市政座談会。年配男性からこんな意見が漏れた。

実際には、大富中が同自治会の警戒宣言時避難地に指定されていたのは03年まで。県第3次地震被害想定を受け、港中と松原公園に変更されている。同自治会の佐野清志副会長（64）は「大富中への避難訓練はだいぶ昔の話。年配の方は予知型の訓練が行われていた当時の記憶が強いのでは」と推測する。

大富中は同自治会の遠い所から約3キロ。過去の予知型訓練では組ごとに住民がロープでつながり、大富中を目指した。災害時にそんなに遠くまで避難できるのか―と、当時も住民の話題になった。そもそも警戒宣言時避難地は地震発生前に逃げる避難地で、発災後に身を寄せる避難所とは別。津波から逃げるための津波避難施設とも異なる。それらを住民が混同していた可能性もある。全県的に予知型訓練がほとんど行われなくなり、こうした違いを啓発する機会はますます減っている。

　警戒宣言の趣旨を理解する住民からは大富中への避難を望む声が今も根強い。港中や松原公園ではわざわざ海の近くで

現在も地区内に立つ「地震津波ひなん地　大富中学校」と書いた標識＝2016年2月24日、焼津市田尻北

地震を待つことになるからだ。同自治会は突発型の津波対策に熱心な〝優等生〟だが、渡辺徹会長(77)は予知型に備える必要性も口にする。「何より突発型対策が役立つと思ってきたが、予知型への理解が足りないかもしれない。住民が正しい情報を基に正しい判断ができるよう努力していきたい」

南海トラフ巨大地震を踏まえた県第4次地震被害想定で津波浸水域が広がり、警戒宣言時避難地の確保や啓発に課題が生じた市町も少なくない。本社のアンケート調査では県内の沿岸21市町中、約3割の6市町が「浸水域が拡大したことで避難地を確保できなくなった」と答えている。

静岡市は避難地に指定している複数の小学校が新たに津波浸水域に入った。市危機管理総室の担当者は「警戒宣言時にはより内陸の避難地を目指してもらう必要がある」と率直だ。「予知型の啓発機会が減っている」と危惧し、広報紙やコミュニティFMなどを通じた周知に取り組む構えも示す。

■メモ　災害時の避難先には“種類”がある。地震が予知された場合、危険地域の住民が目指すのが「警戒宣言時避難地」。警戒宣言は数時間から2～3日以内に大地震が起きる恐れがあると発表されるため、避難には多少時間の余裕がある可能性がある。一方、地震直後に一刻も早く津波から逃げるのが津波避難ビルやタワーなどの「津波避難施設」。その他、延焼火災の際に使われる「一次避難地」と「広域避難地」などがある。避難地は屋外なのに対して、「避難所」は自宅が被災した人々の生活を支援する屋内施設で発災後に開設される。2013年の改正災害対策基本法は、津波や洪水など切迫した災害の危険から逃げるための避難地や避難施設を「緊急避難場所」として指定することなどを自治体に求めている。

2016.3.19朝刊

原子力緊急事態　寝耳に水

備え不十分　住民パニック

「何をしてるんだ。早く避難しなきゃだめだ」。町長の怒声が施設内に響いた。東京電力福島第1原発から約3キロに位置する福島県双葉町の特別養護老人ホーム「せんだん」。東日本大震災が起きた2011年3月11日、ホームには寝たきりを含む高齢者約70人がいた。「今いる職員で避難させるのはとても無理。とどまった方が安全だ」と突っぱねた岩元善一施設長（69）に、町長はこう言い放った。「総理大臣の命令なんだ」

福島第1、2原発の冷却機能喪失などを受け、史上初めて発令された「原子力緊急事態宣言」。その重大性と切迫性は、必ずしも住民に伝わっていなかった。大規模地震対策特別措置法（大震法）に基づき、同じく総理大臣から発令される東海地震の警戒宣言も、正しい知識の周知と避難の具体的なイメージなくしては情報が錯綜（さくそう）し、大混乱を招く恐れがある。

福島第1原発が立地する、同じく〝地元〟の大熊町にある「サンライトおおくま」は同原発から約2キロ。当時、施設長だった池田義明さん（68）も一度は町からの避難指示を断った。特養やデイサービスの利用者１００人以上がいた。「緊急事態宣言がどれほどの意味を持つのか分からず、2、3日で戻れると思っていた」。震災前、東電がPRに躍起だった原発の安全性。「私にも思い込みがあった」と自ら省みて、こう忠告する。「東海地震は必ず起き、警戒宣言も発令されると思っておいた方がいい」

地震の発生直後、屋外に避難したサンライトおおくまの利用者。みぞれが降る寒い日だった。この後、原子力緊急事態宣言の発令を受け、避難所を転々とする＝2011年3月11日、福島県大熊町（池田義明・元施設長提供）

両町や福島県によると、同県内2原発の周辺自治体は毎年、原子力緊急事態宣言を想定した県主導の避難訓練を実施していた。ただ、避難経路は大まかで、広域避難の考えもなかった。「せいぜい隣町に逃げるぐらい」（双葉町）で、「全町避難は想定外」（大熊町）。同県社会福祉協議会の話では当時、高齢者施設などの避難手順は各事業所に任され、多くの施設が提携避難先を決めていなかった。原子力緊急事態宣言の発令は寝耳に水で、大混乱に陥った。

せんだんとサンライトは3月19日までに全利用者を県内外の協力施設か、家族に引き継ぐことができた。行政は頼りにならなかった。避難範囲の拡大に合わせて避難先を自力で手配し、体力のない高齢者を引き連れて転々とした。「過酷だった。自分の施設で死者が出なかったのはせめてもの救い」と岩元施設長。犠牲者が出た施設は少なくなかった。

「練習のための練習になっちゃだめ。〝試合〟のために練習しないと」。岩元施設長は、警戒宣言の発令を視野に入れた実効性ある避難訓練の必要性を訴える。「『いまさら』なんて考えちゃだめ。静岡県には蓄積があるのだから、必ず対応できます」

◇

大震法に基づく警戒宣言と同じく、ひとたび発令されると計り知れない影響力を持つ原子力緊急事態宣言。史上初めて発令された福島県で取材を進めると、情報伝達や要配慮者避難といった、警戒宣言にも通じる課題が見えてきた。発令の仕組みがほぼ同じと言える両者の〝共通項〟から、明日の静岡に必要な視点を探る。

■メモ　東日本大震災に伴う福島第1、2原発事故の発生時、内閣総理大臣から原子力緊急事態宣言が発令され、住民は地域防災計画に定めた原子力災害応急対策に基づく情報伝達や避難指示・勧告を受けて避難を開始した。一方、大震法に基づく警戒宣言も総理大臣から発令され、住民は地域防災計画に定めた地震防災応急対策に基づいて避難を開始する。この点において両宣言はよく似た構造を持っていると言えるが、これまでほとんど注目されてこなかった。

情報遅れ「責任感じる」

避難の長期化は想定外―渡辺利綱大熊町長インタビュー

東京電力福島第1原発事故では、情報の不確かさ、伝達の遅れが避難時の混乱を招いた。大規模地震対策特別措置法（大震法）に基づく警戒宣言の発令時も、速やか、かつ正確な情報伝達が不可欠になる。福島第1原発1～4号機が立地し、町民避難の指揮を執った大熊町の渡辺利綱町長（68）に必要な備えを聞いた。

―避難指示を受け、どう対応したか。

「町民には、防災無線と消防車両で知らせて各地区の集会所に集まってもらい、バスで移動した。それほど緊迫した雰囲気ではなく、私自身も『2、3日で大丈夫』という認識だった。皆、着の身着のまま。国がひと言でも避難が長期化する可能性を示してくれれば対応も違ったはず」

—地元自治体としての反省は。

「大熊町の場合、何を持って避難すべきかなど大事な情報を行政として案内できなかった。国や東電から情報が得られず、避難が長丁場になる想定もなかった。結果的に空き巣被害も相次いだ。正しい情報を迅速に伝えられなかったという責任を感じている」

—防災計画や平常時の訓練は機能したか。

「何も役に立たなかった。地域防災計画に全町避難の想定はないし、地震と原発事故が複合する事態も考えていなかった。毎年、訓練は実施していたが、オフサイトセンターが機能不全になるという前提はなく、全てが想定外。備えを怠っていたのは事実だ」

▽わたなべ・としつな
1947年、福島県大熊町生まれ。91年11月、大熊町議に初当選。2003年11月～07年7月には議長を務めた。07年9月の町長選で初当選。東日本大震災後に迎えた11年11月の町長選では、原子力災害からの復興を掲げて再選した。現在3期目。

—要援護者対策で浮上した課題は。

「原発から近い特別養護老人ホームの避難先は町が確保した。（避難時に多くの入院患者が死亡した）双葉病院だけは、それができなかった。行政として、どの医療機関にどのくらいの重篤患者がいるか、そこまで把握していなかった。確認すればよかったが、（援護の必要のない）町民1万人が移動するだけで大変だった。結果論だが、重篤患者への対応は大きな反省材料だ」

――東海地震の警戒宣言発令時にも、多くの人が避難を強いられる。平常時に備えておくべきことは。

「避難時や避難先での生活を見据えた計画整備が必要。ただ、現実的には難しいだろう。前例があれば動きやすいが、（警戒宣言は）初めての経験になる。大熊町は姉妹都市提携や災害時の応援協定を結んでこなかった。事前に避難先を探すことが必要だったと痛感している」

第3章　避難　福島に学ぶ（中）

2016.3.20 朝刊

弱者対応、平時に合意を

「利用者を家族に引き渡すのは事実上不可能。私たちが守るしかない」。東日本大震災後、こう割り切り、耐震性の劣った施設を1億円かけて新築移転した焼津市の複合型福祉事業所「池ちゃん家・ドリームケア」。大規模地震対策特別措置法（大震法）に基づく警戒宣言時、利用者を避難させせずに済む環境を整えた。県が示す原則とは異なる「最善の方法」を選択した。

県地域防災計画によると、県内の高齢者福祉施設などの利用者は警戒宣言時、耐震性などが確保された入所施設を除き、家族へ引き渡されるか、安全が確保された協力施設に移送されるかが基本。耐震性のある施設でも、津波浸水区域内や、土砂災害の危険がある場合は同様。県は「利用者の家庭環境などに応じた対応が不可欠」として各事業者に避難計画を一任する。ただ、県社会福祉協議会は、福島第1原発事故時の混乱などを踏まえ「避難せずに済むという環境づくり以外、警戒宣言発令下で混乱を防ぐのは難しい」とみる。

県内では施設間で利用者受け入れなどに関する災害時の相互応援協定の締結が進む。地域との連携を模索する動きもあるが、移送自体は自助が原則。原発事故に伴う原子力緊急事態宣言で避難を余儀なくされた福島県内の施設関係者は「警察や自衛隊の助けなしに高齢者は運べなかった。パニック時はだれもが自分のことで精いっぱい。地域の助けを期待しすぎないほうがいい」と口をそろえる。

「原発事故時、福島ほどの人口でも道路は大渋滞した。静岡だったら利用者の家族は迎えに来たくても来られないのでは」―。同県榛葉町の高齢者施設長として、家族に引き渡せなかった一部の利用者とともに千葉県まで避難した全国老人福祉施設協議会災害対策委員会の高木健幹事（50）は自らの体験に照らして警戒宣言発令時の対応の難しさを推し量る。

警戒宣言発令時の避難はどうあるべきか―。福島県では大混乱が伴った。原発周辺に位置する浪江町の国道114号。避難の車列が連なり、車から降りて歩く人もいた＝2011年3月12日夕（双葉厚生病院提供）

一方、池ちゃん家の池谷千尋社長（58）は「日頃の避難訓練でも、必ずしも全ての利用者家族と連絡を取れるわけではない。引き渡しには家族の理解が欠かせない」と指摘する。県は、契約時、警戒宣言を含めた非常時の対応について利用者側に説明するよう施設側を指導しているというが、各施設が具体的にどんな説明を行っているか、利用者家族がどこまで理解できているか―などについては把握し切れていない。施設により、ばらつきが大きいとみられる。

高木幹事は「福祉施設を利用するのは、自分で正確に状況判断できない弱者。施設の側がスマホやテレビなどからしかるべき情報を得て、責任を持って利用者を守るのが基本。警戒宣言が出たらどう対応するかを、施設と利用者家族が平時に合意形成しておくことも重要」と強調する。

■メモ　県内では、県老人福祉施設協議会（老施協）の会員施設が東、中、西の支部エリアごとに災害時の利用者受け入れなどに関する相互応援協定を結び非常時の態勢を整えているが、協議会に加盟していない施設もある。2015年3月時点の県の調査では、県内全体の入所・通所の高齢者施設の約1割に当たる248の高齢者施設が県第4次地震被害想定の最大級津波で浸水するとされた。そのうちの多くが死者発生の恐れのある50センチ以上の浸水に見舞われる可能性があるとみられる。

第3章　避難　福島に学ぶ（下）

2016.3.21 朝刊

鍵握る情報の事前周知

東京電力福島第1原発事故（2011年3月）から1年後、全国の原発立地自治体で構成する「全国原子力発電所所在市町村協議会（全原協）」がまとめた調査報告書は、情報伝達の不備や避難時の混乱など数々の課題を洗い出した。厳しく指摘したのは、正確な情報の欠如と事前の備えの未熟さ。東海地震の警戒宣言発令時を見据えた対策でも、強く懸念される難題だ。

「結局、一番怖いのはパニック」。全原協の調査員として11年10月、福島第2原発が立地し、第1の20キロ圏内にある楢葉町の担当職員や首長から聴取を重ねた御前崎市防災課の山本正典課長（53）は、調査経験を踏まえてそう案じる。

山本課長が担当した楢葉町は事故当時、国や事業者からの連絡がなく、深刻な情報過疎に陥っていた。調査の過程で、町とは離れた避難所で全体がパニック状態になったという話も聞いた。情報が錯綜（さくそう）する中、「ここも線量が高くて危ない」という一部の声を発端に避難所からの一斉避難が始まったとの内容だった。

地震と津波の後に原子力災害に見舞われた東北地方は、停電などの影響で広報手段が限

楢葉町職員から福島第１原発事故後の対応を聞く全原協の調査員＝2011年10月、福島県会津美里町（全原協提供）

られた。東海地震の発生に先立つ警戒宣言発令時には、電話は通信規制されて使えなくなる見込みだが、広範囲の情報提供には防災無線やケーブルテレビなどを活用できる。携帯電話のエリアメールやSNS（会員制交流サイト）が使える可能性もある。

大規模地震対策特別措置法（大震法）の制定から約40年。さまざまな伝達手段が機能するようになり飛躍的に利便性が向上した一方で、正誤入り乱れた情報が容易に飛び交う情報化社会が出現した。間違った情報から大混乱が生じるケースも想定される。パニックを防げるかは未知数だ。

山本課長は、注意情報や警戒宣言の仕組みとルールをどれだけ事前に周知できるかがパニックを防ぐ鍵とみる。「日常の備えがなく、情報に接した時に右往左往してしまう人の行動が見えない。

準備がない人が広範囲で動きだしたら危ない」と危機感を強める。

福島第1原発事故に伴う原子力緊急事態宣言下では、これまで訓練を重ねてきた楢葉町など立地自治体でも混乱が生じた。訓練や原子力防災の啓発とは縁遠かった立地町以外の周辺市町村は、さらなる情報の錯綜と大混乱に直面した。

想定東海地震が予知された場合、警戒宣言は事前に定めた地震防災対策強化地域を対象に発令される。対象外の首都圏や南海トラフ沿いの西日本の反応は見通せない。原子力緊急事態宣言の発令に伴う混乱は、警戒宣言をめぐる強化地域内外の意識格差にも警鐘を鳴らしている。

■メモ　全原協が調査対象にしたのは、福島第1原発が立地する大熊、双葉町と近隣の楢葉町など計6市町。全原協を構成する市町村職員が調査員として被災地に足を運び、関係者や首長から聞き取った課題をまとめた。事務局によると、被災自治体の対応や避難の様子を伝える資料がないとして、当時の双葉町長から依頼を受けたのがきっかけ。防災体制の不備や住民避難の難しさを市町村職員の視点で指摘し、報告書は内閣府の原子力委員会の議題にもなった。

2016.4.24朝刊

2人の政治家、立法化へ

東京大理学部助手の石橋克彦（71）＝神戸市＝が東海地震説（駿河湾地震説）を提唱してからおよそ1年後の1977年初夏。自治省から県に派遣されていた知事公室長の能勢邦之（81）＝東京都＝は、静岡市内の知事公舎で山本敬三郎＝故人＝と向き合った。

学説への反響に収束の気配が見えない中、東海地震対策に本腰を入れ始めた山本に対し、能勢は県単独では背負いきれないと考えていた。「沈静化を待ち、慎重にやりましょう」と説いたが、山本は応じない。能勢の話にじっと聞き入り、少し間を空けて言葉を発した。「県政の基本的な仕事は、県民の命を守ることじゃないのか」

能勢は「ここまで腹を固めているのか」と感じ入った。東海地震を迎え撃つ、山本の決意を垣間見た思いだった。

後に「地震知事」と呼ばれ、本県の地震対策の礎を築いた山本。災害とは因縁があった。知事選を2カ月先に控えた74年5月。マグニチュード（M）6・9の伊豆半島沖地震が発生し、賀茂地域で30人が亡くなった。初当選を決めた投開票日、今度は静岡地方を集中豪雨が襲った。世に言う「七夕豪雨」。知事になってすぐに臨んだ被災地回りの体験が、防災へのこだわりにつながったとされる。

災害が相次いだ上、「明日起きても不思議ではない」との警告を伴った東海地震説は県民にさらなる衝撃を与えた。山本自身も97年7月の本紙インタビューで、当時の心境を「大変ショックを受けた」と明かしている。

地震説から約1カ月後の76年10月には県庁内に「地震対策班」を発足させる。異例の年度途中の組織改編。班の一員だった青島三男（85）＝藤枝市＝は「地震説が出てからの知事の動きは速かった」と述懐する。

同じ頃、東海地震対策に力を入れた政治家がもう1人、県内に誕生した。76年12月の衆院選で初当選した原田昇左右＝故人＝。原田は当選後、自民党の政務調

▽山本敬三郎氏（やまもと・けいざぶろう、1913～2006年）
西伊豆町出身。1955年に県議に初当選して政界入り。68年参院選に出馬して国政に転出し、大蔵政務次官などを歴任した。74年、竹山祐太郎知事＝故人＝からの後継指名を受けて挑んだ知事選で初当選し、以降連続して3期務めた。

▽原田昇左右氏（はらだ・しょうぞう、1923～2006年）
焼津市出身。旧運輸省大臣官房審議官を経て、1976年の衆院選に旧静岡1区から出馬して初当選。以降連続9期務め、建設相や衆院予算委員長を歴任した。東南海・南海地震防災対策推進特別措置法案などの取りまとめにも携わった。

査会に東海地震問題への対応を働き掛けた。党内に地震対策特別委員会が設置されることになり、やはり本県選出の衆院議員栗原祐幸＝同＝が委員長に就任。原田は副委員長に就き、本格的な研究に着手した。

「地震に強い国をつくるという思いは本当に強かった。国民の生命、財産を守るのが政治家の役割とも考えていた」とは、原田を知る関係者の評価だ。

東海地震への不安が広がる社会情勢を背景に、使命感に燃えた山本と原田。２人はそれぞれの立場で、静岡から地震対策を推進するための立法化に突き進んでいくことになる。

◇

世界でも例のない地震予知を前提にした大規模地震対策特別措置法（大震法）。約40年前の成立時、どのような背景と動きがあったのか。証言や残された資料からたどった。

■メモ　東海地震説を受けて山本敬三郎知事が県の消防防災課内に設置した「地震対策班」はその後、防災先進県への歩みの第一歩となった。５人の職員は当初、地震説について徹底的な調査を行った。２カ月に一度ほどは都内のホテルで地震関係の学者を講師に招いた勉強会も開き、山本知事も毎回参加していたという。発足の翌1977年５月、対策班は一気に18人へ増員され、８月には「地震対策課」へと格上げされる。全国の都道府県で「地震」を冠する部署の創設は初めてだった。初代課長には対策班長を務めた越井一郎氏＝故人＝が就いた。職員も大震法の制定に深く関わった。

第４章　前例なき法律（２）

2016.4.25朝刊

二つの私案　競うように

　東海地震対策を国家レベルのプロジェクトに位置付けてもらうためには、根拠となる法整備が必要。そのアクションを起こすー。１９７７年初夏、知事山本敬三郎＝故人＝の意を受け、知事公室長の能勢邦之（81）＝東京都＝が法律の私案づくりに乗り出した。

　県庁の自席で鉛筆を走らせ、「一晩で書き上げた」と明かす能勢。地震予知を前提に首相が「警戒宣言」を発する今の大規模地震対策特別措置法（大震法）の柱となる仕組みも、この時点で盛り込んでいた。

　能勢は「書いている自分でも奇想天外だと思った」。だが、国は既に予知研究を本格化する方針を打ち出し、面会していた学者にも実現可能という声があった。予知ができるならば、それを「最大の目玉」とすることに迷いはなかった。

　かたや、東海地震がいつ起こるか分からないという状況で、立法化を急ぐ必要性も感じていた。能勢はこうした予知への期待感と地震の切迫感という「今とは全然違った社会の空気」が、原点にあったと振り返る。

同年9月、本県の要望から設置された山本を委員長とする全国知事会地震対策特別委員会は、特別措置法の要綱案を作成することを決定。〝能勢私案〟がたたき台になった。並行して山本は旧知の国会議員、能勢は省庁の説得に回った。県地震対策課関係者も折衝に奔走。同課職員だった青島三男(85)=藤枝市=が保管する手帳にはこの頃、幹部が頻繁に都内へ足を運んだ記録が残る。

防衛庁や消防庁、警察庁など有事に現場での実働を求められる省庁には、法整備の必要性を理解する声もあった。ただ、多くは「厳しい反応だった」と関係者は口をそろえる。特に懸念されたのは、警戒宣言が〝空振り〟に終わった場合の社会的影響の大きさ。

「総理の首がいくつあっても足りない」

能勢は難色を示す官僚らの言葉を覚えている。

一方、知事会とは別に法整備に動いていた自民党地震対策特別委員会副委員長の衆院議員原田昇左右=故人=。同年11月、特別委の議論を基に独自の法案要綱「原田私案」を発

大震法の成立を目指した当時を振り返る能勢邦之氏=2016年3月下旬、都内

表した。

「関係者の間で地震立法について本格的な検討と議論を巻き起こす契機を提供した」。原田は自著「日本を地震から守る道」でこう意義を記している。

ところが、原田私案は「急に出てきたという感じだった」＝県地震対策課OB（82）＝と県側には寝耳に水だった。山本、原田の双方の関係者とも、2人が立法化に向けて連携した記憶は少ない。むしろ、政治家として後世へ名を残す仕事を競う意識があったのでは──との推測も根強い。

結局、知事会が法案要綱を公表するのは原田私案から1カ月後のことだった。

■メモ　東海地震説を受けた全国知事会の「大地震対策特別緊急措置法案要綱」と原田昇左右氏の私案「大規模地震予知対策特別措置法案要綱」は、予知観測体制の一元化に向けた組織整備や観測を強化する地域の指定といった部分で共通点があった。一方で、前兆現象が捉えられた場合の首相の権限は、原田私案が「警報を発する」と規定。これに対し、知事会案は「大震災緊急事態の布告を行い、住民のとるべき措置についても指示を行う」、交通規制や物資流通制限、金銭支払い債務延期などの「緊急措置命令を出すことができる」とより強く踏み込んだ。対策事業への国の財政支援は双方が盛り込んでいた。

2016.4.26 朝刊

伊豆でM7・0　国を動かす

本県関係者を中心にまとめられた自民党地震対策特別委員会と全国知事会の二つの法案要綱により、1977年末には東海地震対策の特別措置法制定に向けた機運が高まりつつあった。ただ、前提となる予知技術の不確実性などから、国は依然として二の足を踏み、災害対策基本法の改正による地震対策を検討していたとされる。

「世論の風に、国にも何かしなければという空気が出てきた。それでも国土庁は最後まで新規立法だけはやめてくれ、という立場だった。『災害対策基本法を静岡県の言う通りに改正するから知事を説得してほしい』と言われたこともあった」

県地震対策課に所属していた宮川汜＝故人、第2代同課課長＝が97年7月の本紙取材に残した証言だ。

ところが、78年初めに状況が一変する。1月14日昼に起きた伊豆大島近海を震源とするマグニチュード（M）7・0の地震。伊豆半島東海岸を中心に激しい揺れに見舞われ、河津町や東伊豆町、天城湯ケ島町（現伊豆市）に甚大な被害をもたらした。

発生から3日目、国土庁長官桜内義雄＝故人＝が県内入りした。知事公室長の能勢邦之（81）＝東京都＝は出迎えた静岡駅の一室で被害状況を説明した。

県庁に移った桜内に対する知事山本敬三郎＝故人＝の訴えは、さらに「切羽詰まった雰囲気だった」（能勢）。山本は伊豆大島近海地震の復旧に関し、複数の項目を書いた県からの陳情書を桜内に手渡した。

中でも、特に強調したのが、同じような被害を出さないためにも「地震予知を前提にした立法が必要だ」という言葉だった。

桜内はこの日、「特別立法を今国会で成立させるよう努力したい」と明言した。

首相の福田赳夫＝同＝も決断した。翌17日

民家が土砂にのみ込まれた伊豆大島近海地震の被災地。甚大な被害を受け、国は大地震対策の法整備にかじを切った＝1978年1月16日、河津町

の閣議で、「大地震対策の特別立法をつくるよう前向きに検討せよ」と指示。政府として積極的に地震対策に取り組む姿勢を鮮明にした。

首相の鶴の一声―。立法化に向けた国の方針転換は当時、このように報道されたが、伏線もあった。

前年からの知事会案の策定と並行して進めていた関係者への説得作業。山本と能勢は福田にも接触していた。この時、福田は法制定を確約する言質は与えなかったものの、東海地震説で広がる県民不安に「そうだよな。随分、大変な状況になってるよな」と応えたという。

伊豆大島近海地震は間違いなく、国を動かすきっかけになった。ただ、前段階での働き掛けと、首相の政治責任で警戒宣言を出す仕組みを引き受けた福田の理解、割り切りが大きかった。能勢は今、そう考えている。

■メモ　大規模地震対策の立法化へ国を動かした伊豆大島近海地震。県のまとめた同地震の「災害誌」（1978年10月）によると、伊豆半島東海岸を中心に25人の死者と多数の負傷者を出した。家屋の全壊は96棟、半壊616棟で、1126カ所の道路が損壊。崖崩れは191カ所に上った。旧天城湯ケ島町では鉱さいの堆積場が崩壊し、シアン化合物が流出して狩野川などを汚染する被害も問題になった。

発生から5日目、県は気象庁からの情報を基にして独自の「余震情報」を発表。余震に対する注意を呼び掛ける内容だったが、一部住民の間で「間もなく大地震が起きる」などとパニックを引き起こした。この騒動は情報管理や伝達の面から、その後の大震法の議論に一石を投じた。

第4章　前例なき法律（4）

2016.4.27朝刊

「地元要望」前面に成立

　伊豆大島近海地震から約2カ月半後の1978年4月5日、政府の大規模地震対策特別措置法（大震法）案が国会に提出された。政府案は静岡県知事山本敬三郎＝故人＝を中心にとりまとめた全国知事会案を土台に、本県選出の衆院議員原田昇左右＝故人＝の私案も踏まえて作られた。審議の焦点の一つは地震予知の確実性だった。多くの地震学者が実用化のめどは立っていないと認めていた。国会会議録をひもとく。

「（予知は）実用段階に踏み切っていないと考えなければならない。学会の承認を得たと言えるのか」。衆院災害対策委員会。委員の津川武一＝共産、故人＝が質問した。

　当時、気象庁が地震学者の統一見解の一つとしていた測地学審議会による76年の「第3次地震予知計画の一部見直しについて（建議）」には「現段階においては（中略）予知ができるような定量的手法は確立されている訳ではなく―」とあった。

福田赳夫元首相

　一方で、75年に中国がマグニチュード（M）7・3の海城地震の予知に成功し多くの人命を救ったと報じられるなど、総じて地震予知への楽観論が高まっていたことも事実だった。

「一発必中の予知は東海地区の大地震といえども現段階ではお約束できません」。気象庁観測部参事官末広重二＝故人＝（後に長官）は不確実性を認めながらも、こう続けた。「しかし、3回か4回空振りしてもいいから予知をやれという地域住民の要請がある。何とか今の技術でお応えしたい訳です」

国土庁長官桜内義雄＝故人＝も力説した。「特措法は東海地震の恐れのある地域から要望されており、また関係知事が知事会でわれわれに先立って検討し、政府に要請されておる。こういうことで、M8程度の地震は相当の確率で予知ができるという前提でこの法案をお願いしておる」。参考人の地震学者は観測網充実などの〝条件付き〟で予知の実現性に言及したが、桜内と末広は一歩踏み込んだ。

人命は地球より重い―。首相福田赳夫＝故人＝が超法規的措置で日本赤軍メンバーを釈放してからわずか半年後。桜内

大震法に関わる動きと社会の出来事

1974年	5月9日	伊豆半島沖地震(M6.9)
	7月7日	山本敬三郎氏が知事初当選
		七夕豪雨
75年	2月4日	中国で海城地震(M7.3)予知に成功と発表
76年	8月18日	河津地震(M5.4)
	24日	「東海地震説」が報道される
	10月29日	国が地震予知推進本部を設置
	12月5日	原田昇左右氏が衆院初当選
	24日	福田赳夫内閣が発足
77年	4月18日	地震予知連に東海地域判定会を設置
	9月28日	ダッカ日航機ハイジャック事件
	11月	原田私案を発表
	12月7日	全国知事会案を発表
78年	1月14日	伊豆大島近海地震(M7.0)
	17日	福田首相が、地震予知が前提の新法検討を指示
	4月5日	大震法案が国会提出
	6月7日	大震法が成立
	12月28日	福田首相が退陣

や末広の答弁は、人命のために地震予知の立法化を指示した福田の決断にも支えられていた。

知事の山本も参考人として熱く訴えた。

「私は役所のセクショナリズム、事なかれ主義、易きについて困難を恐れる、難しい問題を避けて通る、こういうことは地震大国日本において許されざる態度ではないかと考えます。国民とともに日本はこの問題に積極的に挑戦していくべきではないか。まさしく政治が決断すべき時だ」

法案は提出2カ月後の6月7日、成立した。予知は実用段階にない――という一部の懸念を、東海地震の切迫感と予知への期待が押し切る形になった。

■メモ　国会審議では地震予知に限らず幅広い意見が交わされた。とりわけ与野党の調整が難航したのは警戒宣言を受けて自衛隊を事前出動させる「地震防災派遣」の是非。当時は戦後まだ30年。安保闘争はもとより戒厳令下で軍隊が治安維持に当たった関東大震災の記憶も生々しく語られていた時代。野党は8年前の三島事件も持ち出し、民兵組織「楯の会」を率いて蜂起を図った三島由紀夫に協力的な自衛隊幹部がいたなどと指摘して事前出動が治安出動につながる懸念を訴えた。自民党は地震防災派遣条項を付則にする修正案を提示するも、党内タカ派や民社党に押されて撤回。最終的には原案可決にこぎ着けた。

2016.4.28朝刊

訴え続けた〝灰色情報〟

大規模地震対策特別措置法（大震法）案が審議されていたころ、世間は地震予知への前向きな話題で持ちきりだった。1978年5月19日の本紙は、焼津市が動物による前兆現象の監視のためにオカメインコ2羽と九官鳥1羽を市役所と市立老人ホームで飼い始めたと報じている。国会審議を間近に見ていた東大名誉教授の茂木清夫（86）＝千葉県習志野市＝は「気象庁まで予知はできるようなことを国会ではっきり言った。これはまずいと思った」と振り返る。

予知の主力となるひずみ計データの監視には、多くのノイズに潜む極めてわずかな異常を読み取る必要がある。「簡単なことじゃない」と茂木。「異常が微妙な時や警戒宣言の解除の時をどうすべきかという議論は国会審議では深まらなかった」と指摘する。

警戒宣言の根拠となる観測データを判断する重責は、79年に設置された気象庁長官の諮問機関「地震防災対策強化地域判定会（判定会）」に委ねられた。初期の委員を知る関係者によると、委員は公私の用を問わず自宅を出る時、急いでいてもあえて急ぐそぶりを見せなかったという。慌てて玄関を出ると近所の住民を心配させるからだ。「先生、ついに東海地震ですか」と。

社会の注目と期待が高まる中で、判定会には地震が起きるか、起きないか―の二択しか許されていなかった。91年に判定会長に就任した茂木は、警戒宣言の手前に白でも黒でもない〝灰色情報〟を新設し、経済活動をなるべく続けられるようにする必要性を本格的に訴え始めた。観測データの解釈が難しい時でも「何かおかしい」という場合、空振りを恐れずに注意を促したいとの思いがあった。

「ひずみ計データの異常を判断するのは簡単なことではない」と語る茂木清夫氏＝2016年4月中旬、千葉県習志野市

94年、日本総合研究所が警戒宣言発令に伴う社会的コストを試算し、日本の大動脈の物流や経済活動の停止により少なくとも1日約7200億円の経済損失があるとした。「空振りのコストを恐れて警告は出せない」―。世間からはそんな声も聞かれていた。

茂木の思いは強まったが、国の動きは鈍かった。96年、再三の訴えが聞き入れられなかった茂木は判定会の会長と委員を辞任した。「灰色問題を世に訴えるためだった」。胸中には、95年の兵庫県南部地震（阪神・淡路大震災）で多くの命を救えなかった苦い思いがあった。

２００１年、政府の中央防災会議が東海地震の想定震源域を広げる見直しを行った。強化地域に人口２００万人超の名古屋市が含まれたことで警戒宣言の重みは一段と増し、ようやく〝灰色情報〟に光が当たる。03年、中央防災会議は大震法に基づく地震防災基本計画を修正し、茂木の訴えとも合致する「注意情報」の新設を盛り込んだ。大震法が成立してから実に26年目のことだった。

■メモ　政府の中央防災会議は2003年の東海地震被害想定で、警戒宣言発令に伴う経済損失を1日当たり実質2千億円とみる一方、予知成功による被害軽減額を総額約6兆円と試算し、「警戒宣言には大きな効果がある」とした。最近では静岡県が13年の第4次地震被害想定で、警戒宣言によって産業が3日間停止する影響額を2800億円（1日当たり約930億円）と推計している。気象庁は警戒宣言を発令してから地震が発生するまではおおむね数時間から3日以内程度と想定しているが、いつまでも地震が起きないケースも考えられる。警戒宣言の発令期間が長引くほど予知の経済的メリットは薄れる。

2016.4.29朝刊

〝緊急事業〟延長重ねる

１９７８年6月に大規模地震対策特別措置法（大震法）が成立した後も、静岡県知事山本敬三郎＝故人＝にはやらなければいけないことがあった。大震法に盛り込まれなかった財政措置の実現。切迫した東海地震の発生に備え、避難路や避難地の整備、公共施設の耐震化などを緊急に進める必要があった。もし地震が予知できても、警戒宣言を住民に伝える通信施設もなければ予知の仕組みも効果が薄れる。国の支援が不可欠だった。

大震法は成立を優先するため、大蔵省（現財務省）が難色を示した財政支援を切り離していた。山本は成立から1年ほど後、積み残した財政問題の解決に動いた。根回しに奔走し、乗り気でない当時の蔵相竹下登＝故人＝を横目に、元首相の田中角栄＝故人＝に直談判までしたといわれる。衆院議員原田昇左右＝故人＝も動いた。最終的に自民党の地震対策特別委員会が法案をまとめ、議員提案した。

「地震財特法」は80年、国会で成立した。当初の対象は大震法に基づいて地震防災対策強化地域に指定された6県１７０市町村（当時）。本県は全市町村が対象だった。消防施設整備や学校耐震化などに対する国の補助率のかさ上げをはじめ、地震対策の事業枠が担保された。

「明日起きても不思議ではない」といわれた東海地震に備えた財特法は、5年間の時限立法だった。強化地域には5カ年計画の「地震対策緊急整備事業計画」の策定が義務付けられた。

地震財特法の対象事業

事業区分	内容
避難地	広域避難地の整備
避難路	広域避難地へ通ずる道路（避難路）の整備
消防用施設	消火に必要な資機材等の整備
緊急輸送路	物資輸送の拠点等となる道路の整備、港湾及び漁港の耐震化
通信施設	情報の伝達・収集に必要な無線施設の整備
石油コンビナート地区緩衝緑地	特別防災区域に係る緩衝地帯の設置
公的医療機関	病院の耐震化
社会福祉施設	社会福祉施設の耐震化
公立小中学校	校舎、体育館の耐震化
津波対策	堤防、水門等の整備
山崩れ防止対策	山腹の崩壊等の防止、ため池の耐震化等

ところが、東海地震は5年たっても、10年たっても起きない。5年ごとに地元から延長を求める要望が上がった。財政当局の説得は避けて通れなかった。

ある時期の財特法延長を巡る大蔵省の主査と国土庁の震災対策課長のやりとりを記した内部メモがある。

主査「（延長は）もうやめてもいいのではないか」

震災対策課長「東海地震はますます切迫している。今やめて、その後、地震でも起これば国としてとても説明ができない。率直に言って、東海地震が起こるまでは制度を続けざるを得ない」

県地震対策課で財特法延長に尽力した杉山俊朗（82）＝島田市＝は「ここで終わられては困るという意識はもちろん我々には常にあった」と振り返る。２０１５年３月、７回目の延長が国会で可決された。当初５年間で行うはずだった〝緊急事業〟は延長を重ね、40カ年に及ぶ長期計画となった。１９８０年から35年間の事業費は強化地域８都県で累計２兆３５８５億円に上る。

■メモ　静岡県によると、県が1979年度から2013年度末までに実施した地震対策事業は総額２兆2460億円。内訳は地震財特法による地震対策緊急整備事業が9370億円で、うち国の補助は５割弱程度。阪神・淡路大震災後に制定された全国適用の地震防災対策特別措置法（地防法）による地震防災緊急事業が3410億円。県単独事業で9680億円を投入している。県はこの間、法人事業税の超過課税も財源にした。静岡大防災総合センターの岩田孝仁教授は「他府県に比べて決して突出して多くの国の財源が入っている訳ではない。大震法は公共事業枠が確保できる利点が大きい」と指摘する。

2016.6.10朝刊

三重南東沖　M6・5で緊迫

東南海震源域　70年ぶりの「境界型」

２０１６年４月１日午前11時40分ごろ、南海トラフ巨大地震の震源域の三重県南東沖でマグニチュード（M）６・５の地震が発生した。１９４４年に起きた昭和東南海地震（M７・９）の震源のすぐ近く。暫定的な解析は「プレート境界地震」の可能性を示していた。南海トラフ沿いのプレート境界がずれ動いた―。関係者に緊張が走った。

「これは大変な所で起きたな」。東京都千代田区大手町の気象庁。地震予知情報課長の橋本徹夫（56）は、すぐに地震防災対策強化地域判定会会長の平田直（61）＝東京大地震研究所教授＝に連絡した。東南海地震が起きれば東海地震まで至る可能性がある―。平田は気象庁と連絡を密にして現状の把握に努め、「しっかり様子を見て監視してください」と伝えた。

東南海地震の震源域では２００４年９月にM７・４とM７・１の地震が起きているが、いずれもプレート内部の地震。震源域でM６以上のプレート境界地震が起きるのは、実に約

70年前の昭和東南海地震とその余震以来だった。橋本は、1週間ほどは特に注意深く地震活動に目を光らせるよう部下に指示した。

南海トラフの震源域で普段、地震がほとんど起きないのは、フィリピン海プレートと陸側プレートの境界が非常に強く固着しているからと考える研究者が多い。地震予知情報課評価解析官の鎌谷紀子（49）は「そういう所でM6・5という結構大きい地震が起きたのはかなり驚くべきこと。地震活動が広がっていくことがないかなどを丹念に監視した」と話す。

気象庁が大規模地震対策特別措置法（大震法）に基づいて地殻活動を見張っているのは想定東海地震だけ。東海地震の震源域周辺で、前兆現象とは言えないものの通常とは異なる地震や現象が観測された時に「東海地震に関連する調査情報（臨時）」を出して、普段と違うことが起きていることを住民や行政に知らせる仕組みがある。

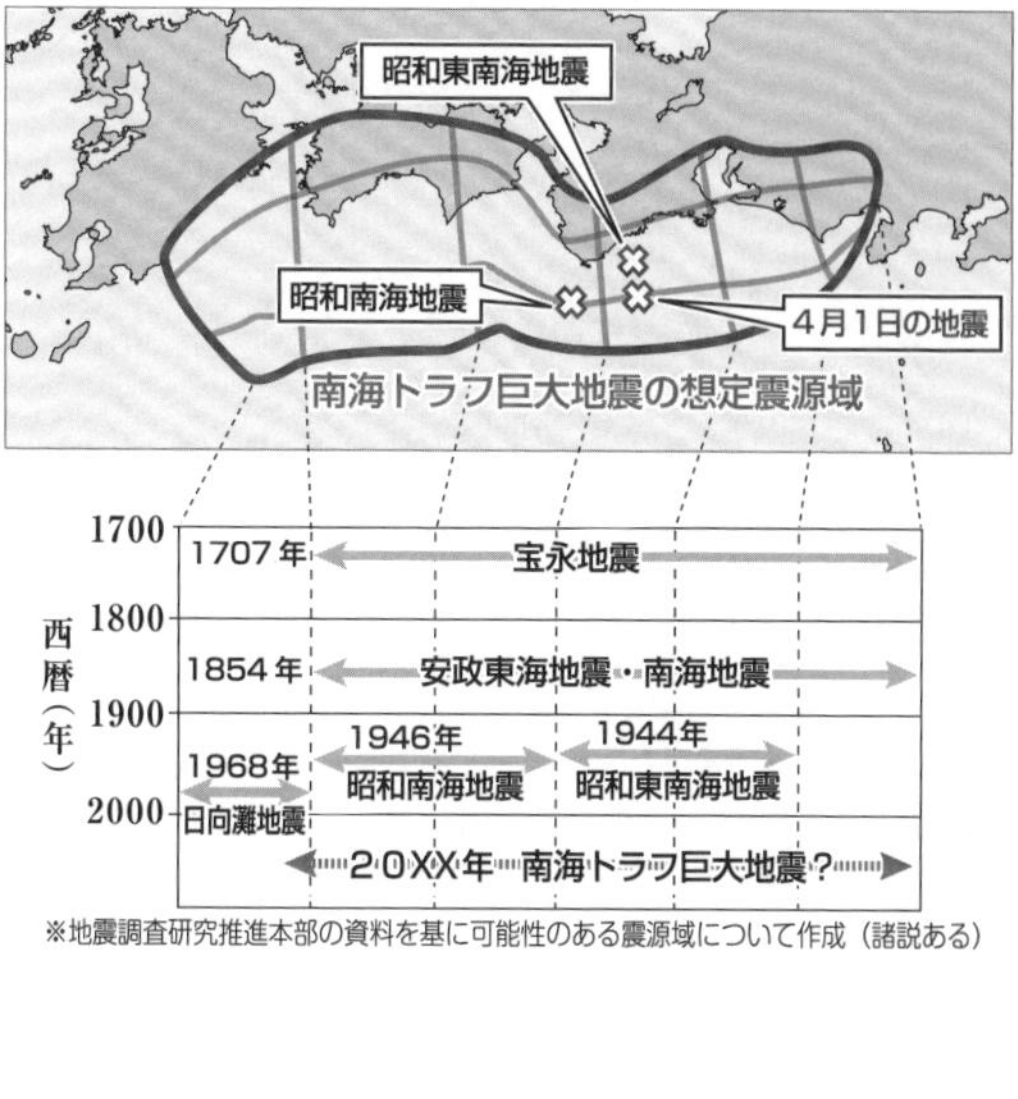

※地震調査研究推進本部の資料を基に可能性のある震源域について作成（諸説ある）

一方、現状では東海以外の南海トラフの震源域で通常と異なる変化や地震が起きても東海地震と同じような仕組みはない。東南海地震の震源域で起きた今回の地震は判定会の直接の評価対象にはならず、特別な情報が出ることもなかった。連動発生が現実味を帯びる今、南海トラフの震源域を対象に「調査情報（臨時）」の弾力運用や情報発信の仕組みを求める声もある。

平田は「もう少し研究が進めばそういうことをやるべきだと思うが、不確実性がまだ大きい」と説明する。一方で、「もし東南海地震が起き、東海地域が再び割れ残るなどした場合、大震法ができた当時には想定していなかった難しい判断を迫られることになる」とも話した。

◇

単独発生から連動発生へ。地震像の変化とともに、事実上、東海地震だけを対象にしてきた大震法にひずみが生じ始めている。4月に相次いで起きた三重県南東沖の地震と熊本地震が浮き彫りにした課題を検証する。

■メモ　昭和東南海地震（M7・9）は戦時中の1944年12月7日午後1時36分、三重県南東沖で発生した。東海地方を中心に大きな揺れと津波に見舞われ、死者・行方不明者1223人、家屋の全半壊・流失は約5万7千戸に達した。2年後の46年12月21日には、西隣の震源域で昭和南海地震（M8・0）が発生した。少なくとも過去数百年内では、東海地震が単独で発生した例はなく、必ず東南海地震に連動した可能性が高いことが分かっている。

第5章　警告する大地（2）

2016.6.11朝刊

〝前震〟の恐れ、頭よぎる

２０１６年４月１日に南海トラフ巨大地震の震源域の三重県南東沖で起きたマグニチュード（Ｍ）６・５の地震。静岡大防災総合センター教授の岩田孝仁（61）の頭を11年３月９日に宮城県沖で起きたＭ７・３の地震がよぎった。地震から２日後の３月11日、東日本大震災を引き起こす東北地方太平洋沖地震（Ｍ９・０）が近くで起き、結果的に巨大地震の〝前震〟になったからだ。

発生直後の情報で知る限りプレート境界型の可能性があった。だとすれば昭和東南海地震の震源至近で約70年ぶりに起きたＭ６級のプレート境界地震ということになる。東南海地震は東海地震の引き金になりうる。気象庁から「東海地震に関連する調査情報（臨時）」や特別な情報が出てもおかしくない―と感じた。

だが、通常の情報以外、気象庁から特段の発信はなかった。震度５弱以上で開かれている緊急会見も、最大震度４だったため開かれなかった。そもそも日常生活を続ければよいとハードルを低く設定した「調査情報（臨時）」は11年に新設されて以来、一度も発表されたことがない。

岩田は「調査情報（臨時）」を盛り込む提言をした当時の有識者検討会のメンバー。地震予知を一部の専門家だけの議論にせず、普段と違う現象が起きている時はそれがちゃんと分かるように公開し、国民も含めた多くの目で日々の震源域の変化を共有すべき―。「調査情報（臨時）」にはそんな思いを込めていた。

「東海地震に関連する情報」の発表基準（抜粋） ※気象庁の資料を基に作成

情報とカラーレベル	発表基準	首相の対応
調査情報（定例）	毎月の判定会の定例報告	
調査情報（臨時）	1カ所以上のひずみ計で有意な変化かつ複数の観測点で関連のひずみ変化があった場合	
	東海地域でM6.0以上（または震度5弱以上）の地震かつひずみ計に特異な変化があった場合	
	東海地域でM5.0以上の低角逆断層型の地震（プレート境界地震）かつ検討が必要な場合	
	東海地域でM4.0以上（または震度4以上）の地震が短時間に複数発生かつ検討が必要な場合	
注意情報	2カ所以上のひずみ計で有意な変化かつ前兆すべりの可能性が高まった場合	
	3カ所以上のひずみ計で有意な変化かつ検討が必要な場合（判定会開催が間に合わない場合）	
予知情報	3カ所以上のひずみ計で有意な変化かつ判定会が前兆すべりと判定した場合	警戒宣言
	5カ所以上のひずみ計で有意な変化かつ推定される前兆すべりが想定震源域内に求まった場合（判定会開催が間に合わない場合）	

「東南海の震源域でプレート境界型が疑われるM6級の地震が起きた時に『調査情報（臨時）』も出ないのでは、肝心な時に情報を出せなくなる。気象庁は自らハードルを高めてしまっている」。岩田はそう懸念する。

名古屋大大学院地震火山研究センター教授の山岡耕春（57）＝日本地震学会長＝も三重県南東沖の地震に緊迫した。「今後、今回より明らかに異常な現象が東海以外の南海トラフ巨大地震の震源域で起きたら、東海だけを予知の前提としている現状では社会が大混乱する恐れがある」と話す。

内閣府の「南海トラフ沿いの大規模地震の予測可能性に関する調査部会」の座長を務め、13年に南海トラフの地震の予知について「確度の高い予測は困難」とする報告を出した。ただ、「予測は困難でも南海トラフ沿いで怪しい地震や明らかな異常現象が起きる可能性は十分ある」（山岡）

その時どうするかを決めておかなければ―。山岡は「予知関連情報の対象地域を南海トラフ全域に広げるべき」と訴える。「異常が観測された時に公式な情報を出す態勢を作り、その情報が出たらどう対応するかまで事前に決めておくことが混乱を防止するためにも必要だ」

■メモ　気象庁と地震防災対策強化地域判定会（判定会）は大規模地震対策特別措置法（大震法）に基づき「東海地域」の地震活動や地殻変動などを監視している。「東海地震に関連する調査情報（臨時）」の発表基準にもある「東海地域」は想定東海地震の震源域と周辺を指し、陸域はおおむね本県と愛知県、三重県北部、海域は駿河湾と遠州灘が含まれる。4月1日にM6・5の地震が起きた三重県南東沖は東南海地震の震源域で、「東海地域」から外れていた。気象庁と判定会は一方で、南海トラフに並行して東海地方から四国付近までの広い範囲の陸域で起きている深部低周波地震活動も監視している。

第5章　警告する大地（3）

2016.6.12朝刊

「情報ない」自治体困惑

２０１６年４月１日に発生した三重県南東沖の地震では、紀伊半島の沿岸自治体にも動揺が広がった。付近では１９４４年、昭和東南海地震が起きている。不気味さが際立ち、巨大地震を誘発するかもしれない―と身構えた防災担当者もいた。だが実際には、気象庁が出す限定的な情報を同報無線などを通じて住民に伝えただけ。一様にもどかしさを抱えていた。

携帯電話から緊急地震速報のエリアメールが響いた時、三重県尾鷲市市民サービス課主任主事の川上真（34）は窓口業務に当たっていた。市役所庁舎に十分な耐震性はない。声を張り上げ、戸惑う職員と来庁者を屋外に誘導した。

数分後に「津波の心配はない」との情報が届き、張り詰めた雰囲気は和らいだが、防災担当部署での勤務が長かった川上の緊張は解けなかった。真っ先に浮かんだのは、今回の地震が東南海地震を引き起こす可能性。「明日か1週間後か。しばらくは危ないかもしれない」。同僚に考えを打ち明けた。

尾鷲市は、大規模地震対策特別措置法（大震法）に基づく地震防災対策強化地域に含まれている。ただ、現行の枠組みでは、想定東海地震の震源域から外れている三重県南東沖の地震は監視の対象ではない。気象庁が出す情報は限られ、南海トラフ地震との関連は示されなかった。

尾鷲市と同様に強化地域内にある熊野市でも、災害対策は東海地震の単独発生ではなく、南海トラフ巨大地震への備えが主軸。市防災対策推進課長の山本方秀（55）は「恐れているのは南海トラフの3連動。監視範囲を広げて、空振りでもいいから情報を出してほしい」と話す。大震法は南海トラフ地震に関する特別措置法（南海トラフ法）と一本化すべきとの立場だ。

想定東海地震の震源域では、気象庁などが陸域27地点に設置したひずみ計を使って

熊野灘に面する三重県尾鷲市。沖合の海底では地震を監視する観測網の整備が始まっている＝2016年5月30日、同市

地殻の変動を監視している。一方、東南海・南海地震は震源域の大半が海域にあるため観測網の整備が進まず、精度の高いデータ収集は困難とされてきた。海洋研究開発機構が２０１０年、熊野灘の海底下に設置した「長期孔内観測装置」は、東南海・南海地震に備える上での弱点だった観測の精度を飛躍的に高める可能性がある。ひずみ計の機能を備えたこの装置を使い、リアルタイムで地殻変動や微小地震動を捉えようとする試みだ。

東海地震の直前予知が可能とされる根拠の一つには、充実した観測網の存在がある。海域での監視態勢が拡充すれば、大震法に基づく監視対象や強化地域の拡大も現実味を帯びてくる。

■メモ　海洋研究開発機構が開発した長期孔内観測装置は、海底を深く掘削した穴に固定することで水の流れや温度変化の影響を防ぎ、高精度で地殻の変動を観測する。海底に張り巡らされた地震・津波観測監視システム（DONET）に接続したことで、リアルタイムでのデータ取得が可能になった。気象庁は「まだ研究段階と認識している」としているが、将来的に陸域並みの連続観測態勢が整えば、東南海・南海地震の直前予知への道を開く可能性がある。

第5章　警告する大地（4）

2016.6.14朝刊

強化地域外にも危機感

大阪市の地域防災計画の震災対策編には約20ページに及ぶ「付属（東海地震編）」がある。主な内容は東海地震が予知され大規模地震対策特別措置法（大震法）に基づく警戒宣言が出た場合の行政対応。震央からの距離を260キロと想定し、震度4～5弱の揺れを見込む。東海地震の震源域から離れていても約270万人が暮らす同市では警戒宣言時の影響は計り知れない。

大阪市に限らず、地震防災対策強化地域の範囲外では、影響が見込まれる自治体の多くが、警戒宣言発令時の対応をそれぞれの地域防災計画に盛り込んでいる。一方で、警戒宣言が出た時に南海トラフ巨大地震に発展するかもしれないと考え、強化地域並みのルールを決めておくことは現状では難しい。大阪市防災計画担当課長の奥村忠雄（46）は「東海地震の予知の可否や南海トラフの地震が連動するかどうかは学術の域」と話す。

ただ、実際に東海地震の警戒宣言が出たり、南海トラフ巨大地震の震源域で明らかに異常な現象が観測されたりした場合、何が起きるかは未知数だ。自分の〝足元〟で大地震が発生することを心配する大勢の市民が、自主避難や買い出しで一斉に移動し、交通まひな

高層ビルが立ち並ぶ大阪市。強化地域に含まれていないが、警戒宣言が発令されれば大きな影響を受ける＝2016年6月1日

どの混乱を引き起こす懸念も否めない。

２０１６年４月１日、現実にその足元が揺れた。三重県南東沖で起きた最大震度４の地震。東南海地震の震源域で約70年ぶりというＭ６以上のプレート境界型で、専門家を驚かせた。しかし、気象庁からは通常の地震情報が発表されただけ。揺れが比較的小さかったため、社会的な影響はほとんど見られなかったが、和歌山県の沿岸自治体に戸惑いを広げた。「職員は専門家ではない。気象庁からの詳細な情報はいくらでも欲しい」（串本町）などと切実な声が上がっている。

その後の熊本地震も不安をあおった。４月14日に起きたＭ６・５の地震を〝本震〟とみて気象庁が余震への警戒を呼び掛けているさなかの同16日、Ｍ７・３の地震が発生。結果的に

14日は〝前震〟だったことが、和歌山でも大きく報じられた。

「もし熊本地震で不安が高まった後に三重県南東沖の地震が起きていたら、パニックになっていたかもしれない」――。沿岸の防災担当者が本音を漏らす。三重県南東沖の地震の揺れがそれほど大きくなかったことも幸いして住民に大きな混乱がなかったとみている。

大震法が対象とする東海地震と、それ以外の南海トラフ沿いの大地震。関係性が曖昧な両者のはざまで、三重県南東沖で起きた地震は大騒動に発展する可能性をはらんでいた。

■メモ　大阪市の地域防災計画に付属する東海地震編は、庁内の伝達系統や部局ごとの応急措置に加え、交通規制や犯罪防止に向けた警備などの対応も定めている。学校や幼稚園は、地震防災対策強化地域内の自治体と同様に臨時休校・休園になる。公共輸送対策では、JR西日本などに長距離旅客の安全確保を求める。東海地震と前後して東南海・南海地震が発生する可能性も視野に入れ「状況に応じて必要な措置を取る」としている。

2016.6.15朝刊

「陸から海へ」連鎖懸念

4月に発生した熊本地震。日奈久・布田川の両活断層が連続的に活動し、後に〝前震〟と呼ばれる地震に続いて〝本震〟が発生した。震度7の連続は気象庁にとって想定外だった。熊本県内の避難所で巡回などのボランティアに当たった看護師小山優美（32）＝熊本市＝は「大地震が2度来るなんて、思いもしなかった。せめて、心の準備だけでもできていれば」と同じ被災者の心情をおもんぱかった。

一つの地震が他の地震を誘発することは指摘されてきた。後に起きる地震の方が大きくなることも、そう珍しくなかった。ただ、気象庁は「過去100年間、日本の内陸で起きたマグニチュード6・5前後の地震は『本震―余震』型だった」ことから、4月14日のマグニチュード（M）6・5を本震と判断。余震への警戒こそ呼び掛けたが、結果的に〝本震〟となった約28時間後のM7・3に対しては注意喚起できなかった。

気象庁が最初の地震を本震と判断する際のマニュアルとした「余震の確率評価手法について」（平成10年地震調査委員会報告書）は、内陸地殻内の地震が発生した時の判定法として「M6・4以上ならば、その地震を本震とみる」と規定している。熊本地震を踏まえ、政

熊本地震の“本震”後、熊本県阿蘇市に現れた断層。地面が大きく陥没した。富士川河口断層帯で地震が起これば、南海トラフ巨大地震発生の懸念が生じることも予想される＝2016年4月19日

府の地震調査研究推進本部（地震本部）地震調査委員会は判定方法を見直す方針を示した。

一方、地震の連鎖が内陸の活断層からプレート境界である海底のトラフに続いていく恐れもある。Ｍ８程度の地震が30年以内に発生する確率が「高い」とされる富士川河口断層帯。産業技術総合研究所（産総研、茨城県つくば市）は２０１６年5月、「富士川河口断層帯と駿河トラフは連続性があることが判明した」と発表した。地震本部も富士川河口断層帯と駿河トラフが連動する可能性を指摘してきたが、初めてデータで裏付けられたという。

産総研が駿河湾北部沿岸域の地質・活断層調査を3年間にわたって行ってきた成果。地質情報研究部門の上級主任研究員尾崎正紀（49）は「東西の要衝に位置する富士川河口断層帯が動けばただでさえ大災害」と前置きした上で、「富士川河口断層帯で起きた大地震が

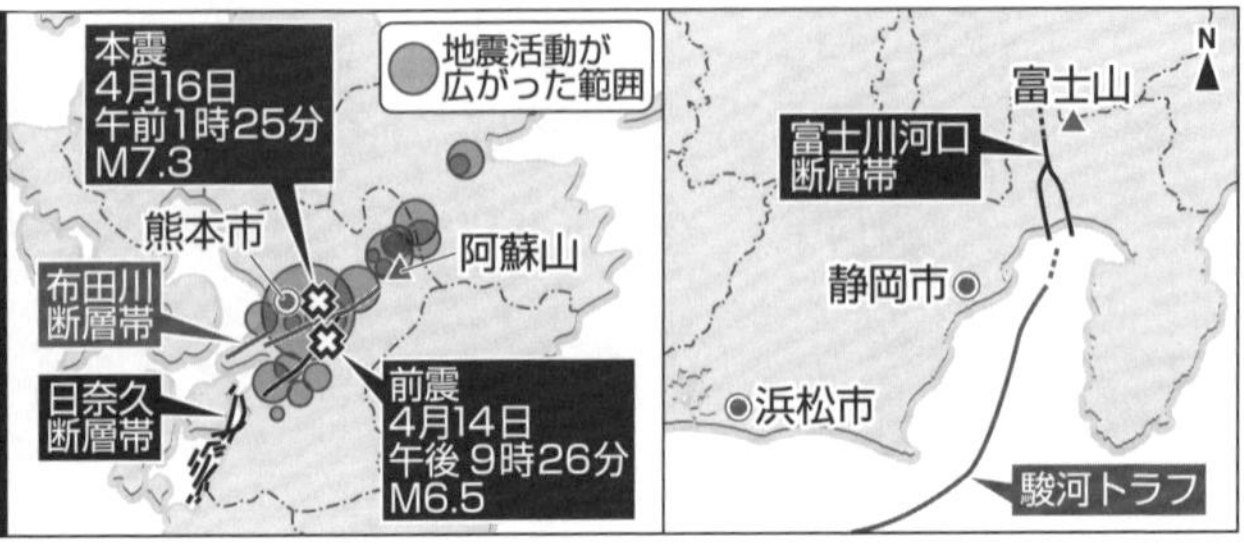

熊本地震の範囲と富士川河口断層帯（同縮尺）

想定東海地震や南海トラフ巨大地震に発展する可能性は否定できない。そうなれば西日本まで大災害に見舞われる」と懸念する。

もし富士川河口断層帯で地震が起きたら、西日本を含めてどう注意喚起するのか――。今後、内陸地震の余震の判定方法を見直す政府にとっても重い課題が突き付けられている。

■メモ　富士川河口断層帯は富士山の南西山麓から富士川河口にかけてほぼ南北に延び、長さ 26 キロ以上。産総研は今回、同断層帯で最も活動度が高いとされる入山瀬断層の陸海での正確な位置を確定し連続性を裏付けた。地震本部は同断層帯の平均活動間隔を「約 150 ～ 300 年」（ケース a)、「約 1300 ～ 1600 年」（ケース b）と想定。ケース a は「10 ～ 18%」、ケース b は「2 ～ 11%」で 30 年以内に M8 程度の地震が発生すると言われ、日本の活断層の中で最大級の地震発生確率が指摘されている。熊本地震の“本震”で活動したとみられる布田川断層帯の布田川区間の 30 年以内の地震発生確率は M7 程度が「ほぼ 0 ～ 0.9%」（やや高い）だった。

第5章　警告する大地（6完）

2016.6.16朝刊

想定震源域に強い固着

２０１６年5月24日、海上保安庁が海底の地殻変動を観測して南海トラフ巨大地震の想定震源域のプレート境界の固着状況を明らかにしたと発表した。想定震源域はほとんどが海で、これまでの陸からの観測でははっきり分からなかった。世界初の成果だった。

南海トラフではフィリピン海プレートが陸側プレートの下に沈み込んでいる。両プレートの固着が強い場所は巨大地震や津波を起こしやすい。海洋調査課海洋防災調査官付の横田裕輔（30）は「浅い部分にも強い固着域があったのが意外だった」と補足する。浅い部分の強い固着がはがれれば、大津波を引き起こす恐れがある。

想定東海地震や南海地震の震源域の外側まで強い固着域が伸びていることも初めて分かった。一方で、今回明らかになった固着状況は調査期間の10年間の結果に過ぎず、今後の固着状況の変化を監視していく必要もある。全容を知るには現在の観測網では不十分だ。

海保の海底観測点は遠州灘から日向灘に15点。横田は「少なくとも24点ほど設置できれば巨大地震の想定震源域をおおむねカバーできる。他の大学などとも連携していきたい」と話す。迫り来る巨大地震に備え「そもそも地震とはどんな現象なのかが分からなければ予知も予測も始まらない」と先を見据える。

名古屋大も駿河湾や熊野灘などに約10点の海底観測点を設置している。12年、想定東海地震の震源域の駿河湾付近のプレート境界が強く固着していることを明らかにしたのは地震火山研究センター准教授田所敬一（43）のグループだった。

「まずいな」。4月1日に三重県南東沖で起きたプレート境界地震。田所は海底の地殻変動を調べるためすぐに観測船の手配を進めた。地震の規模はマグニチュード（M）6・5。研究予算も限られた中、船を出すことは見送り、様子を見ることにした。だが、もっと大きな地震が起きるかもしれない――。緊張は解けなかった。観測船には「2、3日ほどは待機を」と伝えた。

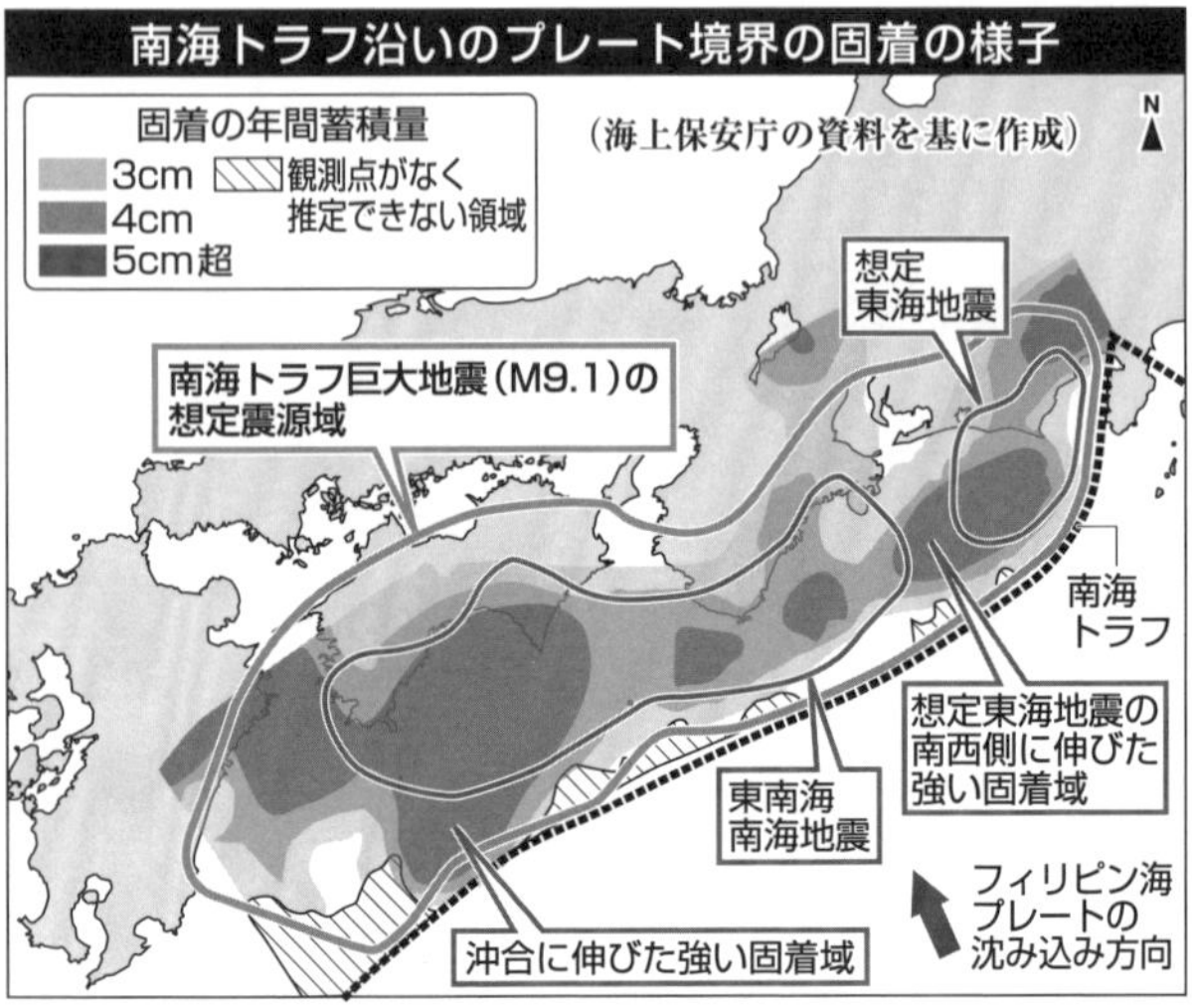

「南海トラフ巨大地震の発生が迫るにつれ

てこうした地震は増えていくだろう」。田所はそう予測する。ただ、南海トラフ巨大地震の震源域で何か異常が起きた時に「東海地震に関連する調査情報（臨時）」のような注意喚起の情報を出すには地震そのものの理解がまだ不十分だと考える研究者も多い。

田所は「現状では、例えばせきが出た時にそれが風邪なのか肺炎なのか見分けることができない」と例える。その上で、「普段のデータがなければ異常が起きても分からない。より密度が高く、より広い海底観測網の整備が急務だ」と訴える。

■メモ　陸域の観測に使われる衛星利用測位システム（GPS）の電波は海中では使えない。海底地殻変動観測は海中で使える音波をGPSと組み合わせて海底の動きを調べる。沈み込む海洋プレートがどれだけ陸側プレートを引きずり込んでいるかを調べることで固着の強さを推定する。海洋研究開発機構が熊野灘などに整備した地震・津波観測監視システム（DONET）と異なり、常時監視は難しい。海上保安庁は2006年からの10年間に陸側プレートが年間平均3〜5センチ程度引きずり込まれていることを観測し、南海トラフ沿いの固着の分布を明らかにした。

国が動いた

2016.6.28夕刊

「東海」単独から南海トラフ備え

大震法の在り方見直しへ

政府は28日、地震予知を前提に首相による警戒宣言発令などを定めた大規模地震対策特別措置法（大震法）の在り方などを検討するワーキンググループ（作業部会）を中央防災会議に設置した。東海地震の単独発生だけでなく南海トラフ巨大地震の発生の可能性が高まってきたことを踏まえ、現在は東海地域に限定されている観測体制やデータの評価体制、それに基づく防災対応や対象地域などを検討する。１９７８年の法制化以来、抜本的見直しは初。

作業部会は学識経験者や関係の省庁、県などで構成する予定。8月にも初会合を開き、月1回ペースで会合を重ねる。終了の目安は定めていないが、年度内の報告書とりまとめを目指す。①現状で南海トラフ沿いの地震の予測や異常の検知がどの程度できるか②その予測レベルに応じた防災対策や観測体制はどうあるべきか③現行で想定東海地震の影響地域（地震防災対策強化地域8都県157市町村）に限定している枠組みを広げるかどうか―などが論点になる。法改正まで必要かどうかは議論次第という。

中央防災会議は2013年、南海トラフ沿いの地震予測は難しいとする報告書をとりまとめたが、一方でプレート境界の異常がある程度大きければ検知する技術はあり、検知できた場合は地震の可能性が高まっていると言える―とも結論している。南海トラフで今後何らかの異常が検知された時の情報提供や防災対応の在り方も議論の焦点となりそうだ。

また、警戒宣言自体が住民に浸透していない上、鉄道停止や道路網のまひなどで混乱が懸念され、予知の不確実性と規制の厳しさが釣り合っていないという批判も根強い。警戒宣言時の規制の在り方も議論の対象となる。

南海トラフ沿いでは予知を前提とせずに津波対策

【大規模地震対策特別措置法（大震法）】　大地震から国民の生命、身体、財産を守るため、地震予知を前提に、地震防災対策強化地域の指定や地震観測体制の強化、気象庁長官から地震予知情報を受けた首相が警戒宣言を発令する仕組みなどを定めた特別措置法。警戒宣言が発令されると、強化地域で危険地域の住民が避難を始める。鉄道やバス、航空機の運行中止や道路規制のほか、企業活動なども制限され、大地震に備える。現在は予知の可能性が唯一あるとされる想定東海地震だけを対象にしている。

【南海トラフ巨大地震】　駿河湾から日向灘のプレート沈み込み帯（南海トラフ）に沿って起きうる大地震。東海、東南海、南海と三つ程度の震源域に分かれ、歴史的にそれぞれが時間差で破壊したり、同時に破壊したりして、100～150年程度の周期で大きな被害を及ぼす。すべてが連動したマグニチュード（M）9級の地震の場合、政府は最大で死者約32万3千人、経済被害は国家予算の2倍超の220兆円と想定している。東海地震単独の被害想定は最大で死者約9200人、経済被害37兆円。

の促進などを図る特措法「南海トラフ法」に基づき、本県を含む29都府県707市町村が推進地域に指定されている。こうした他の法律との整合性も議論される見込みだ。

[解説] 議論深め　対策さらに

国が大規模地震対策特別措置法（大震法）の抜本的見直しに着手する背景の一つには将来的な南海トラフ巨大地震の「割れ残り」問題に備える面がある。もし南海トラフ巨大地震の想定震源域の一部だけが破壊し、「割れ残り」ができた場合、国内に大きな混乱が生じかねないからだ。

1854年には安政東海地震の32時間後に安政南海地震が発生した。1944年の昭和東南海地震では2年後に昭和南海地震が起きた。連動型の巨大地震が現実味を帯び、こうした時間差発生や、明らかに異常な現象が観測された時にどう備えるかが国家的な課題として浮上している。

そもそも大震法は約40年前、当時の「割れ残り」問題を受けて法制化された。「割れ残り」とされた想定東海地震は結果的に今も起きていないが、強化地域の観測体制や防災対策の整備をうたった大震法は、東海地域に世界でも類を見ない地震の監視体制を敷いた。

本紙は10年前から連載などを通して南海トラフ巨大地震に備えた中長期的な監視体制や防災対策強化の必要性を訴えてきた。国が今回大震法の在り方を見直すことで対象地域が西日本に広がり、監視体制の整備などが一気に進む可能性がある。

首相の警戒宣言をも盛り込んだ大震法は国難級の巨大地震を迎え撃つ武器と言える。ただ、現状では地震予知が難しいという実情や警戒宣言時の規制の在り方、住民への啓発方法など課題は山積している。作業部会で徹底的に議論を深め、大震法を再び磨き上げることが求められている。

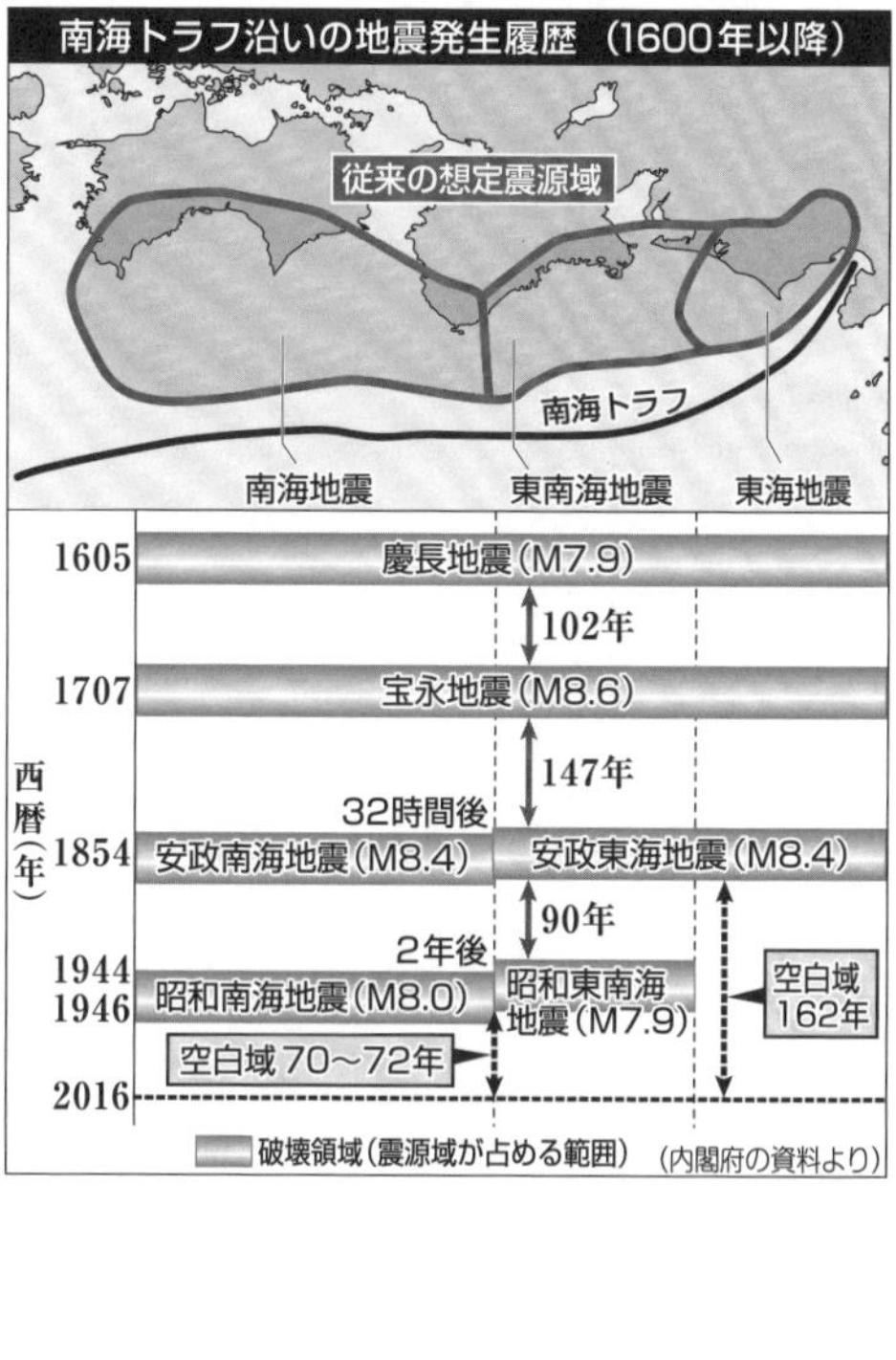

不確実な情報も減災に生かして―地震防災対策強化地域判定会長の平田直・東大教授の話

現状のわれわれの地震学では不確実な情報しか出せないが、その情報を社会でどう使うかは科学とは別の議論。内閣府がその議論を始めることは大変結構なことで、好意的に受け止める。地震学の知識が社会の役に立ち、少しでも被害を減らすことに貢献することは必要だ。大いに議論していただきたい。

防災対策　大きな節目

予測困難、前提に

政府が中央防災会議にワーキンググループ（作業部会）を設置して見直しを検討することが28日明らかになった大規模地震対策特別措置法（大震法）。予測困難とされる南海トラフ巨大地震の危険性が高まり、精度の高い地震予知を大前提に東海地震の単独発生だけを想定してきた大震法に基づく防災対策は大きな節目を迎える。

内閣府の森本輝政策統括官（防災担当）付企画官（調査・企画担当）は「東南海地震の割れ残りがあるのではないかということで東海地震の切迫性が喫緊の課題と言われていた時代もあったが、南海トラフ全体の連動型地震が起きる可能性が高いという意見が主流を占めるようになってきた」と説明する。

大震法は１９７６年に当時東京大助手の石橋克彦神戸大名誉教授が提唱した「東海地震説（駿河湾地震説）」を受けて78年に成立した。立法のきっかけを作ったともいえる石橋氏も2016年1月、本紙の連載「沈黙の駿河湾～東海地震説40年」で「駿河湾での大地震が次の南海トラフ巨大地震と同時に起きる可能性を考慮するのは当然だ」との見解を示した。その上で、大震法の見直しを提言し「予知を前提としない地震対策を基本にしつつ、南海トラフ沿いのどこかで異常現象が観測された場合の対応を柔軟に考えておく必要がある」と指摘していた。

大震法を取り巻く経緯

1976年8月	東京大助手の石橋克彦氏(現・神戸大名誉教授)の東海地震説(駿河湾地震説)が報道される
78年6月	大震法が成立
80年5月	地震財特法が成立
95年1月	兵庫県南部地震(M7.3)
2001年6月	中央防災会議が東海地震の想定震源域を見直し拡大
02年4月	強化地域を現在の8都県157市町村に拡大
06年1月	本紙が東海地震説30年の大型連載を開始し、連動型地震への対策訴え
09年8月	駿河湾の地震(M6.5)
11年3月	東北地方太平洋沖地震(M9.0)
13年5月	中央防災会議の調査部会が南海トラフ沿いの大地震の「確度の高い予測は困難」と報告
13年11月	東南海・南海地震特措法を改正し南海トラフ法が成立(推進地域は29都府県707市町村)
16年1月	本紙が連載「沈黙の駿河湾～東海地震説40年」を開始し、石橋氏が大震法見直し提言
16年4月	三重県南東沖の巨大地震想定震源域でM6.5のプレート境界地震
16年6月	中央防災会議が大震法見直しの作業部会を設置

2016.6.29 朝刊

対象拡大　啓発に課題

警戒宣言時のルールも

大規模地震対策特別措置法（大震法）の今後の在り方を見直すため、政府が28日に設置を発表した中央防災会議のワーキンググループ（作業部会）は8月にも、抜本的な地震対策の再構築を視野に議論を開始する。想定東海地震の影響地域に限定していた大震法の対象を南海トラフ巨大地震の想定震源域沿いに拡大するかどうかが論点の一つ。拡大すれば対象自治体数は膨れ上がる。警戒宣言発令時のルール作りや住民への啓発など課題は山積している。

拡大対象の候補には南海トラフ地震に関する特別措置法（南海トラフ法）で推進地域に指定された29都府県707市町村が挙がりそうだ。いずれも南海トラフ巨大地震で震度6弱以上の揺れや甚大な津波被害が予想される地域。この枠組みで拡大されれば対象自治体数は現行の地震防災対策強化地域8都県157市町村の4・5倍に増える。

一方、国は大震法の性質上、警戒宣言そのものは残したい意向だ。しかし、警戒宣言発令時の規制や防災対応については、法制化から40年近くがたっても東海地域の住民に浸透せず、社会の実情に即していない面があるなど多くの課題が本紙連載「沈黙の駿河湾～東海地震説40年」でも浮き彫りになっている。強化地域が拡大すればこうした課題の深刻化は避けられない。

大震法と組み合わせて一部の地震対策の補助率かさ上げなどを定めた地震財特法など、財政措置の在り方も将来的に課題となる。

内閣府の森本輝政策統括官（防災担当）付企画官（調査・企画担当）は「（見直しで）必要となる対策は社会的な合意を得て地域の方々に実行してもらうところまでもっていかないといけない。一足跳びにわれわれだけで決めても実効性はない」との認識を示す。その上で、「社会的な意見を十分踏まえつつ、地域を巻き込んでしっかり取り組んでいきたい」と話した。

県、観測網拡充に期待

「予知の旗　降ろさずに」

政府が大規模地震対策特別措置法（大震法）見直しを検討する作業部会を中央防災会議に設置したことを受け、川勝平太知事は28日、「歓迎する。できることがあれば、喜んで協力したい」との姿勢を示した。東海地震説から防災対策を積み重ねてきた本県は東日本大震災後、南海トラフ巨大地震を想定した対応にかじを切った。県危機管理部の担当者は「本県の意見が反映されるよう、情報収集を進めたい」と強調する。

県は2012年に南海トラフ巨大地震を踏まえた第4次地震被害想定を公表し、犠牲者8割減を目指す地震・津波対策アクションプログラムを進めている。予知を前提にした現在の大震法を抜本的に見直す方針に対し、県担当者は「予知の防災効果は大きい。『予知の旗』を降ろしてもらっては困る」と国に求める。

観測網が南海トラフ沿いに広がる可能性については、大きな期待が掛かる。想定される連動地震で最初に東南海、南海地震の震源域で異常を検知できれば、本県にはある程度の避難時間が生まれる。外岡達朗県危機管理監は「正確な予知は難しくても研究は深めていくべき。情報発信の仕組みづくりなど体制の充実が急務」と求める。

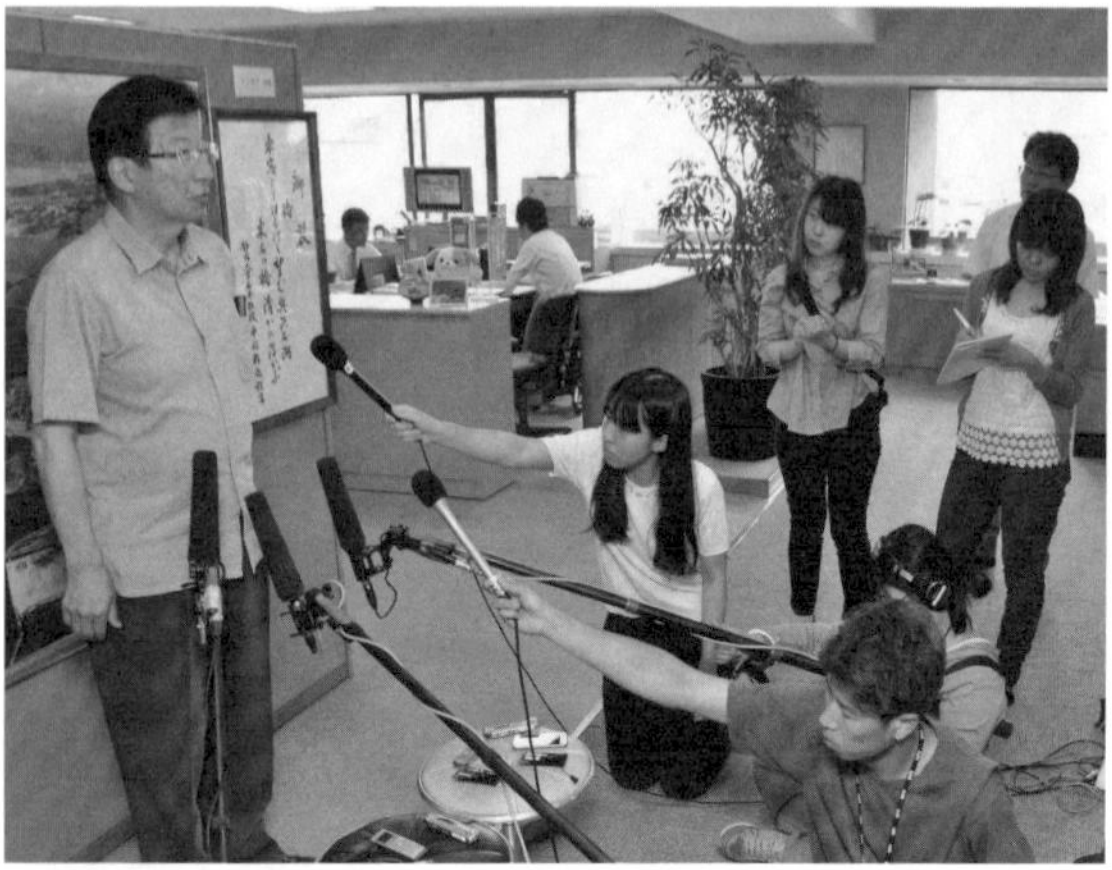
大震法見直しを検討する作業部会設置を受け、報道陣の取材に応じる川勝平太知事＝2016年6月28日午後、県庁

また、大震法を制定した当時と比べ、県内の住宅やインフラなどの耐震度は大きく向上した。現行法の警戒宣言は社会に厳しい制限を課すが、県担当者は「日常の住民生活を守りながら、防災態勢を高める柔軟な運用方法を確立してほしい」と作業部会の議論に注目する。

南海トラフ異常検知へ

大規模地震対策特別措置法（大震法）を巡っては、地震防災対策強化地域に含まれていない南海トラフ沿いの自治体から対象範囲の拡大を求める意見が上がっていた。東南海・南海地震の観測網の拡充や防災体制の強化などに期待は大きい。

4月1日に三重県南東沖で発生した地震は、現行の大震法の限界を浮き彫りにした。昭和東南海地震（1944年）の震源近くで起きた地震だったが、大震法に基づく監視の対象外だったため気象庁から詳細な情報が出ず、紀伊半島の沿岸自治体の防災担当者からは「南海トラフ地震との関連が分かる情報が欲しかった」との声が漏れた。

熊野灘では海洋研究開発機構が海底ひずみ計を設置したほか、海上保安庁は南海トラフ巨大地震の想定震源域でプレート境界の固着状況の観測に成功した。東海地震の震源域に比べて監視体制の整備が遅れてきた東南海・南海地震の震源域でも、異常を検知するための試みが始まっている。

【社説】大震法見直しへ

実態に即して「進化」を

政府は、駿河湾周辺を震源として発生が予想される東海地震に備えた大規模地震対策特別措置法（大震法）の見直しを始める。南海トラフ地震にも対応する形で「地震防災対策強化地域」の拡大も見込まれる。東海地震説を受けた１９７８年の法制定後、初の大幅見直しとなる見込みだ。

背景には、東海地震が単独で発生するのではなく、南海トラフ沿いに起きる東南海地震や南海地震と連動する可能性が高い、という見方が強くなっている流れがある。南海トラフ地震として連動する場合も地震が発生するパターンはさまざまで、どこで破壊が始まるかは分からない。

東海地震に備えて駿河湾周辺には、観測機器が集中的に配置されてきた。観測技術の向上に伴い、これまでは難しかった海域での観測も徐々に可能になっている。南海トラフ地震についても観測体制を強化して監視を強め、併せて防災対策も充実させていくことが必要だ。見直しは実態を踏まえ、大震法を進化させる形で検討してもらいたい。

大震法は、東海地震の予知を前提に警戒宣言を発令する手続きになっている。しかし施行後約40年たっても東海地震は起きず、法制定当時の期待とは裏腹に研究が進むほど予知が困難なことが分かってきた。日本地震学会も現状では予知は困難で、それを社会に対して丁寧に説明すべきだという行動計画を示した。

しかし気象庁は、東海地域に配置した観測機器が、地震発生直前にプレート（岩板）境界で起きる前兆的な異常を検知できる可能性があるとして24時間態勢で観測を続けている。南海トラフ地震に関する中央防災会議の報告書も、現在の科学的知見では確度の高い予測は難しいとしながらも、前兆的な現象があった場合「規模がある程度大きければ検知できる技術はある」と指摘している。監視の目をトラフ沿いに拡大した際の観測態勢拡充の在り方など細かい検討が必要だ。

異常を捉えられた場合の警戒宣言の在り方も議論が求められよう。警戒宣言によって、強化地域内では鉄道が止まり、高速道路の通行が規制され、学校は休校となる。市民生活への影響は大きく、混乱も懸念される。一方で津波や山崖崩れの危険地域から事前に避難が図られるため、実際に地震が起きた場合には大幅な被害の軽減につながると期待されている。

静岡新聞社が2015年11〜12月に強化地域の8都県157市町村を対象に行ったアンケートでは、回答した110市町村の75%が「警戒宣言は今後も必要」と答えた。ただし多くの市町村が実効性の向上や運用上の改善などを求めている。具体的には何が必要か、細かい調査も必要だろう。

政府の地震調査委員会が6月、公表した地震動予測地図では、南海トラフ地震の危険性がある太平洋沿岸で、今後30年以内に震度6弱以上の揺れに襲われる確率が、前回作成した2年前より軒並み2ポイント上昇した。4月には、三重県沖の南海トラフ地震の想定震源域でマグニチュード(M)6・5の地震が起きた。発生場所は昭和東南海地震(1944年、M7・9)の震源近く。陸上で観測された震度は小さかったため目立たなかったが、関係者の間には緊張が走った。次の大地震が刻一刻と近づいているとすれば、検討作業にもスピード感が求められよう。

静岡新聞社はキャンペーン「沈黙の駿河湾」などを通じて、連動型地震への対応と大震法の見直しの必要性に触れてきた。大震法は、東海地震説を根拠に静岡県が国に強く働き掛けて成立した。大震法と、併せて施設整備を推進する地震財政特別措置法が、ソフト・

ハード両面において、県内の防災体制の充実や防災意識の向上に大きく寄与してきたことは間違いない。大震法の見直しをさらなる減災に結びつけていきたい。

緊急インタビュー「私の立場から」（1）

2016.7.21 朝刊

不意打ち備える法律に

ロバート＝ゲラー・東京大大学院教授

歯に衣（きぬ）着せぬ物言いで「地震予知はできない」と主張を貫く反予知派の論客。ロバート・ゲラー東京大大学院理学系研究科教授（64）＝地震学＝は、予知を前提に地震防災対策強化地域の指定や首相が警戒宣言を出す仕組みなどを定めた大規模地震対策特別措置法（大震法）の廃止も訴え続けてきた。政府の大震法の見直し方針に「関心を集めたことはいい」としながらも、厳しい目を向ける。

―政府が南海トラフ巨大地震の可能性を踏まえて大震法の在り方を見直すことについてどう考えますか。

「今回の見直しはいかに地震予知を正当化し、予算やポストを維持しようかという延命策に思える。そもそも政府は40年前にいわゆる『東海地震』は3日以内の予知ができると言った。今は相当トーンダウンしている。悪く言えば当時の話がうそだったと認めた。40年間うそをついていたのに今後注意報的な情報は発表できるかもしれないという政府をなぜ信用できるのか」

―東海地震はまだ起きていないから予知ができるかできないかは判断できないという意見があります。

「それならなおさら大震法は即刻やめるべきだ。大震法は研究ではなく業務としてあり、警戒宣言を出せば1日1兆円近い損害が出る。予知できるかどうかは確実でなければならず、地震が起きるまで予知できるか分からないというのはおかしい。矛盾だらけだ。地震学は物理学の一部であり、普遍性がキーワード。いわゆる東海地震だけ予知ができるというのは詭弁（きべん）だ」

―もし今後、例えば東南海地震の震源域だけが割れて、東海や南海地震の震源域が割れ残った場合、大地震の発生確率は明確に高まると言われていますが。

「予知や予測はやめて、不意打ちに備える法律にすべき」と語るロバート・ゲラー教授＝2016年7月5日、東京都文京区の東京大

▽ロバート・ゲラー
米スタンフォード大助教授を経て1984年から東京大助教授、99年より現職。91年に英誌「ネイチャー」、97年には米誌「サイエンス」で地震予知の問題点を指摘した。趣味のコントラクトブリッジの大会でほぼ毎年、浜松市を訪れている。

「それは間違っていないが、社会に役立つ確度の予測は程遠い。地震発生確率を見積もる検証された手法も存在しない。例えば4年以内に70％の確率で大地震が起こると言われても、どうしたらいいのか。『社長、地震が来るので4年間、仕事休ませてください』なんて言ったら『じゃあ、首だ』となりますよ」

――今回の見直しではそうした時の対応も議論するようですが。

「地震の予知も注意報的な情報も、学問的根拠は一切ない」

――今後の大震法についてどう考えますか。

「本当は廃止が望ましいが、日本では法律は実質的に廃止できない。だから僕の提案は大震法の名だけは残す。いい名前ですよ。その上で、不意打ちに備えるための法律にする。例えば防災大臣の権限を強化する。米国の国土安全保障省（ＤＨＳ）長官が大統領代理を務めるように、被災地で防災大臣が首相の代理として各省庁や自治体に直接指示できるようにする」

「熊本地震で罹災（りさい）証明の発行遅れが問題になったが、そうした仕組みなら緊急で暫定証明書を交付できる。今後の大震法は地震の予知や予測、注意報的情報を一切やめ、防災や減災の仕組みをきちんと定めておく法律にしたらいい」

◇

法制化から40年近くを経て、政府が在り方の見直しを決めた大震法。関係の深いさまざまな立場の有識者へのインタビューを通して、政府の方針転換の意味や今後の注目点を浮き彫りにする。

2016.7.22朝刊

前兆把握へ真の研究を

上田誠也・東京大名誉教授

地球表面のプレートの動きで地震発生のメカニズムを説明するプレートテクトニクス。東海地震説が広く受け入れられる一つの背景にあったこの理論の日本における第一人者で、大規模地震対策特別措置法（大震法）の成立を目の当たりにしてきた地球物理学者上田誠也・東京大名誉教授（86）は、執筆などを通し地震予知に関する提言を続けている。

―政府が南海トラフ巨大地震を想定し大震法の在り方を見直します。「地震予知の旗を降ろさずに」という方向性は妥当ですか。

「妥当だ。地震の前兆現象（先行現象）を科学的に捉え減災につなげるべく、国を挙げここから真の大研究をスタートさせるべき。もはや、東海地震だけが特別であるはずはなく警戒領域を南海トラフ沿い全域に広げるというのは当たり前。遅きに失したぐらいだ」

—一方で、地震予知に否定的な見方も強まっています。その流れをどうみますか。

「不可能論者の誤解を解いておく必要がある。確かに役に立つ短期予知はまだできていない。しかし、しかるべき前兆現象を捉えれば話は別だ。日本では１９６０年代以来、公には前兆の研究が行われてきたことになっているが、実際には地震学者が予知研究の名目で予算を使ってきたにすぎず、前兆研究を本筋としてやってきた人を私は知らない。そもそも地震学は起こった地震を研究するものであって、地震予知は地震学の仕事ではない」

—これまで予知は成功していません。それでも研究を進めるべき理由は何でしょう。

「成功もしていないが失敗もしていない。要するに、今まで何もしてこなかったのだ。しかし今や、低周波微動（地震学）、電波伝搬異常（電磁気学）などの研究から前兆現象把握

大震法の見直しに際し、ここから真の地震予知研究をスタートさせるべきだと話す上田誠也・東京大名誉教授＝2016年7月7日、都内

▽うえだ・せいや
　理学博士、日本学士院会員。東京大地震研究所教授を経て1990～2008年東海大海洋学部教授。1995～96年同大地震予知研究センター（静岡市清水区、現同大海洋研究所地震予知・火山津波研究部門）長。地電流を観測し地震の前兆を検出するギリシャの「VAN法」の日本での実用化を試みた。専門は固体地球物理学。

の可能性が高まっている。今こそ総力を挙げて挑戦すべきだ」

――大震法は制定当時から見切り発車との批判がありましたが。

「（東海地震説の提唱者で現神戸大名誉教授の）石橋克彦さんが『大地震が、この部分だけ起こっていない。次はここだ』と言った。当時なかなか説得性があり、東京の近くで大地震が起きたらどうしようもない、何か対策となる法律が必要だ――という考えにつながったのも無理はない。世界的に予知楽観の時期でもあった」

――これから大震法はどうあるべきですか。

「大震法は『予知されようとされまいと、日本が無法状態になったら困る』という発想で作られた。今でも意味のある発想だ。これまでも見直そうと言う人はいたし、今や廃止論もあるようだが、法律をいじるのは大変だし、現在の法律でうまくやりましょうというのが今も昔も一般的な雰囲気ではないか。法制化された1978年当時より学問もかなり進歩した。あまりに現状にそぐわない点が多いなら、なんとかした方がいいかもしれないが、個人的には大震法の詳細より、前兆現象を捉えるために本来やるべきことをどんどん進めてほしいと思う」

緊急インタビュー「私の立場から」（3）

2016.7.23 朝刊

運用レベルの課題山積

岩田孝仁・静岡大防災総合センター教授

静岡県の防災専門職として第一線で東海地震説と大規模地震対策特別措置法（大震法）に向き合ってきた岩田孝仁・静岡大防災総合センター教授（61）＝防災学＝。40年近い現場経験を重ねたスペシャリストは「社会に大きな影響を与えるが、犠牲者を劇的に減らせる可能性もある」と大震法を磨き上げる必要性を訴え続ける。

―東海地震説が静岡県に与えた影響は。

「備えるべき地震像を明確にしてもらえたのは大きい。神戸や熊本で地震対策が進まなかったのは備えるべき地震像が明確ではなかったからだろう。いつ起きてもおかしくないとされる首都直下地震もターゲットを絞れていないので漠然としか備えられない。静岡県は東海地震説のおかげで分かりやすい地震対策を進められた」

―予知や予測の否定論が高まっています。

「短期予知が不可能というのはある意味正しいかもしれないが、24時間の地殻監視態勢の中で何らかの変化が出た時にちゃんと国民に警戒のメッセージを流すことと予知できるできないは別の話だ」

―予知の可能性があると言うと、予知に頼って防災意識が低下するのではないかという意見があります。

「よく言われるが、大きな誤解がある。そもそも静岡県の地震対策は予知を前提としていない。例えば耐震水門などは全て地震が起きると自動で閉まるように設計されている。人が閉める必要はない。あくまで突発を想定しているからだ。その上で、もし予知的な状況になった時にどうするかという対策や訓練も必要ということだ」

「運用レベルで議論すべきことがたくさんある」と話す岩田孝仁・静岡大防災総合センター教授＝2016年7月15日、静岡市駿河区の静岡大

▽いわた・たかよし
1979年、静岡県入庁。大学で専攻した地質学の知識などを生かして一貫して防災畑を歩み、危機管理監などを歴任。防災先進県の礎を築いた。気象庁地震予知情報課、大阪府防災計画室への派遣歴もある。県庁退職後の2015年から現職。内閣府の火山防災エキスパートも務める。

―大震法は財政措置を定めた地震財特法とセットになり、強化地域に恩恵を与えてきたといわれます。見直しで影響はありますか。

「強化地域が財政的に恵まれてきたというのは少し違う。財特法は主に事業の枠組みを提供するだけであり、多額の国家予算が強化地域に流れてきた訳ではない。地震対策に関してまだ何もない時代に法律で位置付けてくれたのが大震法だった。今は全国適用の地震防災対策特措法（地防法）があり、むしろそちらのほうがメニューは潤沢だ。津波対策を推進する南海トラフ法もある。今でもどの特措法を使うかというだけの問題で、見直しの影響はないだろう」

―法改正まで必要になる可能性はありますか。

「法改正の必要までは感じないが、運用レベルで議論すべきことはたくさんある。現状で足りないことの一つは地震が起きなかった時に警戒宣言をどう解除するかというルール。1段階警戒ランクを下げた『準警戒宣言』のような対応も必要だろう。強化地域と強化地域外が0か1かで分けられていることも問題で、緩衝地帯のような地域が必要だろう。警戒宣言時の民間物流の問題や広域応援との関係も全く議論されてこなかった。これらの検討を踏まえて必要なら法改正の議論をすべき」

──見直しで県民や国民の生活に変化はありそうですか。

「現時点では分からない。ただ、内閣府の見直しの検討過程はきちんと公開し、国民もしっかり議論できるようにするべきだろう」

2016.7.24 朝刊

強化地域の拡大は必須

尾崎正直・高知県知事

内閣府の想定で、南海トラフ巨大地震の際に最大34メートルの津波が襲来すると指摘された高知県。かじ取り役を担う尾崎正直知事（48）は、災害を見据えて静岡など沿岸9県の知事が集結した「南海トラフ地震による超広域災害への備えを強力に進める9県知事会議」の発起人でもある。大規模地震対策特別措置法（大震法）に基づく地震防災対策強化地域は「拡大すべき」との立場。政府主導の見直し議論に期待は大きい。

―政府が大震法の在り方を見直すとしたニュースをどう受け止めましたか。

「基本的には歓迎。今の時代には必要なことだと思う。約70年前に東南海と南海地震が発生し、東海地震は起きなかった。そういう状況で東海地震だけを特別に警戒するのはある意味、当然だった。しかし今や、東海地震が起これば連動する可能性が高い。一体の地震として警戒することは理にかなっている」

―対象範囲はどう設定すべきでしょうか。

「南海トラフ沿いの東海、東南海、南海地域はマストだ。加えて、日向灘周辺をどう考えるかという点で議論を要すると思う」

―市民生活が大きな制約を受ける警戒宣言の仕組みについてはどう考えますか。

「法律の制定当時と比べて、揺れに備える技術は進歩した。例えば鉄道。耐震能力がはるかに高くなったし、揺れを感知してすぐに速度を落とす技術もある。新幹線を完全に止める必要はないかもしれない。現代の技術、システムに沿った形で規制の在り方を判断するべきだろう」

―首相が警戒宣言を出すという大震法の特徴についても、見直し議論の対象になり

南海トラフ巨大地震を日本全体の問題と位置付け、地震対策の財政措置拡充を求める尾崎正直知事＝2016年7月8日、高知県庁

▽おざき・まさなお
東京大経済学部を卒業後、1991年に大蔵省（現財務省）入省。2007年に退職し、高知県知事選に出馬、初当選した。現在3期目。12年4月～13年4月には、国の中央防災会議が設置した「南海トラフ巨大地震対策検討ワーキンググループ」の委員を務めた。

そうです。

「日常生活を制限しないといけない。だから、警戒宣言は首相をはじめ中央政府が責任を持って決断してもらいたいが、県が何もしないというのはあり得ない。自治体側もそれぞれの責任をどう果たすかを明示するような仕組みが現実的だ。命を最優先で備える方向性自体には、それほど異論が出る状況ではないと思う」

――予知研究の是非についての見解は。

「徹底して研究を続けるべき。現状では観測網が粗い東南海・南海地震のエリアを含めて、研究の基礎になる観測の態勢を不断に強化していく必要がある。決して歩みを止めてはいけない。ただし、実際は次の南海トラフ地震までに十分なレベルに達しない可能性が高い。行政の対策としては、予知できずに突然、地震が起こるとの前提で準備を進めていく姿勢が大事だ」

――大震法に基づく強化地域は、地震財特法で財政支援を受けられる仕組みがあります。強化地域外の自治体からみて、この制度をどう考えますか。

「東海地域に限るのは今や、合理性を失っている。他の地域を含めて財政措置を充実させていくべきだ。災害に関する財政負担は、事前に備えた方が結果的にダメージが小さい。復旧・復興にかかる費用を大きく減ずることができる。もちろん、多くの人命が救われる。その価値たるや、計り知れない」

2016.9.9夕刊　2016.9.10朝刊

大震法見直しへ初会合

南海トラフも視野に―都内で作業部会

　事実上東海地震だけを対象にしている大規模地震対策特別措置法（大震法）の在り方の抜本的な見直しを有識者が話し合う内閣府のワーキンググループ（作業部会）が9日、都内で初会合を開いた。地震予知の現状を踏まえ、適用範囲を東海地震から南海トラフ巨大地震の被害想定域に拡大することも含めて議論し、年度内にも報告書をまとめる。

　会議は非公開。委員は学識経験者、関係する省庁や県の17人で、気象庁の地震防災対策強化地域判定会長や政府の地震調査委員会長を務める平田直・東京大教授＝同大地震研究所地震予知研究センター長＝を主査に、本県からは川勝平太知事、岩田孝仁・静岡大防災総合センター教授が参加する。山岡耕春・名古屋大大学院教授、尾崎正直高知県知事らも名を連ねる。

　大震法は1978年制定。在り方の抜本的な見直しは初となる。大震法に基づく現行の枠組みは東海地震の予知を前提に、東海地方を中心とした地域の新幹線の運行停止など強

大震法の在り方について有識者が話し合う作業部会の初会合＝2016年9月9日午前10時10分ごろ、都内

い規制を伴う被害軽減策を定める。一方、予知の不確実性と規制の厳しさが釣り合っていないとの批判も根強い。政府は、東海地震の単独発生だけでなく南海トラフ巨大地震の発生の可能性が高まってきたことを踏まえ、6月、中央防災会議に作業部会を設置した。月1回のペースで会合を重ねる予定。

平田主査は会合の冒頭、「南海トラフ巨大地震が発生すれば、東日本大震災を超える甚大な被害がもたらされることが分かってきた。被害を軽減できる方策がどのようなものであるかを念頭に置き、議論を進めていきたい」と述べた。

【大規模地震対策特別措置法（大震法）】 大地震から国民の生命、身体、財産を守るため、地震予知を前提に、「地震防災対策強化地域（強化地域）」の指定や地震観測体制の強化、気象庁長官から「地震予知情報」の報告を受けて内閣総理大臣が「警戒宣言」を発令する仕組みなどを定めた特別措置法。警戒宣言発令に伴って国や自治体、民間事業者などがどう対応するか（地震防災応急対策）をあらかじめ決めておくことなども求めている。東海地震に限った法律ではないが、現在は想定東海地震だけが予知の可能性があるとされ、深刻な被害が予想される8都県157市町村が強化地域に指定されている。

「地震発生予測」検証へ

大震法見直し議論　調査部会設置

１９７８年の制定以来初となる大規模地震対策特別措置法（大震法）の抜本的な見直しも視野に、9日始まった中央防災会議の有識者ワーキンググループ（作業部会）。非公開で行われた初回会合では「地震発生予測」と「防災対応の在り方」の２本柱で議論を進めて来年3月に報告書案を公表する方向性を確認した。地震発生予測に関しては調査部会を設置し、南海トラフ全域を対象に検証することを了承した。

南海トラフ沿いの大規模地震の予測可能性については２０１３年5月、中央防災会議の調査部会が「確度の高い予測は難しい」「プレート間の固着の変化を示唆する現象が検知された場合、不確実ではあるものの地震発生の可能性が相対的に高まっていることは言える」と報告している。

内閣府によると、この報告を出した調査部会を同じメンバーのまま作業部会に設置。３

年間の新しい知見を盛り込んだ上で、前回の報告書からより踏み込んだ予測可能性の科学的知見を報告してもらい、「防災対応の在り方」の前提となる「地震発生予測」の実力を整理する材料にする。

作業部会では11月に調査部会から報告を受け、大震法で東海地域に限定されている対象エリアを拡大するかも含め、予測の不確実性を考慮した適切な防災対応を検討する。首相が警戒宣言を発令する大震法の仕組み自体も論点。事務局の内閣府は鉄道事業者や病院、社会福祉施設へ聞き取りも行う。作業部会の主査を務める東京大地震研究所の平田直教授（地震防災対策強化地域判定会長）は「大震法の枠にとらわれることなく、そもそも大震法のような仕組みが必要なのかというようなところから慎重に議論をしたい」と説明した。

「一人でも多く守る」

方向性共有の認識―大震法作業部会

一人でも多くの命を守るため、いま何ができるかに尽きる―。大規模地震対策特別措置法（大震法）の在り方の見直しに向け、9日議論が始まった内閣府のワーキンググループ（作業部会）の委員からは立場や専門分野の違いを超え、「方向性は共有できた」との認識が示された。

新設される調査部会で座長を務める山岡耕春名古屋大大学院教授は「プレート境界のどこでどんな滑りが起こっているかは努力を続ければ捉えられるようになる。近年の知見や研究を整理し、いかに被害を減らすか、どうしたら被害を減らせるかの議論につなげる」と表情を引き締めた。

「観測網を持って臨む初めての大地震。ただ、現在の地震学では、何か異常があっても『ちょっと変だぞ』『どうなるか分からないが変だ』ぐらいの情報しか出せないだろう」とみるのは地震予知連絡会長の平原和朗・京都大大学院教授。一方、尾崎正直高知県知事は「予測に不確実性があっても、寝室の家具を動かしたり、避難路の障害物を除去しておいたりなどの対応はできる。事前に対策を考えておく法的枠組みは絶対に必要」と強調した。

「委員は皆、科学の限界は分かりつつ、被害を減らす方法をどのように考えていけばいいのかと前向きな思考だった」。名古屋大減災連携研究センター長の福和伸夫教授は初会合をそう振り返った。

川勝平太知事の代理で出席した外岡達朗県危機管理監は「東海地震説が出て40年、東南海・南海地震の発生から70年の今、一人でも多くを救うために何ができるかという方向で議論していただきたいとの思いを述べてきた」と話した。

2016.9.26夕刊　2016.9.27朝刊

犠牲減へ「基礎の議論」

大震法含め検証―南海トラフ地震予測　調査部会初会合

大規模地震対策特別措置法（大震法）を含めた南海トラフ地震対策の見直しを進める中央防災会議有識者ワーキンググループ（作業部会）は26日、地震の予測可能性を検証する調査部会の初会合を都内で開いた。最新の科学的知見を防災対応への活用の観点から整理する。11月の第2回作業部会までに報告書をまとめる方針。

地震の予測可能性を検証する調査部会の初会合であいさつする山岡耕春座長（中央）＝2016年9月26日午前、都内

2013年に南海トラフ沿いの大規模地震の予測可能性について「確度の高い予測は難しい」などと報告した調査部会と同じ有識者6人で構成する。13年の報告書をより具体化させ作業部会の議論につなげる。本県関係では、東海大海洋研究所（静岡市清水区）所長の長尾年恭教授が名を連ねる。座長の山岡耕春名古屋大大学院教授は会合の冒頭で「（大地震に関する）何か

事前の情報が犠牲者を減らすこともあり得る。確実にあるというわけではないが、どういうことができるかの基礎となる議論をしたい。作業部会で地に足を付けた議論ができるような報告ができればと思う」と意欲を述べた。

政府は、東海地震の単独発生だけでなく南海トラフ巨大地震の発生の可能性が高まってきたことを踏まえ、中央防災会議に作業部会を設置し、今月9日に初回会合を開いた。

南海トラフ地震　予測へ「異常　広く監視を」

現状を再検討―大震法見直し　調査部会初会合

南海トラフ沿いの大地震の発生を予測できる可能性は―。大規模地震対策特別措置法（大震法）を含めた南海トラフ地震対策の見直しに関連し、26日に都内で初会合を開いた中央防災会議有識者ワーキンググループ（作業部会）の調査部会。２０１３年に「地震の予測は困難」と中央防災会議に報告した有識者が再び集まり、現在の地震学の実力を再検討する作業を始めた。13年の報告書を改訂する形で11月までに報告書をまとめ、親部会の作業部会に提出する。

13年の報告書は「一般的に地震の予測は困難」とする一方、南海トラフ沿いでは「プレート間の固着状況に普段と異なる変化が観測されている時期には、不確実ではあるが地震が発生する危険性が普段より高まっている状態にあるとみなすことができる」と予測の可能性に余地を残していた。調査部会では、最新の研究も踏まえながら、どんな現象を監視すべきかや異常が見られた場合の地震発生の可能性などを検討し、現時点での大地震の予測可能性について科学的な知見を整理する。

26日は委員から「前兆すべりだけでなく、さまざまな現象を監視すべき」「監視していればいつもと違う異常が出たことを知らせることはできる」「異常が出た場合、その後どうなるかのシナリオは一つではなく複数示す必要がある」などの意見が上がった。

11年に東日本大震災を引き起こした本震の約3カ月前から震央の北西155キロの深さ2千メートルの井戸で水位が10メートル以上、水温が1～2度低下していたことなど、新たに得られた知見などを盛り込んだ13年の報告書への加筆案も示された。今後の検討結果も加筆する。調査部会の報告書を基に作業部会は11月に第2回会合を開き、南海トラフ地震対策の見直し作業を再開する方針。

有識者作業部会のスケジュール

（9月9日）初会合
（調査部会の設置を決定）

調査部会（予測可能性を検討）
（9月26日）初会合
（10月）第2回会合予定
⋮
報告書とりまとめ

（11月）第2回会合予定
（調査部会が報告書提出）
⋮
月1ペースで会合予定
⋮
（2017年3月）
作業部会の報告書案公表

第６章　防災訓練を追う（１）

2016.9.13朝刊

予知型、「突発」にも応用

東伊豆町　県内で唯一実施

「訓練、訓練。訓練の東海地震予知情報、警戒宣言が発令されました」。１日午前８時半、東伊豆町にサイレンが響いた。かつて、県内どの自治体でも見られた９月の防災訓練の光景。ただ東日本大震災を経た今、大規模地震対策特別措置法（大震法）に基づく警戒宣言などの発令を想定した予知型訓練を続けているのは県内では東伊豆町だけだ。

２００６年から町政を担う町長の太田長八（65）は「よそはよそ、うちはうち。予知型は突発型を含み、予知型をしっかりやっていれば突発地震にも応用が利く。私が町長である限り貫き通す」と断言する。

現在広く行われている突発型の訓練は地震の発生時間が決まっている〝名ばかりの突発〟で、予知型における発災後の対応とそう変わらないとみる。警戒宣言が発令された場合の住民のパニックを防ぐ意味でも、予知型は不可欠と考える。３期目を目指す14年町長選の告示日がくしくも３月11日だった。東日本大震災から３年の節目に「町内から１人の犠牲者も出さない」と思いを新たにした。

伊豆北川温泉で有名な北川区の自主防災会長野崎元広（70）は大震災の発生時、自宅にいた。「こりゃ大きい」。当時、同温泉観光協会の会長で、すぐに頭をよぎったのは協会が管理する波打ち際の露天風呂。「津波が来たら大変だ」と急行し、「湯に漬かったばかりだったのに」とぼやく3、4人の客に入浴料の半額300円を返して風呂から上がってもらい、閉鎖した。

警戒宣言発令を知らせるサイレンを受け、高台の北川地区防災センターに避難する住民。後ろには相模湾が広がる＝2016年9月1日、東伊豆町

とっさの行動だったが、実は警戒宣言を想定した9月の予知型訓練のメニューの一つ。体に染み込んでいた。野崎は「突発型だけでは、さまざまな動作確認の機会が失われてしまう」と訴える。

警戒宣言の放送を受けて、高台にある北川地区防災センターには1日朝、お年寄りや子供を連れた母親らが続々と集まってきた。3歳の長男と参加した、地元生まれ地元育ちの西潟有香（30）は「警戒宣言のサイレンが聞こえれば備えられる。突発対応も大事だが、子供がいる身からすると少しでも早く危険を知らせてもらいたい」と切実な表情だ。

9月といえど炎天下。町民は法律にのっとった訓練を地道に続けてきた。町の営みを長年見てきた元北川区長の土屋惇（90）は、防災センターの軒下で一休みしながらつぶやいた。「県民にとって予知型訓練は基礎の基礎のはず。今までやってきたことを、なにも無にすることはないと思いますがね」

◇

「防災の日」の9月1日を中心に実施される県内の防災訓練で、突然の地震発生を想定した「突発型」が主流になっている。一方、政府をはじめ、一部の自治体や組織は今も大震法に基づく「予知型」訓練を突発型との両輪で続けている。地震予知は困難とはいえ、万が一「地震発生の恐れが高まった」と判断された時にどうするかを確認しておくことは重要だ。予知型訓練を続ける人々の思いなどを追った。

■メモ　東伊豆町は2008年、町民を対象に東海地震に関するアンケート調査を独自に実施した。防災対策の状況や、情報伝達体系への理解度などを問う内容で、警戒宣言に至る注意情報や予知情報などの流れをある程度理解していたのは町民の55%ほどだった。「低くて驚いた。かつては60～70%という感覚があった」と総務課担当者。町は以後、主に食料備蓄などについて指南していた町民向け防災講座で、警戒宣言に関する情報体系の説明時間を設けたという。単発の調査だったが、同課は「今後、現在の意識レベルを調べたい」としている。

第6章　防災訓練を追う（2）

2016.9.14 朝刊

〝名ばかり突発〟に疑問

「できる対策　全てやる」

「そもそも突発型って何ですか」。毎夏、東海地震の予知型訓練に取り組む山梨県鳴沢村の村長小林優（69）は率直な疑問を口にした。予知型と突発型の違いは、訓練序盤に警戒宣言の発令を想定した対応を確認するかどうかのみ、と考える。「発災後の対応に大きな差はない。予知型訓練は突発型訓練の内容を含んでいて不都合や問題を感じません」

静岡県外の地震防災対策強化地域で、大規模地震対策特別措置法（大震法）に基づき警戒宣言の発令を想定した予知型訓練を続けている自治体は少なくない。山梨県の富士五湖周辺や長野県の諏訪湖周辺、愛知県の一部など。火山噴火や活断層地震など複数の災害に対峙（たいじ）する中で「できる対策は全てやっておきたい」との考えが共通する。

８月28日朝。鳴沢村の山道ホールに、警戒宣言発令と約30分後の大地震発生という想定に沿い、村民が続々と避難してきた。「実際に予知できようができまいが、こんなふうに情報が出ますよと周知することで全体の意識が上がるんです」と第１区長の小林清一（69）。１区傘下の12組にそれぞれ正副の防災リーダーを置き、警戒宣言時の率先避難や避難所運営などを訓練する。

「完璧な地震予知ができないからといって、予知型訓練をやめてしまうのはおかしい」。諏訪湖の南西に位置する長野県箕輪町で防災対策に携わる向山静雄（65）＝同町セーフコミュニティ推進協議会事務局長＝は語る。９月４日に行った恒例の予知型訓練に際し「地震予知に頼っているわけではない。予知できた場合のシステムがせっかくあるわけだから、できる対策を全てやっておくのは当たり前のこ

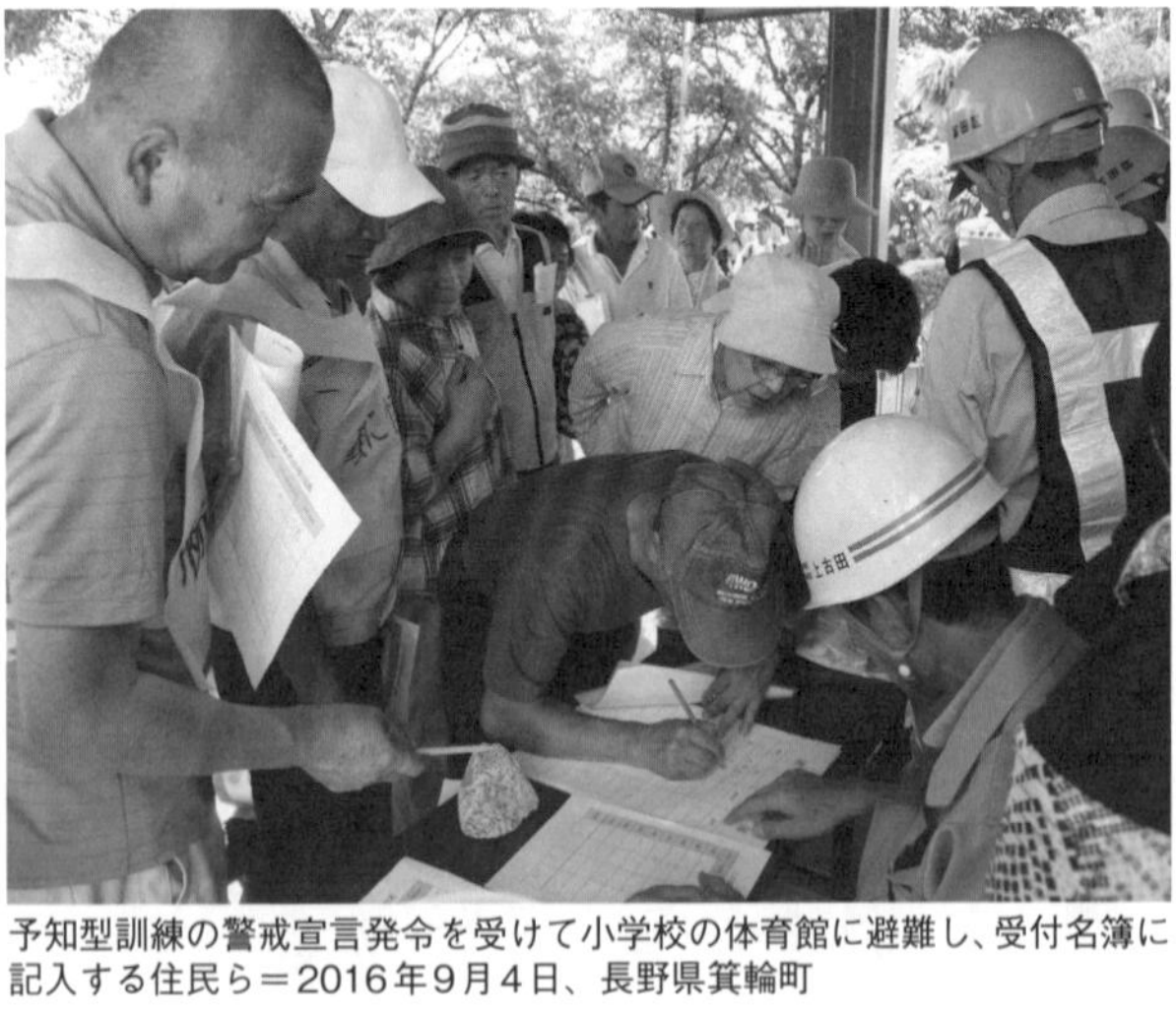

予知型訓練の警戒宣言発令を受けて小学校の体育館に避難し、受付名簿に記入する住民ら＝2016年９月４日、長野県箕輪町

と」と話した。

箕輪町の場合、警戒宣言を受けて避難地や避難場所に集まってきた人々が、突発地震に備えるシェイクアウトと呼ばれる訓練も行う。「そういう意味では、うちは予知型と突発型のミックス。これで事足りると考えている」と話すのは町長白鳥政徳（62）。「予知型の方が一連の動きをストーリーとして示しやすい」とも指摘した。

メイン会場の訓練に参加した上古田区長の唐沢孝文（67）は「警戒宣言を出して空振りでもやむなしと言える社会にしていく必要がある。1回でも当たれば意味がある」と強調する。沼津市に親戚があり、年に何度か県内を訪れる。「静岡は20年ぐらい前まで地震予知についてもっと騒いでいたし訓練も盛んだったような気がする。でも、最近は静かというかね」。大地震は必ず来るのに、震源域の真上にある静岡がこれでいいのか――。そんな思いが拭えない。

■メモ　本年度、警戒宣言の発令を想定した予知型訓練は、山梨県大月市、富士河口湖町、長野県諏訪市、神奈川県箱根町などでも行われた。愛知県の複数の自治体では、自治体内各所の防災スピーカーで一斉に警戒宣言のサイレンを鳴らす吹鳴訓練を実施した。訓練趣旨の理解促進や防災意識の向上を図ろうと、名古屋市はホームページの「なごや市民総ぐるみ防災訓練の実施について」の欄で、警戒宣言のサイレンパターン（約45秒吹鳴、約15秒休止の繰り返し）や防災スピーカーの設置場所を解説した。

第6章　防災訓練を追う（3）

2016.9.15朝刊

企業・学校、続く予知型

「大震法ある限り備え必要」

営業時間中の焼津信用金庫静岡南支店（静岡市駿河区）。電動音が響き、出入り口のシャッターが下りた。来客の度に、ヘルメットをかぶった職員がシャッター脇の通用口を開けて店内に誘導する。9月1日の防災の日に合わせた恒例の訓練だ。

大規模地震対策特別措置法（大震法）に基づいて警戒宣言が発令されると、市民生活はさまざまな局面で制約を受ける。県内の自治体では突発型の防災訓練が主流になっているが、公共性が高い企業や教育機関の中には予知型も同時に重んじているところが少なくない。万が一の時に課される規制と対応を定期的に確認しておこうとの意図がある。

警戒宣言の発令中、窓口業務休止の義務を負う県内の金融機関。毎年の防災訓練は営業時間中に行い、5分間、実際にシャッターを閉める。大地震の発生を前に社会不安が高まる事態に備え、地道な訓練を繰り返す。防災の日に、全ての銀行や信用金庫の店舗で同じ光景を目にできる。

警戒宣言の発令を想定した訓練で、営業時間中に下ろされるシャッター＝2016年9月1日午前、静岡市駿河区の焼津信用金庫静岡南支店

「予知のケースを含めて、あらゆる状況を想定した訓練で災害に備えているという姿勢を示すことが地域の信頼獲得につながる」。支店長の荒井勇樹（49）は継続の意義をそう話す。訓練を主導する県銀行協会も「国が地震予知の旗を降ろしていない以上、中止や変更はあり得ない」との立場だ。

子どもを預かる幼稚園や小・中学校の大半は毎年、地震予知を想定した保護者への引き渡し訓練を続ける。年2回の予知型訓練を実施する袋井東小（袋井市）の教頭石川由美子（54）は児童や保護者をはじめ参加者に「警戒宣言が発令された時にどう行動するかを思い起こし、一緒に考えてほしい」と望む。

実動を伴う予知型訓練が低調になった鉄道業界でも、熱心な事業者はある。沿線の一部が地震防災対策強化地域に含まれる神奈川県の相模鉄道（本社・横浜市）。警戒宣言発令を想定した2016年9月1

日の訓練では、上下線計20本が5分間、時速50キロ以下に減速して走行した。

ダイヤは若干乱れるが、安全対策部課長吉田章（52）の耳に乗客の不満が届いたことはない。訓練が迫る度、半月前から車内放送や張り出しを通して訓練の実施を周知する。乗客の理解は得られているとの認識だ。

「大震法がある限り、決まりにのっとった備えが必要。乗客にしても、警戒宣言が出たらどうなるかを知っていれば、いきなり規制に直面しても納得感があるのではないか」。積み重ねてきた訓練は結果的に、警戒宣言発令時に鉄道事業者が講じる対策を沿線住民に伝える効果を生んでいる。

■メモ　県銀行協会の記録によると、金融機関が営業時間中にシャッターを下ろす訓練は1984年9月1日、警戒宣言の発令に伴う「混乱防止」を名目に始まった。同協会と県信用金庫協会に加盟する全ての金融機関が参加している。警戒宣言発令時の窓口の閉鎖は、宣言が解除されるまで続くが、設置場所が安全と判断された一部のATM（現金自動預払機）は使用可能。2001年以降、各ATMコーナーには警戒宣言発令時の「稼働」または「閉鎖」を示すステッカーが貼られている。

2016.9.16朝刊

強化地域外も対応確認

首都圏、帰宅困難者を想定

２０１１年3月11日に発生した東日本大震災。首都圏は帰宅困難者で混乱した。群集心理を左右しかねない情報伝達の在り方や帰宅困難者対策を事前に考えておくことの大切さを痛感した自治体は、東海地震の地震防災対策強化地域の外でありながら、警戒宣言発令を想定した予知型訓練に力が入っている。

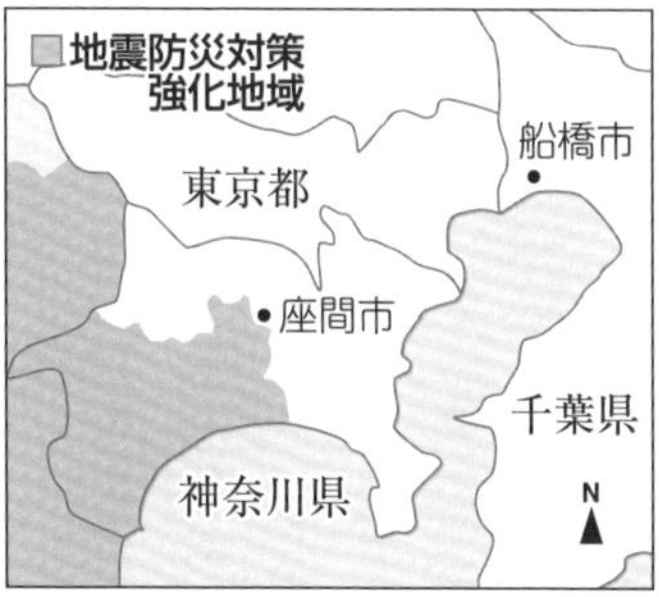

「訓練。東海地域の地震観測データ等に異常が発見され、2～3日以内に静岡県中西部周辺を震源域とする大規模な地震が発生する恐れがあると報告を受けました」。２０１6年9月1日、千葉県船橋市役所。職員が交代で5台の防災無線機の前に座り、操作手順や通信状態を確認しながら鉄道会社などの参加機関に次々連絡した。「速やかに地震防災応急対策を実施するようお願いします」「了解。警戒宣言発令報を確かに受信しました」

参加職員には1週間前、事前研修として東海地震や警戒宣言の資料が配られていた。都市計画課の川野翔平(25)は「警戒宣言について初めて具体的に知ることができた。初動を考えるきっかけになった」と話す。

毎年続けているこの「予知対応型訓練」は東日本大震災後、存在感が薄れるどころか重要性を増した。東日本大震災では市内の鉄道9路線が運行を停止。帰宅困難者約5400人が市内に滞留し、職員が対応に奔走したことが教訓になっている。危機管理課長の矢島茂巳(56)は「警戒宣言発令時にもどんな混乱があるか分からない。初動対応を円滑にするには予知型訓練を重ねておく必要がある」と意義を話した。

強化地域に隣接する神奈川県座間市は

防災無線機の前に並び、関係機関との警戒宣言の伝達訓練に臨む職員＝2016年9月1日午前、千葉県船橋市役所

2016年1月23日、市民ら約5万3千人が参加して発災時の安全行動を確認する「シェイクアウト訓練」に合わせ、初の予知対応型訓練を実施した。職員が警戒宣言を受けて参集し、帰宅困難者の避難誘導や警戒態勢の役割分担を確認した。

警戒宣言時、鉄道は強化地域内に進入できず、市内の駅で折り返す。強化地域に帰りたい人々が足止めされる同市は大量の帰宅困難者であふれる恐れがある。「考えうる限りの事態を想定すれば予知型訓練は必要。一度対応を確認して職員も自信が付いた」。危機管理課の坂本真二(41)が手応えを語る。

思わぬ収穫もあった。地震が来ると言われたら市民の生命・財産を守るためどんな警戒ができるか—と事前に職員に問い掛けたところ、各課が想像力を発揮して85もの訓練項目をひねり出した。坂本は言う。「突発型ではどうしても地震後の訓練になるのに対し、予知型は発災前に未然に防げるものは何かを考えることができる。台風など他の災害にも生かせるんです」

■メモ　内閣府の推計によると、東日本大震災時に首都圏で発生した帰宅困難者は約515万人に上る。東海地震の警戒宣言が発令された場合、現状では強化地域内の鉄道は全て運休になり、地震が起きる前から大量の帰宅困難者が発生する。内閣府の有識者ワーキンググループ(作業部会)による大規模地震対策特別措置法(大震法)見直し議論では、こうした問題も大きな論点になるとみられる。神奈川県では2012年、警戒宣言発令を想定した「県央地域帰宅困難者対策訓練」が行われている。

第6章　防災訓練を追う（5）

2016.9.17朝刊

政府、別日程で初動検証

「日頃から頭の体操必要」

「大規模地震対策特別措置法に基づき、ここに地震災害に関する警戒宣言を発します」――。気象庁長官から地震予知情報を受けて内閣総理大臣が発令する警戒宣言文案の一例だ。「今から○○のうちに駿河湾周辺から静岡県内陸域を震源域とする大規模な地震が発生する恐れがあると報告を受けました」「地震防災対策強化地域内の居住者、滞在者および事業所等は警戒態勢をとり、防災関係機関の指示に従って落ち着いて行動してください」

地殻の異常を捉えてから警戒宣言と国民への呼び掛けの文案を作って総理会見を開くまでの一連の流れは、内閣府や内閣官房、気象庁などが図上訓練の「東海地震予知情報伝達訓練」を実施して毎年確認している。

ひずみ計データの異常を受けて関係省庁の局長級などでつくる緊急参集チームが官邸危機管理センターに招集され、慎重な協議を経て文案を練り上げる。気象庁が提供する訓練用データの異常の出方は毎年異なり、実践的な訓練になるよう工夫している。訓練を行う

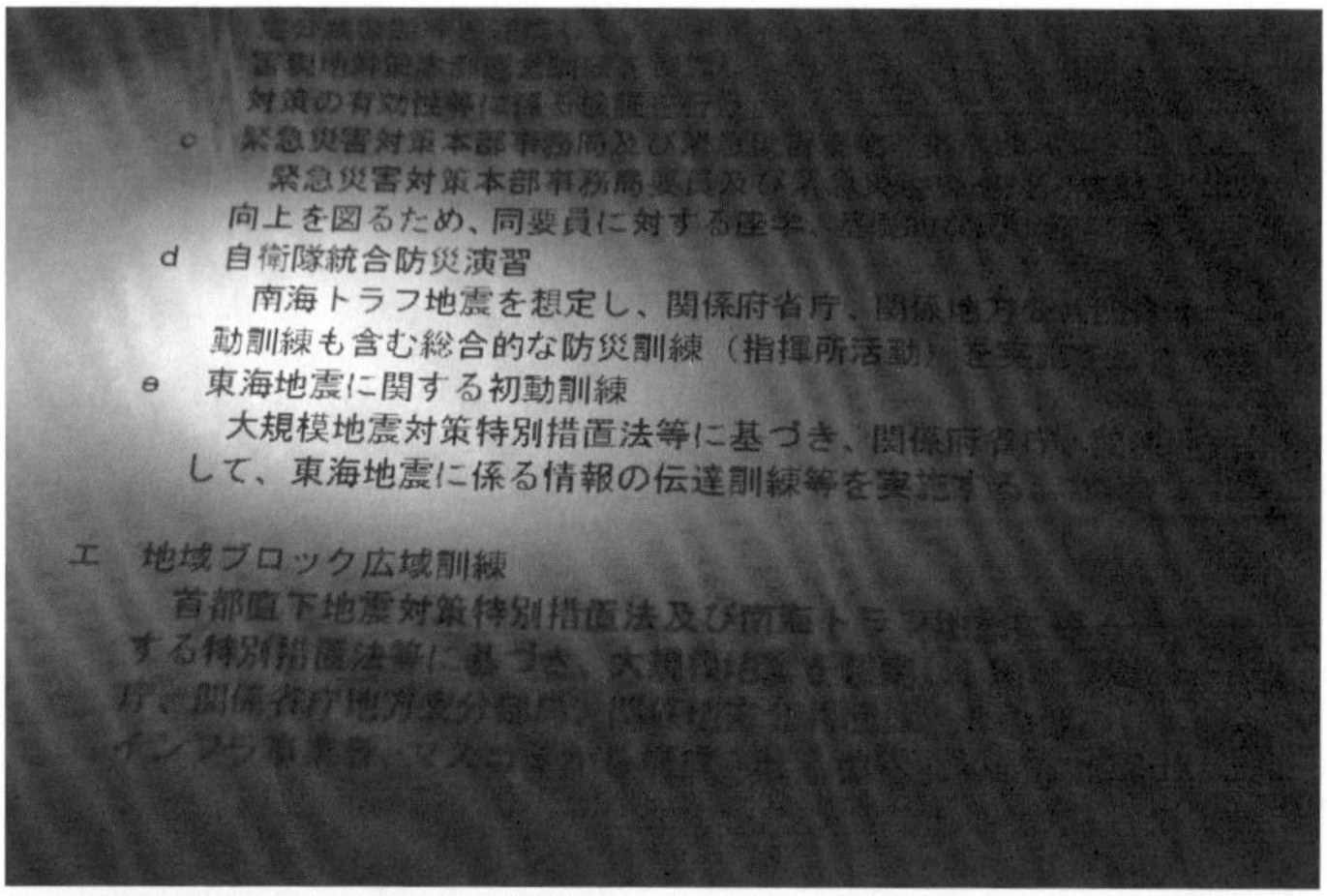

政府の東海地震に係る情報の伝達訓練は、中央防災会議が決定した2016年度の「総合防災訓練大綱」にも明記されている

月は定例の地震防災対策強化地域判定会（判定会）の日程を合わせ、判定会委員も関与する。2015年度は11月17日に行われた。

長く9月1日の「防災の日」前後に静岡県総合防災訓練と連携し現地訓練を絡めて実施してきたが、南海トラフ巨大地震などを想定した12年から総合防災訓練と切り離し、毎年11月ごろ政府単独で行うようになった。東海地震の予知を想定した政府の訓練は「防災の日」から外れ、規模も縮小。それでも別日程で粛々と続けられている。

一方、強化地域の多くの自治体からは予知型訓練そのものが姿を消した。静岡新聞社が強化地域内の8都県147市町村から回答を得て2016年1月にまとめたアンケートによると、警戒宣言とその対応を検証する訓練について「必要性は感じているが、具体的な予定はない」と答えた市町村が約64％に上った。「国の主催で国、県、市町と関係機関の参加による図上訓練の実施を希望する」という前向きな自治体もあるが、地震予知の信頼性が揺らぐ中、別日程にしてまで予知型訓練を続ける余裕はないという本音が聞かれる。

内閣府（防災担当）参事官補佐の吉岡正一は「当たるか当たらないかは別として地震が来るかもしれないという情報が出る以上、しっかり対応できる態勢を磨いておくことが重要」とみる。予知型訓練の存在感が薄れたとしても「頭の体操は常日頃からやっておく必要がある。市民参加型でなくても、関係部局の頭の体操なら図上訓練でもできる」と規模を問わず継続する意義を強調した。

■メモ　国の防災訓練に対する基本的な考え方は、年度ごとに中央防災会議が決定する「総合防災訓練大綱」で示される。東日本大震災直後の2011年度の大綱では静岡県総合防災訓練と連携して予知を前提とした「地震防災応急対策」の訓練を実施すると明記していたが、12年度の大綱では11月に東海地震に関連する情報の伝達訓練等を実施すると位置付けが変わった。内閣府は「非常に重い大綱であり、1行でも記載されている訓練ならば、関係省庁は確実に実施しなければならない」としている。

2016.9.18 朝刊

県の想定、突発型偏重

大震法の啓発機会　喪失

２０１１年７月、県庁別館４階の危機管理部。県総合防災訓練まで２カ月を切り、関係機関との最終調整に奔走していた県危機調整監（当時）の小平隆弘（63）は、上司の突然の言葉に耳を疑った。「訓練の想定を突発型に変える」

総合防災訓練は30年以上、大規模地震対策特別措置法（大震法）に基づく警戒宣言などの発令を想定した予知型で行ってきた。この年も前年から関係機関と調整を進め、各機関は予知型を前提にそれぞれの訓練内容を組み立てていた。国が同年６月に示した総合防災訓練の指針「総合防災訓練大綱」にも、静岡県と連携し予知型の訓練を行うことが明記されていた。

変更を指示したのは県危機管理監（当時）小林佐登志（64）＝現県地震防災センター所長＝。小平は戸惑ったが、「（11年３月に発生した）東日本大震災の教訓を生かす」という小林の強い思いに折れた。ただ、想定の変更が間に合わない市町もあり、自治体によって想定が予知型と突発型に割れるという異例の事態になった。

翌年以降、想定は突発型が定着。掛川市が主会場になった16年の訓練も突発型だった。国の大綱からも12年以降「静岡県と連携し…」の文言が消えた。

一方、東海地震は唯一、予知できる可能性があるとされる。本県を中心に東海地域には地震計やひずみ計などの観測施設が張り巡らされ、今も24時間体制で監視が続く。観測データに異常が見られた場合、警戒宣言が発令される。

大震災以降もこの仕組みは残るが、総合防災訓練をはじめ、地域防災訓練（12月）や津波避難訓練（3月）の想定は、いずれも突発型。大震法に基づく警戒宣言が出された時に

総合防災訓練の想定や内容を企画、立案している危機管理部＝2016年9月14日、県庁

どう行動するか、その啓発機会が失われている。県は、大震災後の14年12月に1度だけ警戒宣言が発令された際の手順を確認する訓練を行ったが、それ以降予知を想定した訓練は行われていない。

大震災の衝撃を受け、予知型から突発型への変更を決断した小林は一線の現場を離れた今、「11年は緊急的な対応として突発型に変えた。警戒宣言が出される仕組みがある以上、予知型にも力を入れるべき」との思いを強くする。

現県危機管理監の外岡達朗（58）も「少しでも前兆がとらえられれば多くの命を救うことができる。予知型の訓練も時機を見ながら進めたい」と述べる。ただ、現時点で具体的な計画はない。

■メモ　県は、2011年の東日本大震災発生までは、東海地震の警戒宣言発令を想定した予知型の総合防災訓練を実施してきた。その内容は多様で、1999年には東海地震に関連する情報に新たに導入された「観測情報」（当時）の発表をシナリオに盛り込んだ。2003年には、東海地震に関連する情報の体系が見直されることを先取りした訓練を展開。国と連携し、国が県庁に現地警戒本部を設置する訓練（10年）にも取り組んでいる。

浮上した４ケース

2016.10.14 朝刊

地震予測情報に確率表示

内閣府が初提案──大震法見直し調査部会

大規模地震対策特別措置法（大震法）を含めた南海トラフ地震対策の見直しを進める中央防災会議有識者ワーキンググループ（作業部会）の調査部会は13日、都内で第２回会合を開いた。事務局の内閣府は震源域付近で異常な現象が確認された際、現状の科学的知見でどのような評価と情報発信ができるかについて確率による表現などを盛り込んだ素案を初めて提示し、委員に見解を求めた。

異常観測時に評価

異常の具体的ケースを①南海トラフ沿いの想定震源域の東半分で大地震が発生し、西半分が割れ残る②南海トラフ沿いでマグニチュード（Ｍ）７級の地震が発生する③２０１１年３月の東北地方太平洋沖地震前に先行したような現象が多種目で観測される④大震法に基づく東海地震の判定基準とされるような前兆すべりが見られる―の四つに分けた。

ケース①の素案は、割れ残った西半分で「大規模地震に対する厳重な警戒が必要」と明記。発生までの期間は、過去に観測された地震の統計データなどを基に「今後3日以内に30％程度」「1週間で35％程度」「1カ月以内に50％程度」と例示した。ケース②も確率での表現を用いた。

想定される異常のケースと評価案（内閣府素案）

	ケース	評価案
①	南海トラフの東半分で大地震が起き、西半分が割れ残る	「西側でも大地震の可能性が特に高い。厳重な警戒が必要」（発生時期は確率表示）
②	南海トラフでM7級の地震が発生する	「さらに大きな地震が発生する可能性も高い。今後○日程度は特に警戒が必要」（発生時期は確率表示）
③	2011年3月の東北地方太平洋沖地震に先行したような現象が多種目で観測される	「プレート間の固着やすべりの変化の推移に注意が必要」（発生時期の確率表示なし）
④	東海地震の判定基準とされる前兆すべりが見られる	「規模や時期を確度高く予測するのは困難だが、南海トラフで大地震発生の可能性を否定できない」（発生時期の確率表示なし）

一方、ケース③と④は確率には触れていない。④は現行の注意情報や警戒宣言（予知情報）の条件に相当するが、過去に同様の事例がないとして「地震の規模や時期を確度高く予測することは困難であるものの、南海トラフで大規模地震の発生の可能性を否定できない」といった表現にした。

調査部会は11月に第3回会合を開き、議論を続ける。素案は最終的に、親部会の作業部会へ提出する報告書を構成する見通し。

浮上した4ケース

2016.11.1夕刊　2016.11.2朝刊

報告書に確率評価明記

内閣府が骨子案―大震法見直し　調査部会

大規模地震対策特別措置法（大震法）の在り方を含めた南海トラフ地震対策の見直しを進める中央防災会議有識者ワーキンググループ（作業部会）の調査部会は1日、都内で第3回会合を開いた。事務局の内閣府は、南海トラフ沿いで起こりうる異常現象について確率表現を用いた評価手法や監視体制の強化などを盛り込んだ報告書の骨子案を提示した。

有識者作業部会のスケジュール

（9月9日）初会合
（調査部会の設置を決定）

調査部会（予測可能性を検討）
（9月26日）初会合
（10月13日）第2回会合
（11月1日）第3回会合
⋮
報告書とりまとめ

（11月下旬）第2回会合予定
（調査部会が報告書提出）
⋮
月1ペースで会合予定
⋮
（2017年3月予定）
作業部会の報告書案公表

基礎となるのは2013年5月に今回の調査部会と同じメンバーがとりまとめた報告書。骨子案では「現在の科学的知見からは、確度の高い地震の予測は難しい。ただし、ゆっくりすべりなどが検知された場合には不確実ではあるものの地震発生の可能性が相対的に高まっていることは言える」とした13年当時の見解はそのまま残した。一方、防災への活用を踏まえて「過去の地震活動の統計データから導かれる経験式を用いた手法により、精度面ではいまだ課題はあるものの、当面の活動の推移について確率を算出することができる」と確率評価の可能性を追記した。

今後、社会の混乱が発生しうる異常現象のケースとして、①南海トラフの東半分で大地震が起き、西半分が割れ残る②南海トラフでマグニチュード（M）7級の地震が発生する③11年3月の東北地方太平洋沖地震に先行したような現象が多種目で観測される④東海地震の判定基準とされる前兆すべりなどが見られる―の4ケースと評価例も盛り込んだ。

調査部会は報告書をとりまとめて11月下旬に親会の作業部会に提出する。作業部会は同報告書を基に、実際にどのような防災対策が必要かを議論する。

南海トラフ観測網強化必要

ひずみ計　定量評価は困難　調査部会、骨子案了承―大震法見直し

大規模地震対策特別措置法（大震法）の在り方などの見直しに向けて地震の予測可能性

を検討してきた内閣府の調査部会は1日、事務局が提示した報告書骨子案を大筋で了承した。想定東海地震の判断基準とされてきたひずみ計データの異常について、発生に至るまでの時間の目安を示す定量的な評価は難しいとし、大震法の現行の運用の見直しは必至となった。一方、短期的な地殻変動を高感度で捉えるひずみ計の必要性自体は重視し、観測網を南海トラフ沿いに強化する必要性を盛り込んだ。

　東海地域のひずみ計に有意な異常が観測された場合、「数時間から2～3日以内」に東海地震が発生する恐れがある―と発表される現行の運用について、調査部会は複数のひずみ計で大きな変化が観測されても現在の知見では発生までの時間の目安を示すことはできないと指摘。「大地震発生の危険性が相対的に高まっている」などの定性的な表現を評価例として示した。

ひずみ計を用いた観測網（内閣府資料より作成）

　委員からは「（複数のひずみ計に大きな変化が観測された場合は）非常に危険な状況だが

定量的な評価は難しい」「ひたすら現状を伝えるしかない」と地震学の実力に応じた評価方法を求める意見が相次いだ。南海トラフの東半分で大地震が起き西半分が割れ残るケースや、前震となる恐れがあるマグニチュード（M）７級の地震が南海トラフで発生するケースについては、過去の統計データに基づき、数日間は大地震が続発する可能性が特に高まるといった評価や、地震発生確率の算出など一定の定量的評価は可能とした。

骨子案は観測網の在り方についても提言した。気象庁などは本県を中心に27カ所にひずみ計を設置して24時間態勢で地殻の監視を続けている。紀伊半島や四国にも産業技術総合研究所のひずみ計が設置されているものの、東海地域と比べると手薄であることから「特に愛知から四国にかけての内陸の想定震源域を中心にさらなる観測の強化が望まれる」と求めた。海域観測網の充実や観測データの常時公開に加え、解析結果を即時公開する重要性にも触れた。報告書は11月下旬に親会のワーキンググループ（作業部会）に提出する。座長の山岡耕春名古屋大大学院教授は「今の科学で定量的に評価できるのはどこまでか一通りコンセンサスを得られた。これを減災にどう役立てるかは研究者と社会、行政が納得ずくで考えていくことになる」と話した。

骨子案が示した今後のモニタリングと調査研究の在り方（抜粋）

- 愛知県から四国にかけての、ひずみ計による内陸想定震源域の観測強化
- 海域での地殻変動の観測網強化
- 観測データのリアルタイム公開と、解析の自動化による即時公開
- 各地で伝承されている過去の地震発生前に起きたさまざまな現象の収集・整理
- 地震発生確率の予測手法のさらなる高度化

浮上した４ケース

2016.11.23朝刊

「大震法の再構成を」

作業部会が防災対応議論開始

大規模地震対策特別措置法（大震法）を含めた南海トラフ地震対策の見直しで22日、２カ月半ぶりに再開された中央防災会議有識者ワーキンググループ（作業部会）。下部組織の調査部会から地震発生予測に関する報告を受け、求められる緊急防災対応の議論を開始した。委員からは発生予測が不確実な中でも法律で定めた備えは必要だとして、「大震法の再構成を」などと求める意見が上がった。

事務局の内閣府や調査部会の座長を務めた山岡耕春名古屋大教授が、四つの想定ケースなどに分けて発生予測を検討した報告書の骨子を説明。これを踏まえて、内閣府は「不確実性のある情報を活用し、どのような緊急防災対応を実施することができるか」という検討方針を提示した。

高知県の尾崎正直知事は予知を前提とした大震法を「大きく見直していくことになるの

だろう」とした上で、「東海エリアにとどまらず、南海エリアまで含めてこの四つのケースが起きた時にどうするかを定める法律として再構成していく方向感が求められている」との認識を示した。

委員の川勝平太知事の代理で出席した外岡達朗県危機管理監も同調し、「仮に確度の高い予知が困難だとしても、いかに一人でも多くの命を救うか、そのために何ができるかという視点で検討してほしい」と強調した。

調査部会からの報告を踏まえ、今後求められる緊急防災対応などを議論した中央防災会議の第2回作業部会＝2016年11月22日午後、都内

岩田孝仁静岡大防災総合センター教授は各種観測データを公開する重要性を指摘。「データをリアルタイムで公開し、起きている変化を多くの目で見る。それに政府や気象庁がきちんと解説を付けることができれば、さまざまなケースを国民が共通の認識で判断できる」と説いた。実際の防災対応行動に移る判断の責任を国民や地方自治体に負わせるのでなく、今の大震法が定める首相の責任で警戒宣言を発するような仕組みを「これからも維持することが重要」とも述べた。

一方、河田恵昭関西大教授は「地震が四つのケースのどれかで起こると限定してはいけない。大半は分からないという前提に立って対策をする謙虚さが必要だ」と注文した。

2016.11.23朝刊

「確率予測」で注意喚起へ

大震法「予知前提」岐路に

南海トラフ沿いの大規模地震について防災対策への活用を見据えた発生予測の在り方を検討してきた中央防災会議の調査部会は22日、親会議の有識者ワーキンググループ（作業部会）に検討状況を報告した。確度の高い予測は困難―という2013年の見解を踏襲した上で、社会が混乱する恐れがある現象として事務局が選定した四つのケースについて「確率予測」で注意を喚起できる場合はあるとした。確度の高い予知を前提とした大規模地震対策特別措置法（大震法）は1978年の法制化以来、初めて大きな岐路に立った。

◇

「予知という用語は使わず、予測という言葉で統一した」。調査部会の座長を務めた名古屋大教授の山岡耕春（58）は、議論の大前提をそう説明した。

「予知」は、人によって定義が違う。予知という言葉が出た時点で「できる」「できない」という対立した議論に陥る。「予測」なら、その可能性を全否定する研究者はいない。意見の違う研究者同士でも「どの程度の予測ならできるのか」という同じ方向の議論ができる。山岡はそう考え、「予知」というあいまいな用語を排除した。

調査部会は大地震の「予測」の可能性について、いつ発生するかは言えないが、過去に事例があるケースなら「可能性が○％程度高まっている」などと確率を算出することはできる―と指摘した。例えば南海トラフの震源域の東半分で地震が起き、西半分が割れ残った場合（ケース１）や想定震源域で前震になるかもしれないマグニチュード（Ｍ）７クラスの地震が起きた場合（ケース２）だ。過去の南海トラフ地震の起き方や世界各地で起きた前震の事例を統計処理すれば、同じような状況下で大地震の発生に至る確率を導ける。

一方、２０１１年3月11日の東日本大震災を引き起こした東北地方太平洋沖地震の前に見られた地下水位の変化などの現象が南海トラフ沿いでも

例示された異常ケースと社会の状況、評価例（抜粋）

	ケース	事務局が想定する社会の状況	評価例
①	南海トラフの東半分で大地震が起き、西半分が割れ残った場合	・被災地域はすでに混乱 ・過去には西側の領域も時間差で割れた例が多いと報道される ・ネットなどでさまざまな予測に関する情報が拡散される	・「過去の事例から見ると、西側でも大地震が発生する可能性が高い」 ・確率を算出し、大地震発生の可能性が特に高い期間の目安を示す
②	南海トラフでM7級の地震が発生した場合	・東日本大震災の際には前震があったことが報道される ・ネットなどでさまざまな予測に関する情報が拡散される	・「この地震が前震となって、さらに大きな地震が発生する可能性がある」 ・確率を算出し、大地震発生の可能性が特に高い期間の目安を示す
③	2011年３月の東北地方太平洋沖地震の前に見られた現象が多種目で観測された場合	・地震予測のさまざまな情報が報道されたり、臆測や根拠のない情報がネットで拡散されたりする	・「直ちに大地震が発生するか否か判断できない。発生の危険性が普段より高まっている可能性はある」 ・ケース②やケース④の状況になれば、そちらに移行する
④	東海地震の判定基準とされる前兆すべりが見られた場合	・気象庁が逐次情報を発表。多くの専門家が大地震発生を懸念 ・地震予測のさまざまな情報が報道されたり、臆測や根拠のない情報がネットで拡散されたりする	・変化を厳重に監視し、リアルタイムで情報を発表し、警戒を呼び掛ける ・大地震に至るかどうかを定量的に評価する手法も基準もなく、地震が発生しない可能性があることにも言及する

観測された場合（ケース3）やひずみ計などでいわゆるプレスリップ（前兆すべり）と思われる現象が捉えられた場合（ケース4）については、いずれも南海トラフ沿いの地震の前に起きうる現象なのかが十分検証できておらず過去の事例もないため、確率評価はできないと結論付けた。

中でもケース4は、現行の枠組みでは「直後から2～3日以内に地震が起きる恐れがある」と警戒宣言が出され、社会が厳しい規制を強いられる状況に相当する。四つのケースの中でも特に切迫性が高い状況と言えるが、現在の地震学の実力では発生までの時間的な目安は示せず、「大地震の危険性が相対的に高まっている」程度しか言えないとされた。

今後、この報告を基に、実際にどんな防災対策ができるかを作業部会が検討する。「これまでは予知という言葉のもとで建設的、論理的な議論ができていなかった。不幸なことだった」。批判がありながらも見直しの議論が深まることはなかった大震法の38年を、山岡はそう振り返った。

■メモ　調査部会の会合では、複数の委員が地震の予測以前に「事実を事実として述べること」や「地下で今何が起きているのかをきちんと監視して伝えること」の重要性を強調した。報告書の骨子案では、四つのケースのいずれにおいても、進行中の異常現象を適切に監視し、リアルタイムで解析、公開していくことが不可欠であるとした。観測網の充実や確率予測手法のさらなる高度化、世界の大規模地震や歴史地震の調査研究の推進なども盛り込んでいる。

第7章　備えるべき予兆（2）

2016.11.24 朝刊

ひずみ異常　評価に限界

変化監視、情報発表は重要

「非常にやばい」「地震研究者はみんな『心配だ』と思う」――。大規模地震対策特別措置法（大震法）を含めた南海トラフ地震対策の見直し作業の一環で、地震発生予測の可能性を検討してきた中央防災会議の調査部会。「東海地震の判定基準とされるようなプレート境界面でのすべりが見られた」という想定ケース4の議論で、委員の発言に強い危機意識がにじんだ。

大震法は、気象庁長官から大地震発生の恐れがあるという地震予知情報を受けて首相が警戒宣言を発令すると規定している。予知情報は、震源域に設置されたひずみ計がプレート境界面の前兆すべり（プレスリップ）を捉えたデータを基に判断される。ケース4はまさに、この一連の仕組みが動きだす〝出発点〟の現象であるはずだった。

ただ、シミュレーションや理論に基づいては考えられるが、過去の観測事例はない。委員らは切迫感をあらわにしつつも、実際にその先に大地震を誘発するかどうかといった科学的評価は「はっきり言ってお手上げ」「ひたすら状況を監視するしかない」と限界を口にする。

座長の山岡耕春（58）＝名古屋大教授＝は「過去に例はないけれども、仮にそういうことがあったらどう言えるかという議論。なかなかここは難しい」と内実を明かす。22日に示された報告書骨子案でのケース4の評価例は、「変化を厳重に監視し、リアルタイムで情報を発表し、警戒を呼び掛ける」といった時間的な目安は含まない表現となった。

そもそも東海地震が予知できるとされたきっかけは1944年の東南海地震にさかのぼる。発生当日に掛川市内で行われていた陸軍陸地測量部の水準測量で異常隆起が観測され、その後の研究で大地震を引き起

地下にひずみ計が設置されている観測点。看板には「東海地震の予知に使用する大切な施設」と書かれている＝2016年11月16日午前、掛川市上土方嶺向

こすプレスリップの例として注目されるに至った。

ところが、近年はその根拠も揺らいでいた。２００４年、水準データの精度などに疑問を呈し、プレスリップの有無の「確定的な結論を得ることは困難」と発表した名古屋大教授の鷺谷威（52）。今も「将来の地震の予測情報的なものを出せる実力はどこにもない」とした上で、被害を低減するためには「いろんなことが起こりえると思って日ごろから備えをする以上のことはないのでは」と指摘する。

ひずみ計に依存した防災対策からの脱却が必至の中でも、気象庁では24時間態勢で職員が観測データに目を光らせる。地震予知情報課地殻活動監視技術開発推進官の露木貴裕（48）は「（調査部会は）モニタリングの重要性自体では一致している。データを常時見ていく役割は変わらないだろう」と冷静に見直し作業を見守っている。

■メモ　東海地震の想定震源域と周辺には、気象庁と静岡県が27カ所にひずみ計（体積ひずみ計16カ所、多成分ひずみ計11カ所）を整備している。多成分ひずみ計は東京―鹿児島の距離（約千キロ）の１ミリの変化を観測できる性能の高さが特徴。同庁は2017年度予算の概算要求でも、体積ひずみ計を多成分ひずみ計に置き換える経費を盛り込んだ。調査部会はひずみ計による地殻変動の観測自体は重要として、南海トラフ全域での強化を求めている。

第7章　備えるべき予兆（3）

2016.11.25朝刊

「3・11」前の類似現象注視

複数の変化で危険を評価

南海トラフ地震対策見直しの一環で、地震発生予測の可能性を検討してきた中央防災会議の調査部会が報告の中で例示したケース3は、東日本大震災を引き起こした東北地方太平洋沖地震に先行して観測されたのと同様の現象が南海トラフで多種目観測され、社会的にも注目される状況を想定する。短期的な判断はできないが、プレート間の固着の変化を示唆する現象の可能性が高く、その場合、普段より地震発生の危険性が高まっている―と評価する。

２０１１年の東北地方太平洋沖地震の前には、さまざまな地震活動の変化や地殻変動などがあったと最近の研究で報告されている。岩手県大船渡市の温泉の源泉井戸では地震の約３カ月前から水位や水温が変化し、市内の井戸で1カ月前から水がくみ上げられなくなったとされる。必ずしも地震との因果関係を説明できている訳ではないが、地下水の異常自体は歴史上、南海トラフ沿いの地震でも少なからず報告されてきた。

国内有数の歴史を誇る道後温泉（松山市）と湯峰温泉（和歌山県田辺市）では、過去9回の東南海・南海地震のうち各4回と5回、湧出量の変化があったと古文書などにある。1946年の昭和南海地震に関する海上保安庁水路局の調査（48年）では、紀伊半島や四国の15の井戸で地震前に水位変化があったと報告されている。

道後温泉から4キロほど離れた公園の一角に産総研が設置した深さ600メートルの観測用井戸。地下水位などの異常検知に向けこうした井戸が東南海・南海地域に16カ所整備されている＝2016年11月16日、松山市

産業技術総合研究所（産総研、茨城県つくば市）は2006年以降、東海地震の予知研究で展開してきた地下水観測網を東南海・南海地域に拡大し、16カ所の観測井戸を新設。道後温泉の近くでも観測を続けている。地震地下水研究グループ長の松本則夫(52)は「地殻変動という原因があって地下水位が変化するというのがわれわれの考え方。もし同じような地震前の地殻変動があれば、地下水位の変化が観測できてもおかしくない」と話す。

調査部会では、同じプレート境界であって

も固着の仕方が異なり単純に対比できない面があるとして、「そもそも南海（トラフ）は東北（の日本海溝）と違う」と両者を一概に結び付けることに懐疑的な指摘も出た。ただ、ケース3は「観測精度が上がるにつれ、もっとさらにいろいろなこと（異常）が見えるようになるのではないかという指摘も含め、その可能性を否定しない」（内閣府）との趣旨で想定された。東日本大震災の2日前のように比較的大きな地震が起きた場合はケース2、プレート境界が大きく滑り始めたと考えられる場合はケース4へ移行する。

■メモ　内閣府は、東北地方太平洋沖地震に先行して観測された現象として、地下水位の変化のほか、地震活動の静穏化、大きな地震の割合の増加を示すb値と呼ばれる値の低下、長・短期な地殻変動、電離層や大気圏に関係する変化などを挙げている。作業部会への報告では、観測されている現象と地殻変動などの関連を評価し、適時的確な情報発表に努めることが重要としている。

第7章　備えるべき予兆（4）

2016.11.26 朝刊

M7級、〝前震〟か確率評価

警戒期間の目安を提供

２０１６年４月５日。高知県の市町村長宛てに県危機管理部長名の文書が通知された。表題は「4月1日に発生した三重県南東沖の地震について」。約70年ぶりに東南海地震の震源域で起きたマグニチュード（Ｍ）６級のプレート境界地震。南海トラフ巨大地震の〝前震〟か―。気象庁や研究者に緊張が走る中、高知県も異例の対応を取っていた。

文書は東日本大震災の2日前に三陸沖でＭ７級の〝前震〟があったことに触れ、「この地震（三重県南東沖の地震）に関する情報収集を積極的に行っていく。新たな情報があれば直ちに提供する」と県の姿勢を県内自治体に伝えた。高知地方気象台の解説も添えた。

異例の対応の背景には、東海地震だけを対象とした大規模地震対策特別措置法（大震法）の仕組みでは三重県南東沖は監視の対象外で、必要な情報を気象庁がすぐに出せなかったことがあった。東海地震単独ではなく南海トラフの全域破壊が現実味を帯びる中、大震法の限界が露呈した出来事だった。

今後南海トラフでより大きなM7級の地震が起きれば、実際に〝前震〟となる可能性や社会に混乱が広がる恐れがもっと高まる。そうした事態を想定したのが中央防災会議「南海トラフ沿いの大規模地震の予測可能性に関する調査部会」が骨子案で示したケース2だ。

内閣府によると、近年に世界で起きたM7・0以上の地震1319事例のうち、3年以内に同じ領域でさらに大きな地震が発生したのは52事例（4％）。「M7級の地震の後にさらに大きな地震が発生する割合は3年以内に4％程度」と評価できる。

また、余震確率の算出にも使われる計算式を適用すると、M7級の後にM8級以上の巨大地震が起きる場合は「最初の1週間程度に起きる確率が平常時に近い状態と比べて約

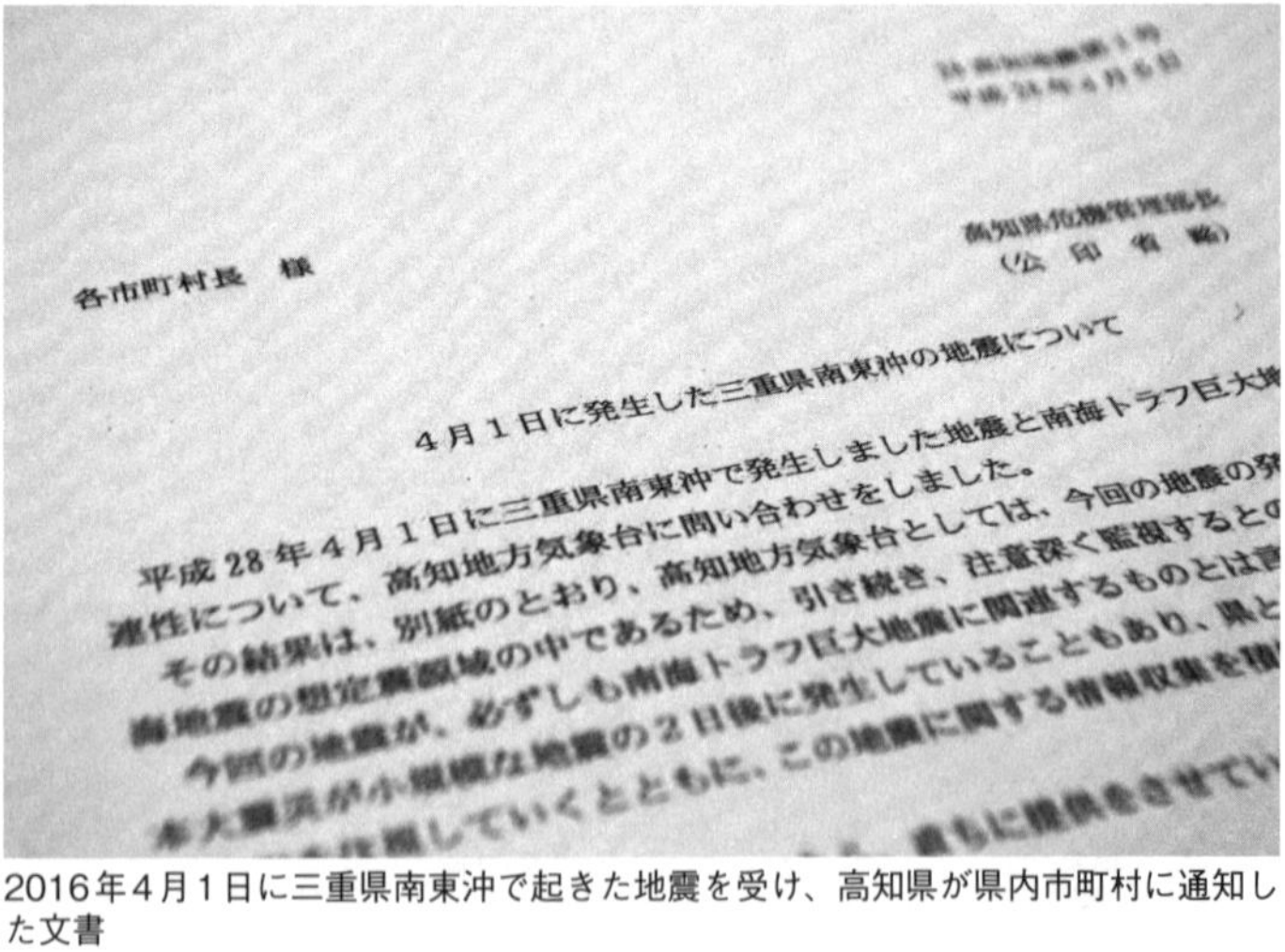

2016年4月1日に三重県南東沖で起きた地震を受け、高知県が県内市町村に通知した文書

100倍以上高い」などと特に警戒すべき期間の目安を示せる。

過去の事例に基づく予測に加え、最新の地震活動からも周辺領域の地震発生確率を求め、前震かどうかの検討に活用する。

4月1日の三重県南東沖の地震を受けた市町村への情報発信について、高知県知事の尾崎正直（49）が振り返る。「県内の市町村に、もしかしたら何か起こるかもしれないから『警戒のドア』を開けておいてくださいという意図があった」

懸念は的外れではなかった。3カ月後の6月下旬、国は大震法の見直しを発表した。調査部会が示した確率予測をどう生かすかは今後、尾崎も委員を務める有識者ワーキンググループ（作業部会）に委ねられる。

■メモ　前震になる恐れがある地震を想定したケース2の類似状況には2009年8月11日の駿河湾の地震（M6・5）がある。東海地震の震源域内だったため気象庁は大規模地震対策特別措置法（大震法）に基づく仕組みに従い、直後から3回にわたって「東海地震に関連する情報」を発表した。判定会委員打合せ会も開かれ、約6時間後には東海地震とは直接関係はないと結論した。

第7章　備えるべき予兆（5）

2016.11.27 朝刊

大震災と社会混乱　同時に

深刻な「割れ残り」事態

過去に南海トラフで発生した大地震では、時間をおいて破壊が西に広がった例が確認されている。安政東海地震（1854年）は32時間後、昭和東南海地震（1944年）の場合は2年後に西側で大地震が起きた。発生予測の在り方を検討してきた中央防災会議の調査部会が示した四つの異常のうち、ケース1は南海トラフに明確な前例が残る想定だ。

「地震直後、社会が非常に混乱している状況で、（割れ残った地域について）どういうことを科学的に言えるのか。何か発信すべきではないか」。調査部会の議論で、事務局側の内閣府参事官広瀬昌由はそう投げ掛けた。一部だけが割れる事態に対する国の危機感の現れだった。

南海トラフの東側が先行し、時間をおいて西側でも大地震が発生した事例は、少なくとも過去4回。いずれも3年以内に発生したとみられている。そうした過去の例を引き合いに、さまざまな予測に関する情報が拡散され、社会不安を助長する懸念がある。

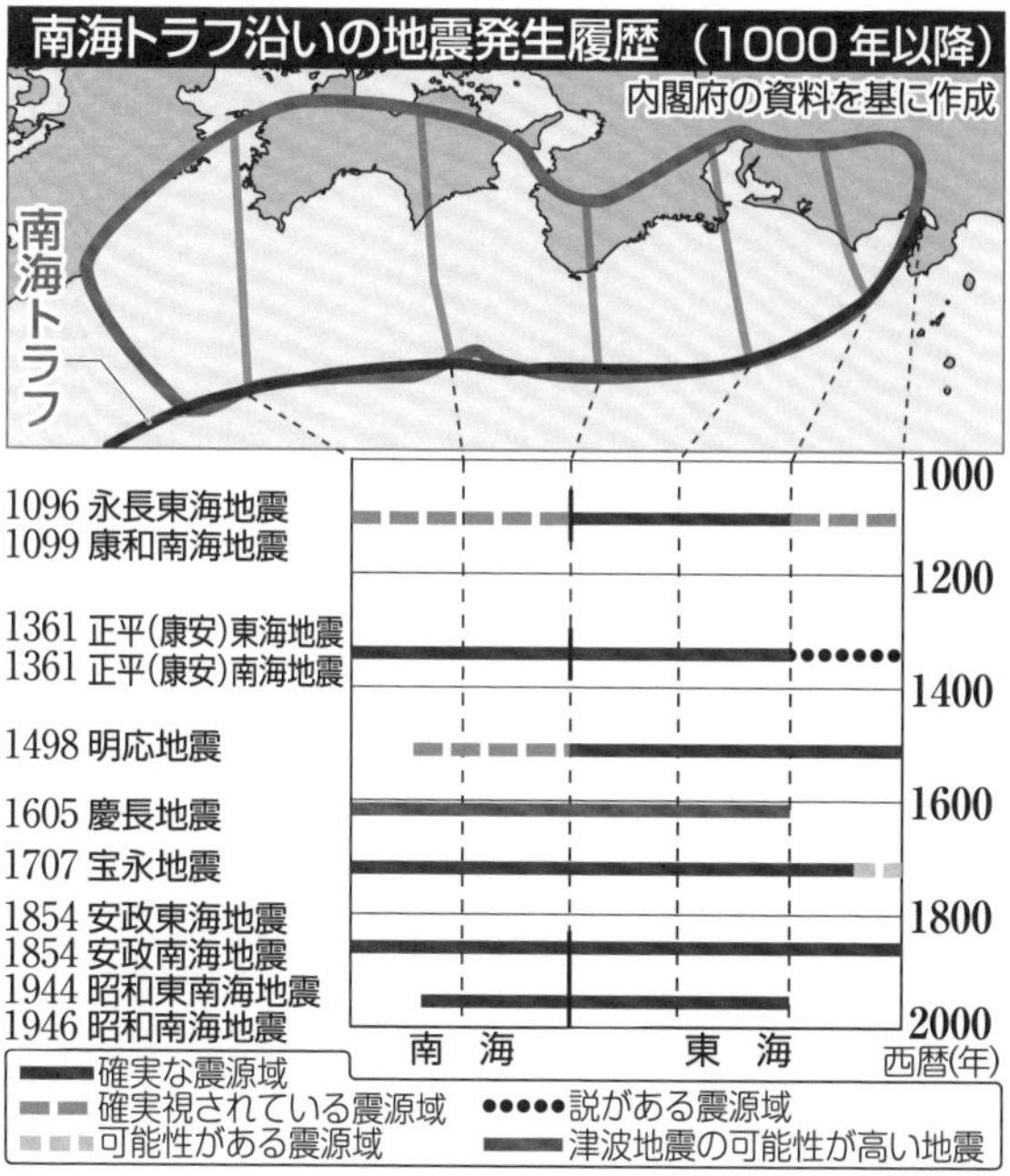

内閣府の資料によると、1900年以降に世界で観測されたマグニチュード（M）8・0以上の地震92事例のうち、3年以内に隣接領域でもM7級以上が発生したのは31事例。南海トラフの東側が割れた後、必ず3年以内に地震が起きると仮定し、31事例の分析を基に評価した場合、3日以内は29％、30日以内なら48・4％の確率と算出できる。調査部会が、発生確率や大地震発生の可能性が特に高い期間の目安を示せるとした根拠だ。

2015年3月に策定された南海トラフ地震の応急対策活動に関する具体計画は、全域の同時破壊が前提。一部が割れ残るとの想定はなく、警察や消防、自衛隊など防災機関はジレンマを抱えることになる。仮に南海トラフの一部で大地震が起こった場合、国は被災地での救助活動と並行して割れ残り地域の警戒や混乱対処を迫られる。

緊急消防援助隊のオペレーションを担う消防庁。担当者は「精緻な確率予測があれば、あえて一部の部隊を残すことになっても国民に説明がつく」と話す。一方で「一般の感覚では、一部で激甚災害が起こっているのに全力を注がないとしたら問題だろう」と心境は複雑だ。

次の南海トラフ地震がどういう形で起こるのかは予測不能。40年前、切迫しているとされた東海地震のように、割れ残った震源域が数十年たっても破壊しない場合もあり得る。確率評価で当面警戒すべき期間の目安が示せても、時間差発生には不確実性も大きく、どう継続的に注意喚起していくのかは大きな課題だ。

■メモ　南海トラフ地震の具体計画は、静岡など10県を重点受援県に指定し、最大14万3000人の応援部隊を集中投入することなどを盛り込んだ内容。消防庁の行動計画も南海トラフの全域破壊が前提だが、東海地震の単独発生に備えた運用方針も存在する。方針には「東南海・南海地震発生の恐れがある地域は出動が不可能となることもあり得る」との注釈があり、一部が割れ残る事態を意識した運用を可能にしている。

第７章　備えるべき予兆（６完）

2016.11.28朝刊

伝承や歴史検証も重要

幅広い調査研究を尊重

「おかしいぞ、海は干上がって潮がないぜよ」。１９４６年12月21日午前２時、高知県須崎市。当時17歳の女性はイワシ漁に出るため浜辺に行った父親がそう首をかしげたことを覚えていた。次の瞬間、父親はひらめいたように声を上げた。「こりゃ、大変じゃ。地震が起こるぞ。津波が来るぞ」

過去の大地震の際に津波が来なかったと伝えられている高台の知人宅まで一家が食糧や衣類を運び出した後の午前４時すぎ。マグニチュード（Ｍ）８・０の昭和南海地震が発生した。証言を基にすれば昭和南海地震の数時間前に明確な潮位の異常があったことになる。

他の漁師も口をそろえて地震前の潮位異常を証言している。「21日午前1時ごろ。驚いたことに港は今まで経験したことがないほど潮が引いていた。普段こんなことは絶対ない」「21日午前2時ごろ。船底を岩でこするほど潮は引いていた」「21日午前3時ごろ。潮が引いて船が接岸できなかった」

こうした貴重な証言は全て高知県土佐市宇佐町自主防災連絡協議会会長の中村不二夫(73)が徳島県から高知県にわたる四国沿岸各地に通い詰めて丹念に収集したものだ。1854年の安政地震、1707年の宝永地震の時にも同様の証言があるらしいことも分かってきたという。

中村は、次に再び似たような潮位異常があれば南海トラフ地震が起きる可能性が高いと考え、仲間とともに潮位の観測を続けている。「漁師の伝承が多くの人命を救ってくれると思うがですよ。潮位異常の観測ネットワークを作るのが僕たちの最終目標やき、科学的にしっかり検証してほしい」

中村と連絡を取りながら潮位異常を調査している京都大名誉教授の梅田康弘(73)は「南

潮位異常を監視する潮位板の交換作業を行う中村不二夫氏（左端）ら＝2016年10月下旬、高知県土佐市の宇佐漁港

海地震の発生前に海底で何らかの小さな地殻変動が起き、潮位異常の原因になっていた可能性はある」と推測するが、詳しいメカニズムは分かっていない。

中央防災会議「南海トラフ沿いの大規模地震の予測可能性に関する調査部会」では中村の研究成果も引用された。四つの想定ケースには盛り込まれなかったが、調査部会の報告書の骨子案には、過去の地震の前兆について各地に残る伝承を収集・整理し、理解を深めることの重要性が記載された。

現状の地震学のできることとできないことを明確にした一方、地震の予測可能性のあくなき探究に向けた前向きな提言を盛り込んだ報告書案。「証言は各地にかなり残っているが、これまでは収集だけで終わっていた。調査部会の報告書は伝承を科学的に検証する追い風になる」。梅田はそう期待を込めた。

■メモ　報告書骨子案は、統計データに基づく地震発生確率の予測が現在の地震学でできる唯一の手法であることを明記した一方、「各地域で伝承されている事例を収集・整理し、シミュレーションによる再現を通じて理解を深めることも重要」「現在の知見では説明できないような地球物理学的現象を解釈するための研究も必要」などと記載し、幅広い調査研究を尊重している。

判定会委員が警鐘

2017.1.1朝刊

大震法、国方針公表4カ月前

東海地震想定見直し訴え　議事録記載されず

国が大規模地震対策特別措置法（大震法）の見直し方針を公表する約4カ月前の2016年2月29日、気象庁の地震防災対策強化地域判定会（判定会）の定例会で、現行の想定東海地震の監視・予知システムは想定震源域の妥当性や予知情報の出し方に大きな問題を抱えていると委員が見直しを提言していたことが、静岡新聞社の取材で分かった。委員の提言は判定会の議事録（議事概要）には掲載されていない。

吉田明夫氏

見直しを訴えたのは16年3月まで委員を務めた静岡大防災総合センター客員教授の吉田明夫氏（72）＝浜松市出身＝。気象庁で地震予知情報課長などを歴任した吉田氏は長年予知業務に携わってきた経験を基に、「想定東海地震の〝想定〟を見直す時」と題して講演した。気象庁幹部も務めた委員が判定会という場で東海地震の想定の見直しを呼び掛けるの

現在も粛々と続く判定会の定例会。委員だった吉田明夫氏の提言は判定会の存在そのものにも関わる指摘だった＝2016年12月26日午後、気象庁

は異例。

関係者や資料によると、吉田氏は講演で、想定東海地震が東南海・南海地震と連動発生する可能性の高まりとともに現在の想定は現実味が薄れていると指摘し、南海トラフ沿いに「割れ残り」ができた時の備えやプレート境界の異常が検知された時に防災対応を取るべき地域（現行の強化地域）を西日本に広げる必要性を示唆した。

「現行の仕組みが有効に防災に生かされるには、注意情報から予知情報に至るプロセスが時間経過も含めてシナリオ通りに進むことが前提となるが、その前提は非常に多様なプロセスのうちの一つでしかないように思われる」と予知の困難さも指摘した。情報を出す側と受け取る側が「地震予測は不確実にならざるを得ない」と共通認識を持つ大切さを強調し、万一の際に注意喚起をする場合は「その共通認識の元で（現行の警戒宣言のような厳しい規制ではなく）コストがあまりかからない緩やかな防災態勢を取る必要があるだろう」と述べたという。

指摘の数々は現在行われている中央防災会議の有識者ワーキンググループ（作業部会）の大震法見直し議論とほぼ重なる。講演は国の動きに先駆けて現在の判定会が抱える矛盾を内部から指摘し、委員や気象庁に自己改革を促すものだった。

吉田氏は取材に「想定東海地震は南海トラフ沿いの地震との連動を考える時期に入っており、多くの研究者もそう見ている。判定会の委員や気象庁の職員一人一人にも現行の想定をどう変えていったらよいかを考えてほしかった」と話した。

講演が判定会の議事概要に記載されていない理由について、気象庁の担当者は「判定会の議事終了後の講演という位置付けのため、議事概要の対象外」と説明している。

■メモ　気象庁長官の私的諮問機関の地震防災対策強化地域判定会（判定会）は毎月定例会を開き、想定東海地震の監視データを評価・検討している。折に触れて話題提供や講演が行われることもある。気象庁や複数の委員によると、話題提供や講演は公式の判定会が終わった後に行われるという認識のため、判定会の議事録（議事概要）には原則掲載されないという。一方、静岡新聞社が開示請求した議事概要によると、2015年11月～16年10月の1年間に少なくとも気象庁や海上保安庁などの3人が話題提供や講演を行い、それぞれ内容が記載されている。

第8章　異例の提言（上）

2017.1.3朝刊

一人歩きした予知シナリオ

現行体制に一石投じる

２０１６年２月の地震防災対策強化地域判定会（判定会）で、委員の吉田明夫（72）が提言した東海地震の想定の見直し。気象庁地震予知情報課長なども歴任して予知業務に尽力した吉田が、８年間務めた委員の退任を翌月に控えて最後に訴えたかったことだった。

気象庁などは１９９８年11月、東海地震の情報体系を大幅に見直した。当時、藤枝市や清水市（現静岡市清水区）のひずみ計に異常データが観測され、住民や自治体の不安が高まったことが背景の一つにあった。判定会招集には至らないが、何らかの異常現象が観測された時に何が起きているのか―を国民に分かりやすく説明することが求められていた。

紆余（うよ）曲折を経て、観測データを注視する「観測情報」と、東海地震の発生と直接関係しない「解説情報」の二つを発表することになった。この見直し作業の中心にいたのが96年から３年間、地震予知情報課長を務めた吉田だった。

「予知情報課長になってまず求められたのはシナリオ」。吉田が振り返る。前兆となるゆっくりすべり（スロースリップ）の端緒をひずみ計で捉え、プレート境界のすべりだと分かった段階で警戒宣言を発令する――。現在に通じる予知のシナリオは、この時に吉田らが作り上げた。以来、気象庁はこのシナリオを前面に出していく。まるで予知技術が一歩進展したかのように。

「当時は口に出せなかったが、自分自身としては予知はむしろ非常に難しい印象があった」。一人歩きした予知シナリオ。懸念を裏付けるようにその後、長期的ゆっくりすべりや短期的ゆっくりすべりなどが発見され、ゆっくりすべりが必ずしも前兆にならないことが明らかになった。

「今やゆっくりすべりはかなり頻繁にさまざまな形で起きていることが分かってきた。

東海地域の地震関連情報の大幅見直しについて説明する気象庁地震予知情報課長時代の吉田明夫氏（左）＝1998年11月、気象庁

ゆっくりすべりがあったからといって、3日以内に地震が起きると宣言し、新幹線まで止めるのは無理がある」

自分が地震予知情報課長だった時に作られた予知システムが、状況が変わった今でも続いている──。そんな忸怩（じくじ）たる思いと責任感が判定会での提言となった。

「監視データに異常がみられても2～3日以内の地震発生を示すわけではない。場合によっては1～2年そうした状況が続くことも考慮して、冷静な防災対応を構築する必要があるのではないか」。判定会という場で委員自ら、しかも予知業務を担った気象庁ＯＢが現行の体制に一石を投じたのは異例だった。

東海地震説提唱から40年。地震予知は大きな節目を迎えようとしていた。国が予知体制の見直し方針を公表したのは〝吉田提言〟から4カ月後のことだった。

■メモ 1997年2月26日、藤枝市花倉のひずみ計が異常データを示し、「東海地震の前兆かもしれない」と関係者に緊張が走った。気象庁は現地に担当者を派遣し、「藤枝のひずみ計の観測値が伸びの変化を示し始めた。動作不良の可能性もあるとみており調査中」と緊急発表した。結果的に機器の故障が原因だったが、東海地震の前兆監視が始まって以来最も緊迫した“事件”だったとして「平成の二・二六事件」と呼ばれている。この時に対応に当たった気象庁の地震予知情報課長が、後に判定会の委員も務める吉田明夫氏だった。

第8章　異例の提言（下）

2017.1.4朝刊

「真の防災は生活の転換」

データ公開、説明徹底も

大規模地震対策特別措置法（大震法）を含む南海トラフ地震対策の見直しを図る国の中央防災会議は2016年9月に有識者ワーキンググループ（作業部会）の議論を始めた。2回の会合を経て、予測の確度は高くないが、異常を検知した時は地震発生確率を算出するなどして危険度の目安を示し、できる限り注意喚起に生かすとの方向で議論が進む。確率が高まったと考えられる時、国としてどのような「緊急防災対応（仮称）」を取れるかが今後の焦点となる。

気象庁地震予知情報課長と地震防災対策強化地域判定会委員を経験した吉田明夫（72）には、地震予知への楽観論を背景に大震法が作られた40年前の議論と同じ轍（てつ）を踏んでいるように映る。

「緊急の『短期的な予知情報』ではなく、発生の可能性が高まっている―という『長期的な見通しに関する予測情報』は防災に有益かもしれない。しかしその場合も、大震法のよ

地震や地殻の監視が24時間続く地震火山現業室。吉田明夫氏は観測データの透明性の重要性を指摘する＝2016年11月、気象庁

うに一部の地震研究者の評価結果に従って国の機関が緊急防災対応の一斉指示を視野に入れた情報を出す必要はないと思う」

むしろ普段から観測結果をすべて公表することが大切と訴える。

「プレート境界の固着の状況を丁寧に解説しながら、注意喚起を定常的に行っていくことこそが人々の防災意識を高めることにつながるのではないか」

予測情報を出す対象範囲の議論にも一石を投じる。1988年6月27日付の中央防災会議の専門委員会中間報告によると、大震法の強化地域は地震の①切迫性②被害の甚大性③予知可能性―を前提に指定される。吉田は判定会での提言で西日本への拡大の必要性に言及したが、今は、「（東海地震の切迫性が指摘された時のような意味合いで）南海トラフ巨大地震は発生が目前に差し迫っているとは言えず、確度の高い予知も極めて困難とされる。（大震法を残すとしても）指定要件を満たす地域はないかもしれない」とも考えている。

インフラの震災対策は国や地方自治体が責任を持って推進すべきとも指摘する。同時に個人や小さな共同体にとって地震に対する本当の強さとは「震災を乗り越えて日常生活を営んでいけること」とみる。だからこそ大量生産・流通・消費の生活でなく、地域ごとの風土にかなった地産地消の生活形式をと―。

大震法は40年近くにわたって防災の在り方に一つのモデルを提供し、本県を含む強化地域の防災対策に大きく貢献した。当時はそれが最善の選択だったかもしれない。

「しかし」と吉田は言う。「次の40年はまた新たな防災の在り方に基づき、地域共同体の絆を強めていくことが求められるのではないか」。それが真の防災につながると信じている。

■メモ　経済至上主義の脱却や分散型の国土づくり、地域共同体の絆の強化など、社会の在り方や生活様式を見直すことが真の防災につながるという考えは東海地震説を提唱した神戸大名誉教授の石橋克彦氏も2016年元日付で始まった本連載の序章で主張した。石橋氏は「今こそ大地震や気象災害は『国土の基本条件』との認識に、政治家が、国民が、立ち返る時」と語った。石橋氏も吉田明夫氏も、予知や予測の議論の重要性は認めつつ「地震大国」そのものの在り方に警鐘を鳴らしている。

第9章　平成の2・26事件（1）

2017.2.23朝刊

20年前の緊迫劇に教訓

藤枝のひずみ計　異常値

1997年2月26日午後1時半ごろ。気象庁2階にある現業室の空気が張り詰めた。東海地震の監視のために設置しているひずみ計のうち、藤枝市花倉（はなぐら）の計器が「異常な地殻変動」を示すデータを描き出した。東海地震の前兆か―。長い1日の始まりだった。

ひずみ計は、地殻の「伸び」や「縮み」を高感度で捉える観測機器。25メートルプールにビー玉を沈めた時のわずかな水面変化をキャッチできる感度がある。想定東海地震の直前にプレート境界で前兆すべり（プレスリップ）が始まれば、周辺の地殻もわずかに伸びたり、縮んだりする―。そんな仮定に基づいて観測網が整備されてきた。そのひずみ計が藤枝から、誤差範囲を超えて地殻の「伸び」を示すデータを送ってきたのだ。

「藤枝のひずみ計がおかしい」。気象庁7階の地震火山部長室。地震予知情報課長だった吉田明夫（72）が地震火山部長山本孝二（75）＝後に気象庁長官＝に異常を報告した。「本当なら大変だ。とにかく職員を現地に派遣する」。山本らはひずみ計に関して庁内で右に出る者はいないと言われた二瓶信一（70）に連絡を取った。二瓶は出先からすぐに車で藤枝に向かった。

二瓶が現地に着くまで2〜3時間はかかる。その間も吉田らはデータの解析に追われた。大きな変化は藤枝の1カ所だけ。真っ先に疑われるのは機器トラブルだ。だが天竜と榛原、浜岡のひずみ計にも小さな変化が見られることが気がかりだった。万が一もありうる―。

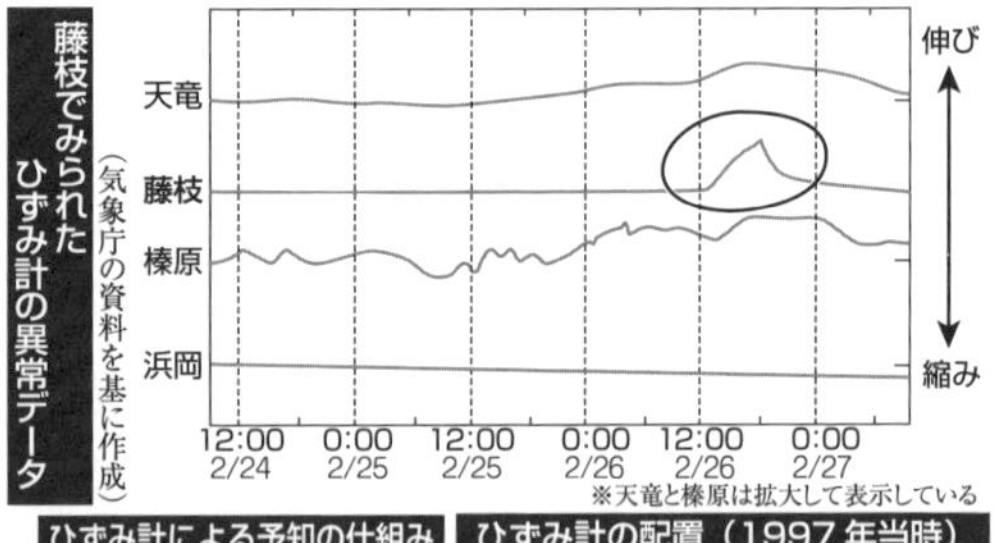

藤枝でみられたひずみ計の異常データ（気象庁の資料を基に作成）

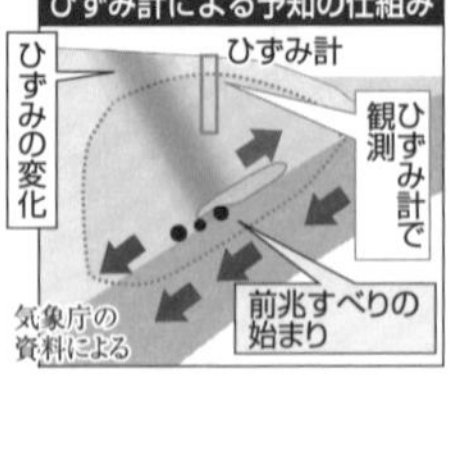

幹部ら5〜6人が現業の控室に詰め、検討を重ねた。異常現象が捉えられた場合に大地震の前兆と関連するかどうかを判断する「判定会」の招集基準にはまだ達していなかったが、委員に伝えて居場所を確認し「必要になれば来ていただく準備をお願いした」（山本）。山本や吉田は国民にも現状を早く伝える必要性を感じていた。「点検結果を待っていては遅い」。しかし当時は、何らかの異常があっても判定会を招集するまでには至らない〝曖昧な状況〟

を国民に公表する仕組みがなかった。

午後6時。気象庁は前例のない公表に踏み切る。臨時記者会見を開き、藤枝のひずみ計が異常値を示し、今も変化が続いている▽機器の故障の可能性もあり、担当者が現地に向かっている▽天竜、榛原、浜岡でも小さな変化が見られる――と手持ちの情報をありのまま発表した。

もともと国民への情報開示の重要性を訴えていた山本。異例の公表にも迷いはなかった。山本は「あの日を境にとにかく情報を出していこうという気象庁の方針が一層進んだ」と振り返る。

◇

ひずみ計が異常値を示し、関係者に緊張が走った出来事は「平成の2・26事件」と呼ばれている。明らかに異常な現象が観測された時にどう向き合うかという問題は大規模地震対策特別措置法(大震法)の見直しを含めた南海トラフ地震の防災対応の議論にも通じる。20年前の「事件」を改めて検証し、教訓を探る。

■メモ　藤枝のひずみ計異常をめぐる出来事について、広井脩・東京大社会情報研究所教授(当時)＝故人＝は県防災情報研究所の報告書で「『平成の2・26事件』と呼びたい今回の『ひずみ計の異常』は、情報の発信側、受ける側、その間にあって情報伝達を行う側、そのいずれにもさまざまな教訓を与える『事件』であった」と位置付けた。実際、気象庁は「平成の2・26事件」をきっかけに東海地震に関連する情報体系や判定会招集基準などの見直しを何度か重ね、「注意情報」や「調査情報」といった現在の仕組みに至っている。

第9章　平成の2・26事件（2）

2017.2.24朝刊

ひずみ計　繊細さに長短

データ即時公開には課題

藤枝市花倉のひずみ計に異常値が出ていると気象庁が発表してから30分後の1997年2月26日午後6時半ごろ。現地に到着した二瓶信一（70）は記者たちが既に観測小屋に押し寄せていたのを覚えている。二瓶は記者を横目に小屋の鍵を開けて中に入ると、真っ先に機器の電流値を調べた。針がふらついた。「すぐに故障だと分かった」

差動トランスと呼ばれる装置の電流値が正常の75ミリアンペアから63ミリアンペアに低下していた。電流値を調整し約1時間半後、データが正常に戻ったことを確認した。

午後8時。二瓶の確認作業を待っていた気象庁は再び会見を開き「機器の不調が原因。監視強化は解除する」と発表した。

約20年にわたってひずみ計に携わったベテランの二瓶だが、自身は「ひずみ計で東海地震が予知できるとは思っていなかった」と明かす。ただ、何らかの異常が観測された時は国民に知らせるべきだと考えていた。

「平成の2・26事件」の時間経過

午後1時20分ごろ	藤枝市花倉のひずみ計で「伸び」の変化始まる
午後1時30分ごろ	「伸び」の変化が継続 現業職員が異常を幹部に報告
：	周辺状況の把握 判定会委員への連絡 データ解析 二瓶信一氏を現場に派遣 静岡県が異常事態を把握
午後4時30分ごろ	伸びの総量が判定会招集基準の3分の1に達する
午後6時	気象庁が緊急記者会見 「藤枝のひずみ計で伸びの変化」 「機器動作不良の可能性もあり調査中」「天竜、榛原、浜岡でもほぼ同じころから小さな変化」
午後6時10分ごろ	静岡県が防災行政無線で県内市町村に通知
午後6時30分ごろ	二瓶氏が現地着。「差動トランス」の電流の低下が判明
：	電流の低下分で異常データが説明できるかを検討
午後8時	気象庁が2回目の記者会見 「機器の不調と確認」「監視強化は解除」
午後9時ごろ	藤枝市が機器の故障だった旨を同報無線で放送

※資料や関係者の証言を基に作成

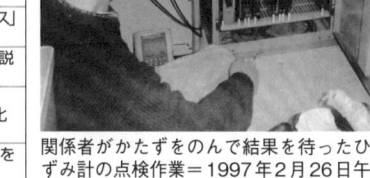

関係者がかたずをのんで結果を待ったひずみ計の点検作業＝1997年2月26日午後、藤枝市花倉

自治体はその時どうしたらよいかとマニュアルを求めるが、自ら判断してほしいとも考えていた。それが現状の態勢の限界だと。その上で「藤枝のひずみ計異常を公開したこと自体は確かな行動だった」と振り返る。

一方で気象庁が今、中央防災会議の調査部会の報告を受けて検討を迫られているひずみ計データの即時公開には否定的だ。ひずみ計は極めて繊細で気圧変化や月や太陽の引力、雨、人為的な活動などの影響を受ける。気象庁でも限られた人間しか読みこなせない。二瓶は「警戒宣言が出て一斉に社会活動が停止すればひずみ計の値はあちこちで大きく変化して混乱を招くだろう」とも指摘する。実際、正月と大型連休、お盆には各地の値が大きく変動している。企業の地下水のくみ上げや道路事情の変化が複雑に影響している証拠だ。

実はひずみ計による予知が想像以上に難しく、予知できないケースが多々あることが当時、地震予知情報課長だった吉田明夫（72）らの検討で明らかになっていた。吉田は言う。「前兆すべりが小さければ藤枝のみで異常が観測されている間に大地震が起きてしまう可能性も考えられた」。ただ、予知できない場合があると気象庁が正式に認めるのは２００３年。「当時はニュアンスが伝わるよう意を尽くしたが、真意は情報の受け手側に察してもらうしかなかった」。吉田が公表を強く求めた背景にはそんな思いがあった。

平成の２・26事件は、ひずみ計の異常値を目の前にした気象庁が、自らも判断が付かないことを初めて国民にありのまま伝えた出来事だった。では、〝本意〟は情報の受け手側に正確に伝わったのか―。答えは「否」だった。

■メモ　ひずみ計のデータについて気象庁は現在、補正や注釈などの処理を施した上で月１回公開している。中央防災会議の調査部会は2016年11月に大筋でまとめた報告書骨子案で、ひずみ計の観測網の拡充と合わせて観測データや解析結果の即時（リアルタイム）公開の重要性を指摘した。東海地域の計27地点に設置されたひずみ計のうち、現状で即時公開しているのは伊豆東部火山群の監視を兼ねた１地点（東伊豆町奈良本）だけ。実現には課題が多く、地震予知情報課の担当者は「方向性としてはいずれ即時公開したいが、検討はまだまだこれから」と話す。

第9章　平成の2・26事件（3）

2017.2.25 朝刊

県、続報なく十分動けず

〝意味合い〟説明に苦慮

「確認のため現地へ職員を派遣する」。1997年2月26日午後。県地震対策課の主査岩田孝仁（62）＝現・静岡大防災総合センター教授＝は気象庁が掛けてきた一本の電話から、藤枝市の体積ひずみ計が異常値を示している事態をつかんだ。内々で届いたグラフの線形は「変化がリニア（直線的）で自然現象には見えなかった」ものの、課長の花岡志郎（71）にすぐ報告を上げた。「大騒ぎになるかも」と伝えた。

東京出張中の課長補佐小沢邦雄（72）は県庁から状況を知らされた。ただ、ひずみ計の動作不良が原因で異常値が出た前例がいくつかあっただけに、「今回は何が違うのか」と疑問を抱きながら気象庁に急いだ。

知事の石川嘉延（76）は「東海地震に結び付く現象ならば複数の（観測）地点で同じようなことが起こり得たが、あの時は主に1カ所だったから」と冷静に受け止めた記憶が強い。半面、「軽くは扱えない情報」との感覚もあったという。

夕方になって気象庁から発表方針が伝わると、同課は慌ただしさを増した。花岡は必要な態勢を整えるとともに、退庁する課員に「今日は飲酒を控え、いつでも（県庁に）駆け付けられるように」と指示した。

午後5時51分。6時から予定されていた記者会見の報道参考資料が県庁に送られてきた。前後してマスコミが押し寄せ、課内は騒然とした雰囲気に。当初は報道対応や市町村への通報に追われた。ところが、次第に「中途半端な状態に置かれた」と岩田は明かす。市町村に続報を出したくとも、頼みの気象庁から新たな情報が来ない。動くに動けず、「待ってください」と言うしかなかった。約2時間後にひずみ計の誤作動と分かり緊張感から解放されるまで、悶々と時間だけが過ぎた。

〝事件〟から20年。大規模地震対策特別措置法（大震法）の枠組みから外れた超法規的な気象庁の判断を、石川は今でも危機管理や情報公開の観点から「評価できる」と言い切る。

ひずみ計の異常値の発表を受け、マスコミが押し寄せた県地震対策課＝1997年2月26日午後、県庁

ひずみ計の管理点検の在り方に一石を投じ、担当部門には事実上の訓練にもなった。「そういうふうに考えると決して無意味ではなかった」と思う。

一方で、県として、情報の持つ「意味合い」の説明に課題が残った。「異常なデータを前に悩んでいる」「万が一もあり得るだけに、現状を知らせる」といった気象庁の真意をくみ取り、自発的に発信するところまでは踏み込めなかった。それが結果的に、「考えていたほど（社会が）混乱しなかった」（岩田）という市町村や県民の鈍い反応につながっていく。

■メモ　藤枝市の体積ひずみ計が異常を示した当日、県庁では地震対策課の担当者やスペクト（緊急防災支援室）の職員ら12人が待機した。気象庁から公式に情報が届くと、「現在記者会見中だが、その詳しい状況については早期に入手することとしている」との一文を加え、全市町村や出先機関に転送した。

5日後の県議会2月定例会では当日の様子が質問に取り上げられ、石川嘉延知事は「緊急対応で貴重な教訓となった」と答弁している。

第9章　平成の2・26事件（4）

2017.2.26朝刊

市町村、なすすべなく

情報出せず　住民〝置き去り〟

「テレビで『花倉』と聞いて驚いた。町内からの問い合わせも多く気になって見に来た」。1997年2月26日午後7時ごろ、気象庁の体積ひずみ計が設置された藤枝市花倉の観測小屋。地元町内会役員の男性が、異常数値を示した観測機器の点検作業を心配そうに見詰めながら取材に答える様子が、当時の静岡新聞に記されている。

地震発生直前に現れる地殻の変化かもしれないと心配されたひずみ計の異常。ニュースの〝震源地〟となった花倉にも、藤枝市からの情報提供や説明はなく、ニュースの意味を測りかねた住民はどうしていいのか分からないまま、ことの成り行きを見守った。

「重大事案ならば市から何か連絡があるはず」。町内会長だった奥山正春（80）はそう考えていた。だが、同報無線などが一報を伝える気配はなく、テレビやラジオでニュースを見聞きしなかった住民は、関係者に緊張が走るような異常が検知された事実そのものを知らずにいた。

1997年にひずみ計が異常数値を示した藤枝市花倉の気象庁の観測小屋。町内会役員だった石上勝樹氏は20年前の夜を改めて思い返している＝2017年2月中旬

藤枝市行政課防災対策担当の主任主査だった中田久男（59）＝現市危機管理監＝は午後6時半ごろ、帰宅途中に係長から「花倉のひずみ計に異常が出たらしい」と連絡を受け市役所に引き返した。「係長の声は緊迫した感じだった。『いよいよ東海地震か』と思い、いい気持ちはしなかった」と振り返る。

閉庁後の市役所でぽつんと明かりのともる行政課。手元にあったのは、県から流れてきたひずみ計の異常に関する「訳の分からない情報」（中田）。電話は報道機関からばかり。中田は「住民からの問い合わせはなかった。ほどなく機器の故障と分かり、避難を促すなど次の段階には至らなかった」と言う。

市長を務めていた八木金平（95）は当時の本紙取材にこう答えている。「（気象庁が会見した午後6時ごろから）故障と分かる（8時ごろ）までの2時間、本当に落ち着いていられなかった。中央から情報は流れてきたが難しくて、具体的に何をしていいか分からなかった。今後検討しなければならない問題が多く残った」。市民と接する防災の第一線の苦悩がにじむ。

「機器故障」と原因が究明され、藤枝市が同報無線で初めて市民に呼び掛けたのは午後9時すぎ。気象庁の〝安全宣言〟から1時間がたっていた。中田は「『今更放送しても仕方がない』と言う人もいたが、協議し『それでも流しておくべきだろう』ということになった」と回想する。

「事なきを得たからよかったが、本当に地震がきていたらどうなっていたか」。花倉町内会の役員だった石上勝樹（79）は、20年前の夜を改めて思い返している。

■メモ　当時の県内74市町村の防災担当部署のうち、藤枝市花倉の体積ひずみ計が異常数値を示した旨の連絡を県から受けて住民に一報した例はなかった。県民はテレビやラジオでニュースを見聞きするか、人づてで情報を覚知しない限り、東海地震の前兆かもしれないと心配された事態の発生を知り得なかったことになる。原因が「機器の故障」と究明された後、てんまつを同報無線で住民に報告したのも藤枝市だけだった。

第9章　平成の2・26事件（5完）

2017.2.27朝刊

情報読み解く力が必要

大震法見直しでも論点に

藤枝市の体積ひずみ計が異常値を示した翌日の1997年2月27日。静岡市の県地震防災センター内の県防災情報研究所で、朝からスタッフが3台の電話機をフル稼働させた。通話の相手は一般県民。ひずみ計の異常という情報を受け、どう行動したかを聞き取るのが目的だった。

「片っ端から各地へ電話をした」と振り返るのは所長だった県OBの井野盛夫（79）。1日かけて300人分の回答を集めると、特徴的な傾向が浮かび上がった。

情報を認識していたのは半数を上回る166人で、そのうち64%が「すぐにでも地震が起きる」「東海地震の前兆として重要」と捉えていた。当時は東海地震説の浮上から約20年。2年前の阪神大震災の記憶も生々しく、日常的に地震に敏感な県民の様子が一定程度はうかがえた。

問題はその先にあった。情報を把握した後の具体的行動を問うと、「何もしなかった」との回答が85人（情報を知った人の51％）に上った。

井野は「設問を作る時、われわれが期待する答えを準備しておいた」と明かす。四つの選択肢の一つ「テレビやラジオでニュースを積極的に聞いた」がそれに当たる。藤枝の異常が続くのか、周辺のひずみ計にも変化が出ないか―。切迫性が不明な状況ではその後の情報に注意するのが理想的。そのはずだったが、実際は51人（同30％）にとどまった。

なぜか―。井野は「おそらく多くの県民が、情報の持つ意味が分からなかったのでは。『ひずみ』という言葉も浸透していなかった」と推測する。情報を知って何となく地震に関することだと意識したが、次の行動のイメージが湧かない。「だから『何もしなかった』のだろう」

行政サイドの解説的な言葉が不足していたのも大きかった。この反省は紆余（うよ）曲折を経て現在の「調査情報（臨時）」に至る東海地震の情報体系の変遷につながった。

20年前の調査結果を見直す井野盛夫氏。「日常から地震について市民に考えてもらうことが必要」と話す＝2017年2月上旬、静岡市葵区

防災畑を歩み、東海地震対策に打ち込んできた井野にとって今の気がかりは、以前に比べて地震に対する世の中の関心が希薄になっているように感じられること。大規模地震対策特別措置法（大震法）を含む南海トラフ地震対策の見直しは、不確実な情報をどう防災対応に生かすかという視点で議論が進む。しかし、その意味を一般市民が考え理解し、備えるところまでつなげてもらわねば、絵に描いた餅になりかねない。

「防災リテラシー（情報を読み解く力）の普及をこれまで以上にやっていかないと」。情報の出し手、受け手の双方に多くの教訓を残した「平成の2・26事件」。見つめ直すと、その思いが強くなる。

■メモ　県防災情報研究所が行った調査では、藤枝市のひずみ計異常の情報入手手段も聞いていて、情報を知っていた人の大半が「テレビ」を挙げた。SNS（ソーシャルメディア）が現在のように発達していなかった当時、テレビが最も速報性を有する情報源だったことが分かる。ただ、東京大社会情報研究所の教授だった広井脩氏（故人）は調査の報告書で、一部に報道の遅れがあった点を指摘し、各メディアがどのように伝えたかについても「追跡が必要」と提起していた。

2017.3.25 朝刊

脆弱性と切迫度で判断

大震法見直し　内閣府案

内閣府は24日、不確実な地震発生予測に基づく防災対応の在り方について、地域や住民個々に異なる「地震や津波に対する弱さ（脆弱＝ぜいじゃく＝性）」と、地震の「切迫度」という二つの条件を組み合わせてレベル分けを図る考えを示した。大規模地震対策特別措置法（大震法）見直しを含めた南海トラフ地震の防災対応を検討する中央防災会議有識者ワーキンググループ（作業部会）の第４回会合で、事務局案を提示した。

「脆弱性」は、海からの距離や標高▽避難行動に時間がかかるか▽（住居などに）耐震性があるか▽（地域に）避難施設が整備されているか―などで決まり、地域や集団の特性によって大きく異なる。地震の「切迫度」も地震発生予測を出した時の状況や時間の経過で変わるため、両者を組み合わせて防災対応をレベル分けする考えだ。

例えば、津波がすぐに来るような地域は脆弱性が高いとみなし、地震の切迫度も高い場合は「全員避難」レベルとなる。時間とともに切迫度が下がれば全員避難の必要はなくなり、場合によって「平時の備え」レベルに戻る。一方、津波が来るまでに猶予がある地域は脆弱性が低いとみなし、地震の切迫度が高くても、高齢者だけが避難したり、避難場所や備蓄を確認したりする程度の対応レベルにとどめることもある。

また、地震が起きないまま対策が長期化した場合の影響をできるだけ軽減するために、レベル分けに際しては小売店や公共交通機関の営業、物流の確保、石油やガスの供給などの継続性を一体的に考慮する必要があるとした。

対応具体化に課題

方向性おおむね同意―部会委員

不確実な地震発生予測に基づく防災対応を巡り、24日に開かれた4回目の中央防災会議有識者ワーキンググループ（作業部会）。議論の中心となった防災対応の「レベル化」について、委員らは方向性にはおおむね同意した。ただ、この日は概念整理が示されたにとどまり、具体的な中身を詰めていく作業には「難しさがある」といった指摘も相次いだ。

内閣府が提示したのは「切迫度」と「脆弱（ぜいじゃく）性」の二つの条件を掛け合わせてリスクの大小を表し、それに応じてレベル分けした防災対応を取る案。委員からは「大枠としては賛成」「基本的にはこういうやり方しかない」などの声が上がった。

切迫度に関しては、南海トラフの震源域で起きていることをなるべく早く専門家が評価、発信しないと「次に何かを考えていくときの手がかりがない」と訴える委員があり、現在の大規模地震対策特別措置法（大震法）の枠組みで組織された地震防災対策強化地域判定会のような観測・評価の体制を構築するよう求めた。

これに対し、田中淳委員（東京大大学院総合防災情報研究センター長）は「『切迫』と言うと、地震研究者に対する負担が大きすぎる」とし、防災対応が長期化した場合などに市

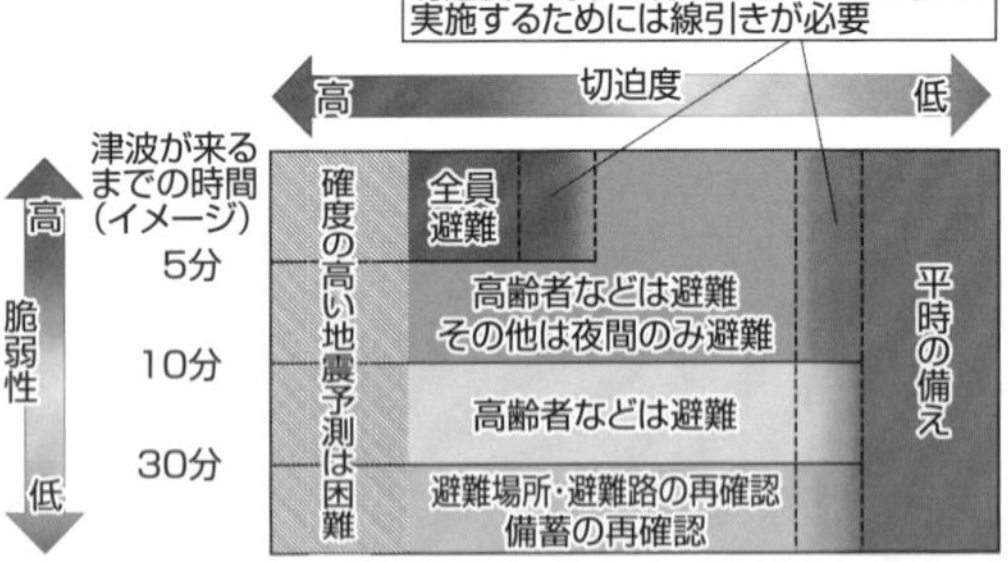

防災対策のレベル化のイメージ（津波からの避難対策の場合）
※自主的な避難もありうる（内閣府の資料などを基に作成）

民がどこまで許容できるかの「受忍限度」も考慮すべきと主張した。平原和朗委員（地震予知連絡会長）も「切迫」の程度によって市民の「耐久度」には差が出るとの見方を示した上で、「サイエンスの側から（切迫度を）言うのはなかなか難しい」と述べた。

一方、尾崎正直委員（高知県知事）は脆弱性には「ものすごく多様な軸がある」とし、一定のガイドラインを作り脆弱性に関する判断を地方に促す必要性を提起した。田中委員は「精度のある情報を出すのが難しいとなると、当然かなりの自己判断を求めることになる。（脆弱性を判断するための）対象を明確に決めても想定通りにいかないのではないか。脆弱性（の考え方）の幅を広げた方がいい」とした。

第10章　地震学と社会（1）

2017.4.3朝刊

三重沖地震で実力露呈

「限界」国民の納得不可欠

２０１６年４月１日。京都大防災研究所教授の橋本学（60）は出張途中にＪＲ浜松駅で新幹線が停止し、三重県南東沖でマグニチュード（Ｍ）６・５の地震が起きたことを知った。南海トラフ地震に影響するかもしれないと気象庁や研究者を緊迫させた約70年ぶりのＭ６超のプレート境界地震。しかし、南海トラフ地震との関係は気象庁や政府地震調査委員会でも十分評価できたとは言えない。橋本は「それが地震学の実力」と指摘する。

東海地震の監視データを検討する気象庁の地震防災対策強化地域判定会は24日後に開いた定例会で三重県南東沖の地震を非公開で議論している。開示資料によれば気象庁側は「南海トラフ大地震に対する影響」として数値計算結果を示し、仮に（一般に１００～１５０年間隔で発生するとされる）次の南海トラフ地震までの期間の80～90％が経過し次の発生が迫っていた場合、Ｍ６・５程度でも大地震を誘発する可能性がある―とした。その上で「おそらくまだ満期にはなっていない」としてすぐに大地震につながる可能性を否定した。

地震学の実力を整理した中央防災会議の調査部会。委員の橋本学氏（右端）は「不確実な情報しか出せないことに国民の納得が不可欠」と指摘する＝2016年11月1日、都内

だが、次の巨大地震が実際にいつごろ〝満期〟を迎えるかなど、はっきりとは分からない。三重県南東沖の地震が大地震につながりそうか否かを判断するために気象庁ができたことは事実上、ひずみ計などの観測網に異常が出るかどうかを監視することだけだった。

三重県南東沖地震から1年がたつ今、南海トラフ地震との関連はよく分からないまま何となく危機は去ったかのような扱いになっている。橋本は「こんな現状では『警戒宣言』のような強制力を持った地震予知などとてもできない」と主張する。橋本は13年に「確度の高い地震予測は困難」と報告した中央防災会議調査部会の委員。今回の大規模地震対策特別措置法（大震法）の見直し議論にも調査部会の委員として関わっている。

「そもそも地震予知研究の出発点を総括しないといけない」。橋本が指すのは半世紀前の１９６２年に研究者有志が発表したリポート「地震予知　現状とその推進計画（通称ブループリント）」だ。当時「地震予知がいつ実用化するか10年後には十分な信頼性をもって答えることができるだろう」と楽観視したこのリポートを基に日本の予知研究が始まり、今に続いている。

橋本は「南海トラフで異常が観測された時には、しかるべき機関が何らかの情報を発信することと自体は混乱防止のためにも必要」とした上で、「目指してきたような地震予知はできないと国や地震学会がはっきり認め、国民に地震学の限界を納得してもらっておくことが不可欠だ」と訴える。

◇

地震予知を前提とした大震法に基づく現行の仕組みは強い社会規制を伴い、地震学の実力を超えていると指摘されている。では、地震学は現状でどの程度の〝事前情報〟を出せるのか―。過去の事例を検証し、「不確実な予測」を基に何ができるかの足掛かりを探る。

■メモ　研究者有志グループが1962年1月に発表した「地震予知　現状とその推進計画」は地震予知の実現可能性を知るために必要な観測網の整備計画などを提言し、それを基に65年、日本の地震予知計画が始動した。地震学の進展や観測網充実に貢献したという評価の一方、当時想定していた「いつ」「どこで」「どのくらいの規模の」という3要素を満たす地震予知はできないことを認めるべきとして総括を求める声も根強い。

第10章　地震学と社会（2）

2017.4.4 朝刊

観測網充実し異常捕捉

受け手主体の備えに期待

三重県南東沖で2016年4月1日に発生したマグニチュード（M）6・5の地震。南海トラフ地震との関係ははっきりしないが、震源付近に展開された観測網は発生メカニズム解明の糸口に迫る成果を上げていた。原動力は海洋研究開発機構が整備した地震・津波観測監視システム「DONET」と日米欧など多国間のプロジェクトによる「長期孔内観測装置」だった。

11月、同機構は観測網で得たデータと、これまでの海底下の地殻構造探査の結果を関係機関と連携して統合的に解析し、「南海トラフの東南海地震想定震源域で、72年ぶりに発生したM6以上のプレート境界地震だと明らかにした」と論文で発表。この地域でのひずみ蓄積の進行が示されたと、警鐘を鳴らした。

「プレート境界で起きたなら、その後に大きな地震につながる可能性もあった」。同機構地震津波海域観測研究開発センター地震津波予測研究グループリーダーの堀高峰（47）は、三重県南東沖地震が発生後を注視する必要のある地震だったと振り返る。

震源の上を覆うように敷設されたＤＯＮＥＴは発生時に海底面が数センチ沈降し、半月ほどかけてさらに数センチ沈降して収束した実態を捉えていた。発生の３日ほど後からより沖合でゆっくり地震の活動も活発になったが、しばらくして落ち着いた。堀は、地震が起きた後のこうした推移を「しっかりと見られる」ことがＤＯＮＥＴのような観測網を置く意義の一つだと指摘する。

逆に、現象が続いていたらどうだったのか。「注意してほしいということになる」。堀の言葉はまさに、大規模地震対策特別措置法（大震法）を含めた南海トラフ地震対

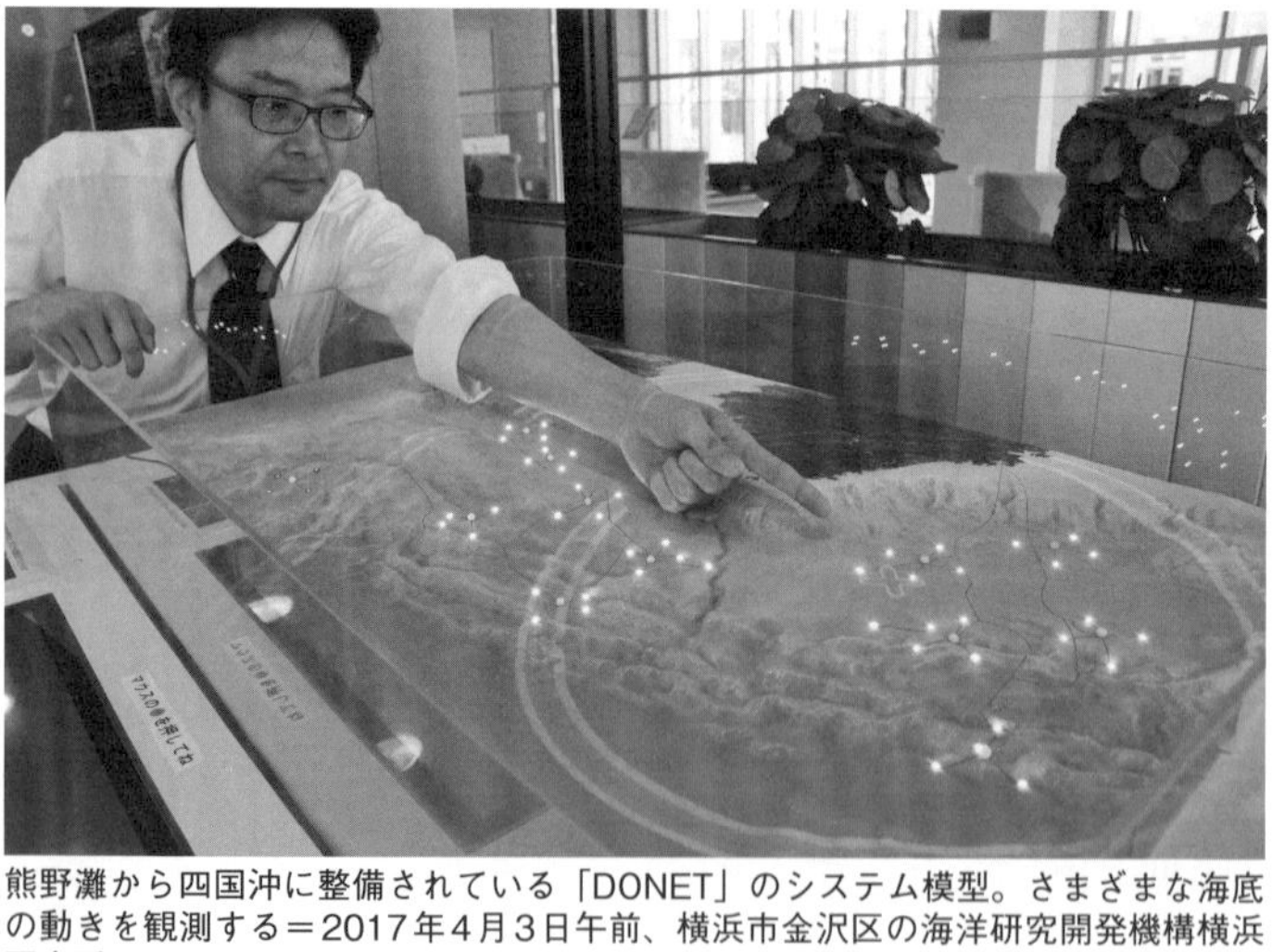

熊野灘から四国沖に整備されている「DONET」のシステム模型。さまざまな海底の動きを観測する＝2017年4月3日午前、横浜市金沢区の海洋研究開発機構横浜研究所

策の見直しで焦点となっている「不確実な発生予測」に通じる意味合いを持つ。

現状の地震学には大震法の警戒宣言の根拠となる確定的な地震予知の実力はない。一方で、最新の観測網を生かして今起きていることや次の可能性を複数説明できる力は付きつつある。確度が低い予測でも、情報に基づいて自治体や企業、地域コミュニティーなどさまざまなレベルで主体的に備えれば、災害に強い社会につながるはず—というのが堀の考えだ。

ただ、社会に役立つように情報の質を磨き上げていくには課題も多い。南海トラフ全体の海域観測網は、西側の高知県沖から日向灘が〝空白域〟。政府の地震調査研究推進本部は3月末、このエリアへの観測網整備の基本的な考え方をまとめたが、コスト面の議論も避けて通れない。堀は「日常的な状況監視や国土の安全・安心を守るためのネットワークという意味で考えてほしい」と研究者の思いを口にする。

■メモ　海洋研究開発機構による海底の地震・津波観測監視システムは、紀伊半島沖熊野灘の「DONET1」と紀伊水道から四国沖の「DONET2」があり、計51の各観測点は強震計や水晶水圧計で構成される。文部科学省の受託研究などとして整備され、費用は1と2合わせて約200億円。現在は防災科学技術研究所に移管されている。長期孔内観測装置は清水港を事実上の母港とする地球深部探査船「ちきゅう」が掘削した海底下の孔内に地震計やひずみ計、傾斜計、間隙水圧計を設置。紀伊半島沖の2基がDONET1に接続され、データを陸上でリアルタイムに受信できる。3基目の設置準備も進む。

2017.4.5朝刊

ひずみ計〝実戦〟で一役

重要局面で判断材料提供

２００９年８月11日。気象庁が監視する想定東海地震の震源域内の駿河湾でマグニチュード（Ｍ）６・５の地震が発生した。県内は最大震度６弱の揺れに見舞われた。プレート境界型地震でないことはすぐに判明したが、複数のひずみ計は地震後もゆっくりした変化を示し続けた。地震防災対策強化地域判定会（判定会）の臨時招集に至った初めての地震になった。

「地震のメカニズムを見て東海地震とは直接つながらないと一瞬思ったが、ひずみ計の変化が続いているのが気になった」。当時気象庁地震予知情報課長だった愛知工業大教授横田崇（62）＝内閣府参与＝が振り返る。ひずみ計の変化は駿河湾の地震の余効変動（地震が起こった後に生じる地殻の変動）が原因と推測されたが「当時はまだ余効変動自体について理論がなく、どんなデータが出るのかよく分かっていなかった」。

横田は判定会の会長だった阿部勝征（故人）に現状を報告した。阿部は「おそらく駿河

駿府城跡の石垣が崩れるなどの被害があった駿河湾の地震。判定会が初めて臨時招集され、東海地震との関連性を調査した＝2009年8月11日、静岡市葵区

湾の地震の余効変動だろう」としながらも、ひずみ計が示す余効変動のデータの中に東海地震の前兆につながる異常なデータが紛れ込んでいる可能性もあることを懸念し、判定会の臨時打ち合わせ会を提案した。

前例のない招集は大規模地震対策特別措置法（大震法）制定当初に想定された「委員がパトカーで物々しく駆け付けるイメージ」とは懸け離れ、比較的冷静に行われた。結果的にひずみ計の数値の変化は収まり、気象庁は発生から約6時間後、「想定される東海地震に結び付かない」とする〝安全宣言〟を発表した。

国の中央防災会議「南海トラフ沿いの大規模地震の予測可能性に関する調査部会」は16年10月、大地震につながる可能性があるとして社会の混乱が想定される具体的な異常のケースを四つに分類した評価案を示した。駿河湾の地震は、ケース2の「想定震源域で前震になるかもしれないM7級の地震が起きた場合」に類似し、規模の大小を除けばそのものと言ってもよかった。

ひずみ計に依存した防災対策の限界を指摘する声はあるが、駿河湾の地震は、陸域を中心に整備されたひずみ計のデータが安心材料を与え、社会に貢献した出来事だった。データは、異常事態を解除する根拠にもなった。横田は「長期的な評価に向くGPS（衛星利用測位システム）と違い、ひずみ計はリアルタイム性が高い。極めて重要な局面でひずみ計のデータが使われた」と意義を話す。

■メモ　駿河湾の地震で、気象庁は発生から約6時間の間に計3回、「東海地震観測情報」を出した。観測情報の基準は「東海地震の前兆現象と直ちに判断できない場合」や「発生した地震が直ちに東海地震に結び付かないと判断した場合」だったが、東海地震の発生あるいは発生の可能性を知らせる情報と受け止めた市民は多かった。駿河湾の地震をきっかけに気象庁は2011年、観測情報を「調査情報（臨時）」に名称変更した。

2017.4.6朝刊

予知の不確実性〝補完〟

使命帯びた緊急地震速報

経過時間1秒、2秒、3秒—。秒数のカウントとともに画面上に青と赤、二つの円が波紋のように広がっていく。気象庁がインターネットで公開している緊急地震速報のシミュレーション。青い円が初期微動を引き起こすP波、赤い円が大きな揺れを引き起こすS波という2種類の地震波を表している。緊急地震速報はP波の方がS波より速く進む特性を利用して揺れの到達前に警報を出す仕組みだ。

シミュレーションは緊急地震速報の評価や改善を行う有識者検討会の資料として公開されている。あくまで仮定に基づく一例だが、仮に南海トラフ地震が和歌山県の潮岬沖を震源に起きたケースを想定すると、静岡県は地震発生から約13秒後に緊急地震速報が出され、30秒過ぎから揺れ始める。この場合、速報を受けてから揺れが来るまで20秒ほど猶予があることになる。

実際はどこが震源になるか分からず、全く間に合わない可能性もある。しかし、緊急地震速報が出た時にどうするかを日ごろから考えておく大切さをシミュレーションは教えてくれる。

Ｐ波とＳ波の速度差を利用した地震の早期警戒システムは１９８０年代から国鉄をはじめ各機関で研究が進んでいた。気象庁が実用化に本腰を入れたのは２００３年。技術開発や必要な地震計の整備にめどが立ったという背景はあるが、東海地震の情報体系を見直して「注意情報」を新設した時期と重なる。

それまでは東海地震の監視網で前兆の可能性がある異常データが観測された際、国民に防災対応を促す情報は強い社会の規制を伴う「警戒宣言」しかなく、白か黒かの判断が求められていた。社会の規制を緩和した「注意情報」という〝灰色情報〟の新設は「気象庁が予知の不確実性を正式に認め、方針転換した節目と言える」（元気象庁幹

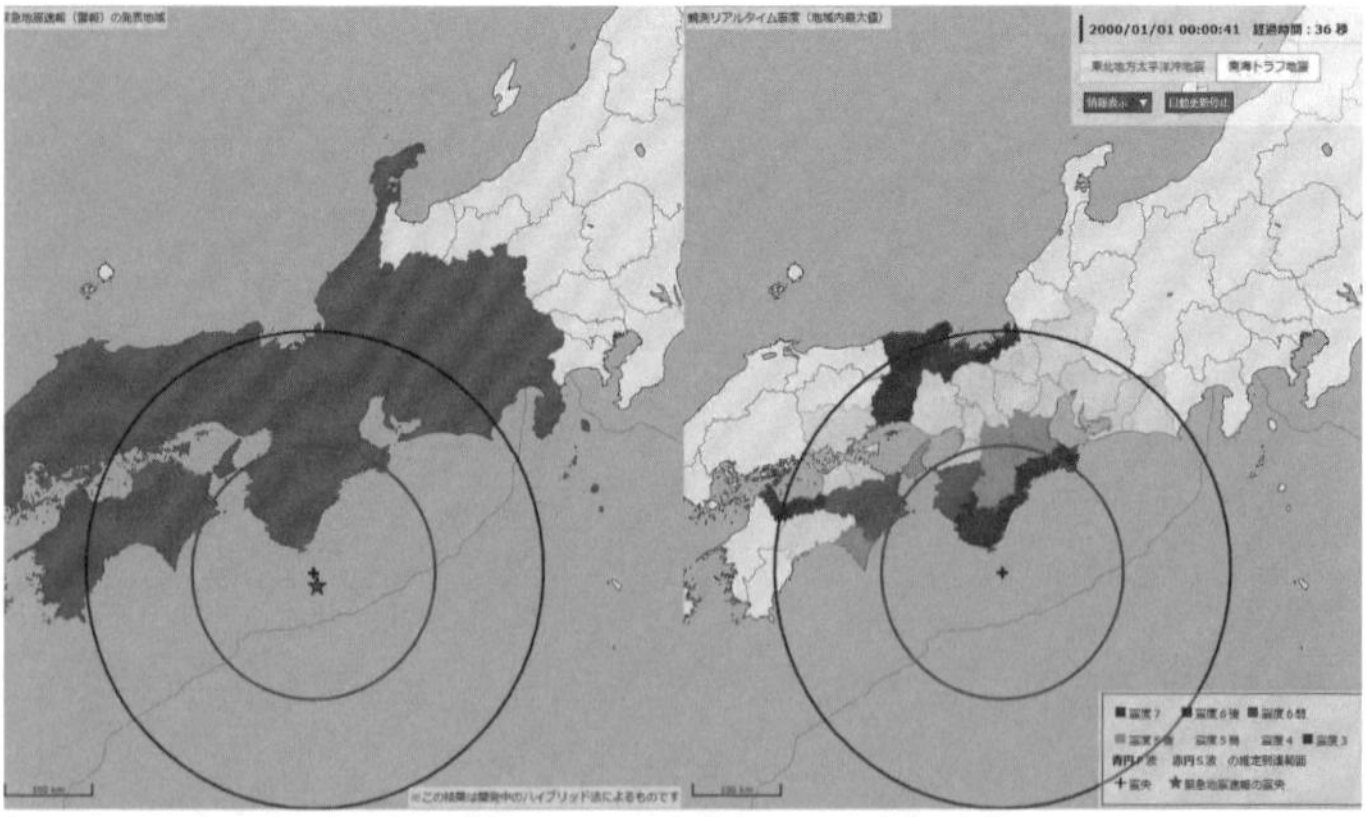

気象庁が評価・改善検討会の資料として公開した緊急地震速報のシミュレーション。左側は警報発表地域、右側は各地域の震度

部）。予知の不確実性を補完するかのように実用化が急がれたのが緊急地震速報だった。

「東海地震の予知ができればほとんどの命が助かる。しかし、できなかった場合でも何とかして人々の命を守りたいと実用化を進めたのが緊急地震速報だった」。気象庁長官として緊急地震速報の実用化に向けたレールを敷いた山本孝二（76）が当時の思いを明かす。

事実、03年に緊急地震速報（当時の呼称は「ナウキャスト地震情報」）の実用化を目指す政府検討会の議論が始まった時、当面のテーマは緊急地震速報を東海地震対策にどう活用するかだった。「予知は現状では難しく不確実かもしれないが、諦めずに緊急地震速報のようなほかの減災方法と組み合わせて効果を上げてほしい」。山本はそう願っている。

■メモ　緊急地震速報には予測震度5弱以上で出す「警報」と予測震度3以上か予測マグニチュード（M）3･5以上で出す「予報」がある。テレビなどで速報されるのは警報。運用が始まった2007年から17年3月末までに183回発表されている。予報は1万1343回。原理的に震源に近い地域では間に合わなかったり、ほとんど猶予がなかったりする場合も少なくないが、列車やエレベーター、工作機械の緊急停止など自動制御には役立つことも多い。気象庁は有識者による評価･改善検討会を設置して精度向上に努めている。

第10章　地震学と社会（5）

2017.4.7 朝刊

異常知らせる解説資料

活用、市民の防災意識次第

まもなく発生から1年を迎える熊本地震。その4カ月ほど前の2015年11～12月、熊本県の北部に位置する菊池市でマグニチュード（M）1・9～3・2の地震が相次いだ。深さは10キロ前後で、最大震度1～3の有感地震が計15回観測された。

地震が群発したことを受けて福岡管区気象台と熊本地方気象台は12月8日、「地震解説資料」をホームページで公表し、防災関係機関や報道機関に向けても発表した。地震活動が活発化している現状を伝え、「地震はいつどこで起きるか分からない」として家具の固定などを呼び掛けた。

解説資料の発表後に地震活動は終息したため、解説資料の〝効果〟は「不明」（同気象台）。熊本地震との因果関係も明らかではない。ただ、通常とは異なる地震活動があった時、どのような情報をどう発信するかという点で、南海トラフ地震対策の見直しで焦点になっている「不確実な予測」の論議に通じ、貴重な教訓を残す。

群発地震の震源域付近で商店を営む高宗義文（62）は「自分で揺れを感じた以外にも、新聞やテレビで地震が相次いでいることを知った。いつか大きい地震がくるのではと思い、家族で避難経路を確認し、枕元にスリッパやヘルメットを準備した」と振り返る。熊本地震では震度６強の揺れに見舞われ家屋は倒壊したが、家族は無事だった。

　解説資料は、震度５弱以上の地震を観測した時などに全国一律の基準で発表される。基準を満たさない場合でも、各気象台が社会的関心が高いと判断すれば公表される。同気象台地震津波防災官の甲斐禎朗（53）は「菊池市一帯はもともと地震活動が活発な地域だが、今回は特に頻発し、市民の問い合わせも多く関心が高いと判断した」と語る。同気象台が社会的関心を理由に発表したのは、記録が残る２００５年以降初めてだった。

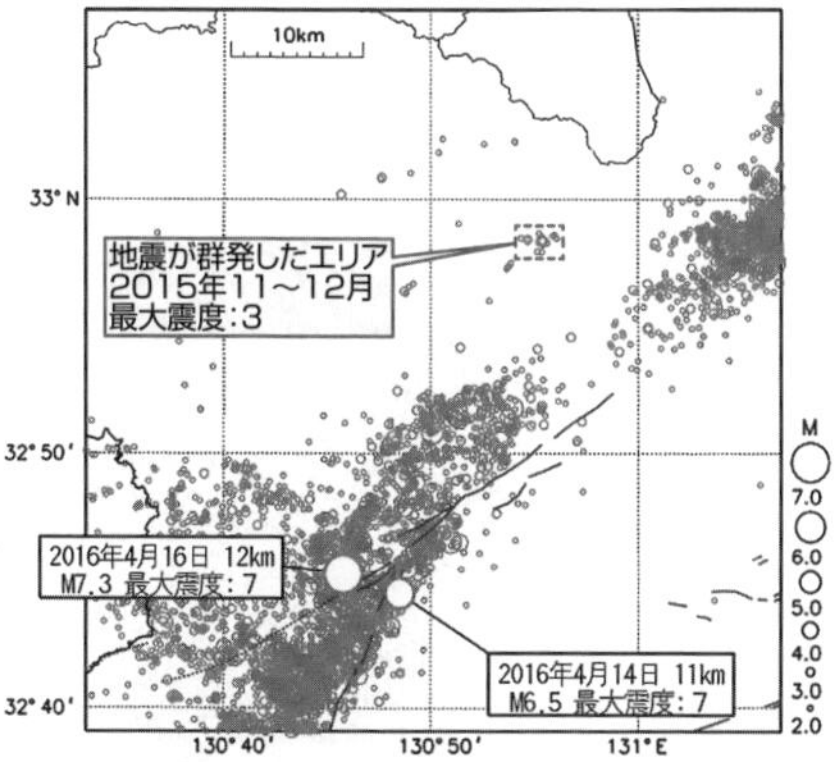

熊本、阿蘇地方で地震の群発が始まった2015年11月以降に発生したマグニチュード2以上の地震の分布図（福岡管区気象台提供の図に加筆）

　同気象台の解説資料は、地震活動の状況を淡々と伝えるだけ。活発化の原因や今後予想される地震の規模などは示されておらず、情報の意味合いは分かりづらい。甲斐は「将来の地震を予測することは困難。客観的事実を伝えることに徹している」と説明する。

地震の観測網が充実している南海トラフの震源域でも、精度の高い予測が困難なのは同様だ。では、いざという時に混乱を招かず、かつ分かりやすい情報の伝え方とは―。甲斐は、防災関係機関が連携した啓発の重要性と、情報の受け手である市民に防災情報への関心を高めてもらう必要性を挙げ、「日ごろが大切」と強調する。

■メモ　気象庁が2013～14年にかけて行った地震解説業務の見直しで、都道府県や市町村計745機関にアンケート調査した結果、地震津波の概要をまとめた「地震解説資料」を知っているのは6割にとどまった。自治体側から要望が多かったのは、地震活動の推移の予測や余震の見通しだった。県内では御前崎付近を震源として15年8月29日から9月1日にかけ最大震度3の有感地震が発生した際、静岡地方気象台が社会的関心の高さを根拠に解説資料を発表した。地元住民や専門家からは早めの情報発信を求める声も上がった。

第10章　地震学と社会（6完）

2017.4.9朝刊

議論のバトン国民にも

不確実な予測　どう生かす

　南海トラフで大地震につながるかもしれない異常が観測されたらどんな防災対応が必要か――。3月24日に都内で開かれた中央防災会議の南海トラフ沿いの地震観測・評価に基づく防災対応検討ワーキンググループ（有識者作業部会）。内閣府は大地震の「切迫度」と、地域や人で異なる「脆弱（ぜいじゃく）性」の二つの尺度で危険度（リスク）を判定し、防災対応をレベル分けする考えを示した。

　委員からは方向性におおむね賛同の声が上がった一方、切迫度を現在の地震学でどこまで判断できるかへの疑問も示された。情報を出して地震が起きずに長引いた場合、経済活動や個人の生活に大きな影響を与えかねない――。「サイエンスにとてつもない負担がかかる話になるかもしれない」「切迫というと地震研究者の負担が大きすぎる。もう少し社会で受け止める表現にする必要がある」などの指摘が相次いだ。

　例えば南海トラフの震源域が半分だけ割れて半分が割れ残る、いわゆる「半割れ」状態の場合（ケース1）。東海地震と南海地震の時間差発生が懸念される事態だ。大震災が起きているさなかに隣接地域でも大地震が懸念され、社会の混乱が予想される。両地震の発生時間差は歴史的に分かっているだけで「ほぼ同時」や「約2年」など幅がある。〝割れ残り〟が大地震を起こす確率は明らかに高まるが、いつ起きるとは言えず社会は数年単位の警戒が求められる。

複数の委員は地震学による切迫度の判断とは別に、どの程度の期間なら避難や事業の停止を我慢できるかという社会と市民の「受忍限度」「耐久度」を推し量る考え方も欠かせないと口をそろえた。

一方、「脆弱性」は地域や人がどれだけ地震や津波に対して弱いかを表す尺度。大地震の可能性が普段より高まった時、例えば脆弱性の高い地域の住民や高齢者には避難を呼び掛ける。脆弱性が低い地域や人には避難場所や避難経路、備蓄の再確認程度の対策にとどめてもらう。

レベル分けの背景には、地震の発生予測が不確実であることに加え、大規模地震対策特別措置法（大震法）制定から約40年がたち、自治体や企業の地震・津波対策が一定程度進

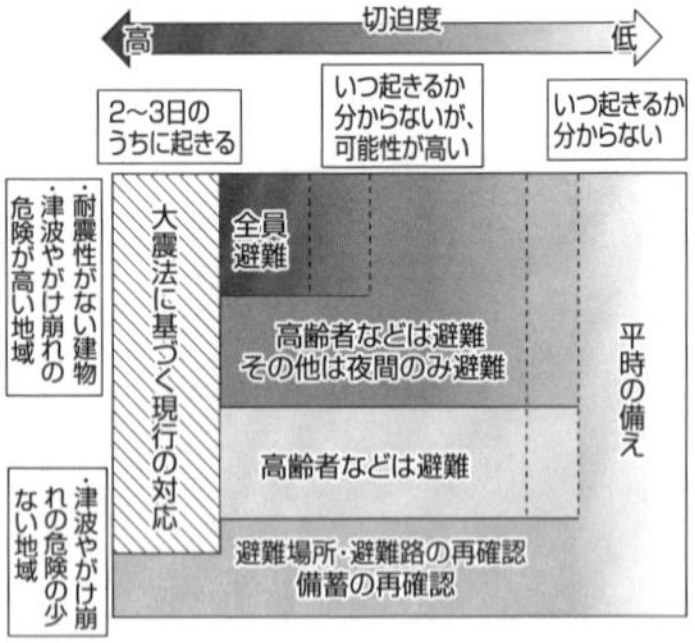

防災対策のレベル化のイメージ（住民避難の場合）
※内閣府の資料などを基に作成

んだことがある。内閣府は当時想定したような、対象地域を一律に規制する必要性は薄れたと考えている。

ただ、具体的な議論は始まったばかり。「議論はもはや地震学の範囲だけにとどまらない」という声もある。社会学者や法律学者も名を連ねる有識者作業部会が検討を進めるが、広く社会の声を聞く姿勢が欠かせない。議論の〝バトン〟は国民の手に託されようとしている。

■メモ 過去に南海トラフ沿いで起きた東海（東南海）地震と南海地震の時間差は、昭和東南海地震（1944年）と昭和南海地震（1946年）が約2年、安政東海地震（1854年）と安政南海地震（同）が約32時間、宝永地震（1707年）がほぼ同時とされている。次にどちらか片方の領域で大地震が起きた場合、少なくともこうした過去の事例に関する情報がネットなどを通して広がり、社会が混乱する可能性がある（調査部会によるケース1）。地震学の実力とは無関係に起こりうる事態で、混乱防止のために国は何らかの対応を迫られる。

第11章　首長アンケート（上）

2017.5.23朝刊

避難勧告「3日程度」最多

不確実な予測でも発令

国が大規模地震対策特別措置法（大震法）の見直しを含めた南海トラフ沿いの地震の観測・評価に基づく防災対応の在り方について検討を進めていることを受け、静岡新聞社は静岡、高知両県の69市町村長を対象にアンケートを行い、9割の65市町村の首長から回答を得た。不確実な地震発生予測を基に避難勧告を出す日数の目安について聞いたところ、3割超の21市町村が「3日程度」と回答し、最も多かった。「発令しない」という回答も2割弱あった。

アンケートは、南海トラフ沿いの想定震源域の半分でマグニチュード（M）8級の大地震が起きた時、〝割れ残った〟側でもM8級の大地震が発生する可能性が高まるため、首長としてどのような防災対応を取るかという内容が中心。

中央防災会議有識者ワーキンググループ（作業部会）が検討している地震の「切迫度」と人や地域の「脆弱（ぜいじゃく）性」の組み合わせでリスクをレベル分けして防災対応

を変える方法について「取り入れるべきか」と問うと、66・2％が「はい」と肯定的な考えを示した。

自分たちの地域が〝割れ残った〟状況で「津波や土砂災害の危険地域の住民に避難勧告する場合、どの程度の期間、勧告を発令することが適当か」との問いには、静岡県の首長の34・3％、高知県の首長の30・0％が「3日程度」と答えた。「1週間程度」との回答も、静岡県では「3日程度」と同数の34・3％、高知県で20％あった。

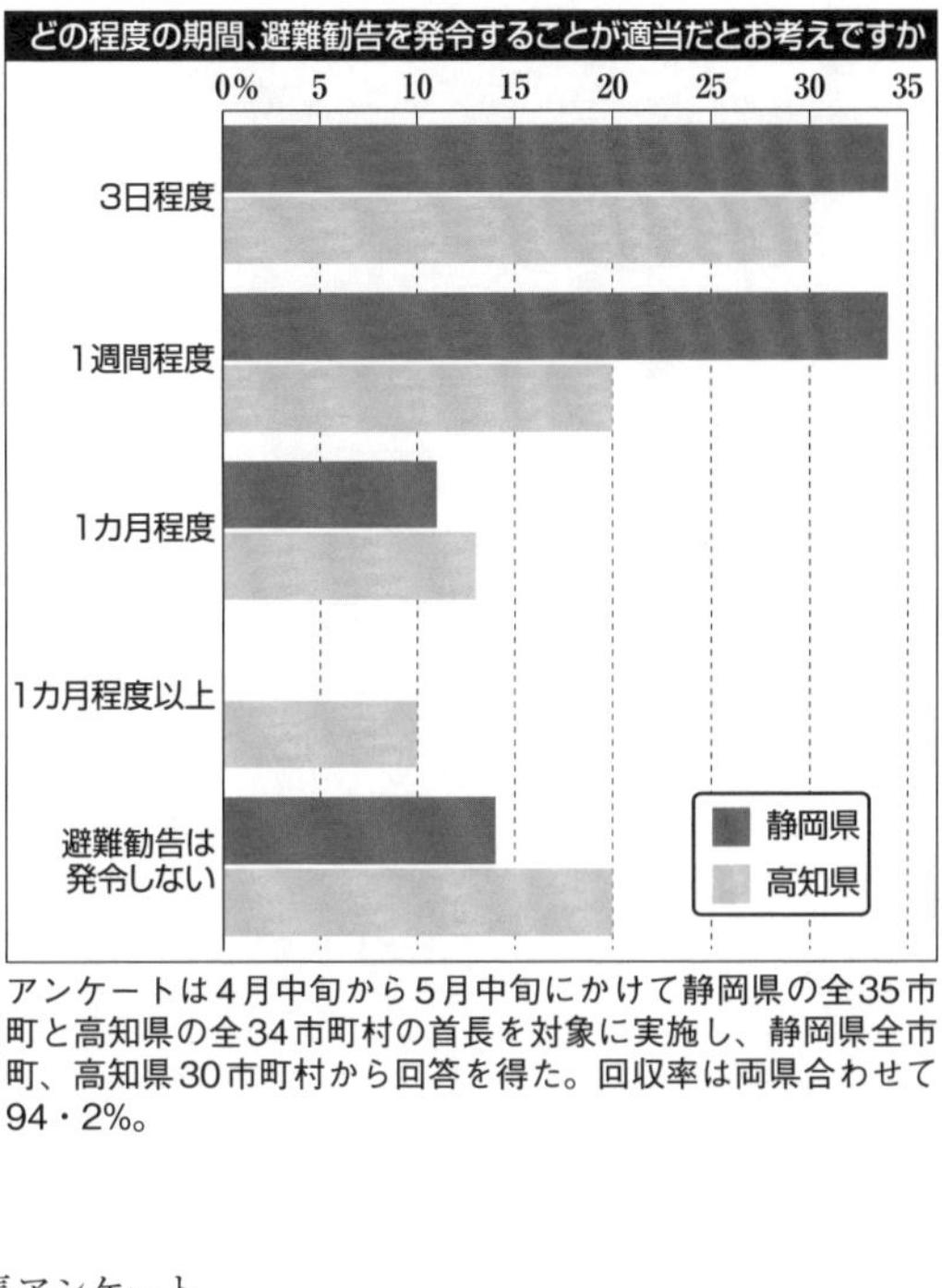

アンケートは4月中旬から5月中旬にかけて静岡県の全35市町と高知県の全34市町村の首長を対象に実施し、静岡県全市町、高知県30市町村から回答を得た。回収率は両県合わせて94・2%。

避難勧告を出すと想定した際に「地震発生の恐れのほかに何を考慮したか」という問いには「住民が避難所生活を受忍できる程度」「避難に伴う経済活動の停止の影響」「避難所となる施設の運営への影響」「治安の悪化」「要配慮者などの体調悪化」などの理由が挙がっ

た。

アンケートは前提として気象庁が「(割れ残った地域でも) 大地震が発生する可能性は今後3日以内は極めて高く、2週間程度は依然として特段に高い状態にある」と統計データを基に〝不確実な地震発生予測〟を発表し、注意を呼び掛けている—と想定。こうした想定と住民や経済活動などの受忍の兼ね合いが判断に影響したとみられる。

「避難勧告は発令しない」と答えた首長も静岡県で14・3%、高知県で20・0%。うち複数の首長が「注意喚起はする」「『避難準備・高齢者等避難開始』を発令する」など避難勧告には至らないものの住民に何らかの注意は促す意向を示した。

◇

災害に備えて避難勧告や避難指示の最終判断を下すのは基礎自治体の首長の重要な役割。大地震の発生前にそうした判断を出す是非が大震法見直しを含めた国の南海トラフ地震に関する議論の焦点の一つとなっている。首長自身はどう考えるのか—。調査結果を3回に分け詳報する。

■メモ

調査部会の報告によると1900年以降に全世界で起きたマグニチュード(M)8・0以上の地震は92。うち3年以内に隣接地域で同規模の地震が起きたのは31事例あった。さらにそのうち9事例は最初の3日間に起きていることから、南海トラフの想定震源域の半分が割れ残った場合も最初3日間程度は地震発生の恐れは(普段と比べて)極めて高いと言える—とされる。一方「普段より確率が高まるとは言え、一斉に防災対応を取るほど高まるとは言えない」などの批判は根強い。

第11章　首長アンケート（中）

2017.5.24朝刊

懸念する現象　両県に差

南海トラフ沿いの地震観測・評価に基づく防災対応について静岡新聞社が静岡、高知両県の市町村長に行ったアンケートで、大規模地震につながる可能性がある現象として国の議論で選定されている四つのケースに関し、市町村長らがその後の対応を懸念する現象には両県で差があることが分かった。特に、現行の大規模地震対策特別措置法（大震法）の運用と絡む現象では正反対の評価に分かれた。各ケースの切迫度の捉え方に差が表れたとも考えられ、法制定から40年間の歴史的な経緯が意識の違いにつながったとみられる。

四つのケースは▽南海トラフの半分の領域で地震が起き、もう半分の領域ではまだ地震が発生していない場合（ケース1）▽南海トラフでマグニチュード（M）7程度の比較的規模の大きな地震が起きた場合（ケース2）▽地下水位の変化など東日本大震災前に観測されたのと同様の現象が南海トラフで多く確認された場合（ケース3）▽ひずみ計などの観測でプレート境界面のすべりが見られた場合（ケース4）—。

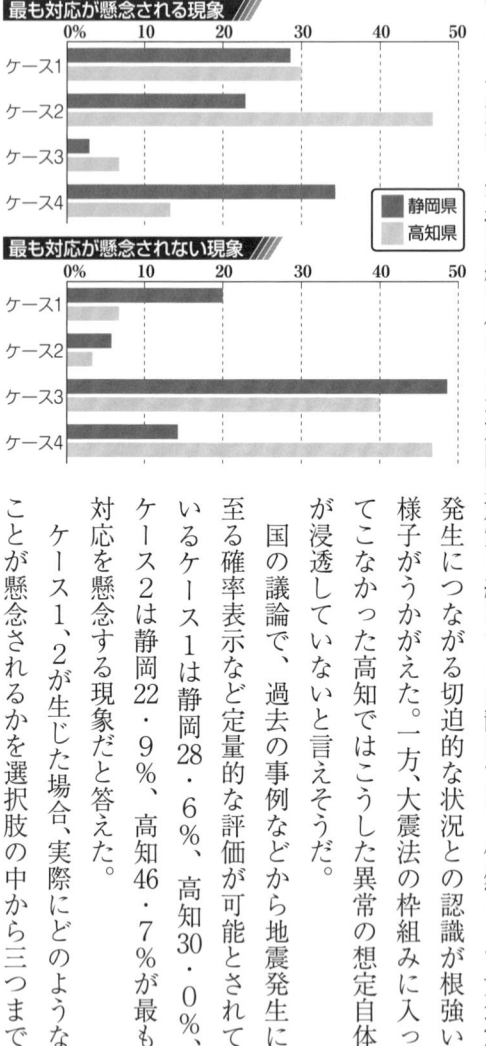

「どの現象が確認された場合の対応が懸念されるか」と尋ね、懸念度合いの高い順に並べてもらったところ、静岡県は回答を寄せた35市町長の34・3％がケース4を最も懸念する

現象に挙げた。これに対し、高知県（回答数30市町村長）でケース４を最も懸念したのは13・３％にとどまった。さらに、高知の首長の46・７％はケース４が最も対応が懸念されない現象だと指摘した。

　現行の大震法の仕組みでは、ケース４は警戒宣言で社会が厳しく規制される状況に相当する。大震法と密接に結び付いた地震防災対策を続けてきた静岡では、依然として大地震発生につながる切迫的な状況との認識が根強い様子がうかがえた。一方、大震法の枠組みに入ってこなかった高知ではこうした異常の想定自体が浸透していないと言えそうだ。

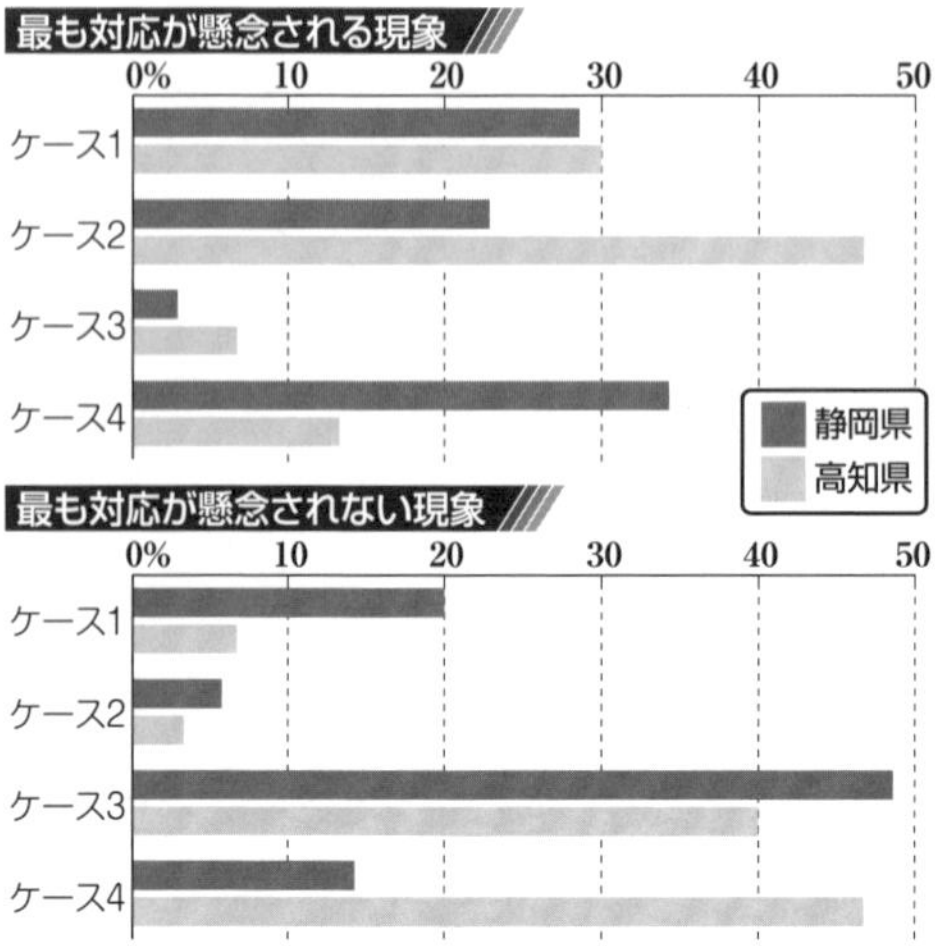

　国の議論で、過去の事例などから地震発生に至る確率表示など定量的な評価が可能とされているケース１は静岡28・６％、高知30・０％、ケース２は静岡22・９％、高知46・７％が最も対応を懸念する現象だと答えた。

　ケース１、２が生じた場合、実際にどのようなことが懸念されるかを選択肢の中から三つまで選んでもらうと、両県とも「地震発生についての情報流布や情報不足による混乱」が最多の割合（静岡88・6％、高知76・7％）を占めた。ＳＮＳ（会員制交流サイト）による誤情報の拡散などもその他回答の記述で寄せられた。静岡は避難に伴う交通機関の混乱、高知は多数の避難者の発生や水、食料、生活物資の不足に危機感が強い傾向も浮かんだ。

■メモ　南海トラフ沿いの地震発生予測について検討した中央防災会議有識者ワーキンググループ（作業部会）の調査部会は、南海トラフ沿いで観測される可能性があり、社会が混乱する恐れがある現象として四つのケースを報告している。ケース１と２は実際にあった過去の事例の統計処理や最新知見を用いることで発生に至る確率を導くことができると説明。ケース３と４は南海トラフ沿いの地震発生前に起こりえるか十分に検証できておらず、過去の事例もないため、確率評価はできないとしている。

第11章　首長アンケート（下）

2017.5.25朝刊

減災へ情報活用を期待

静岡新聞社が静岡、高知両県の市町村長を対象に行った南海トラフ沿いの地震観測・評価に基づく防災対応に関するアンケートでは、現行の大規模地震対策特別措置法（大震法）で規定されている警戒宣言のような仕組みを「必要」とする首長が9割に上った。地震発生予測の情報が不確実なものであっても、多くの首長が減災に向けた活用を期待し、そのためのルールづくりを求めている実情が浮き彫りになった。

国の中央防災会議有識者ワーキンググループ（作業部会）では、警戒宣言の前提となってきた直前予知が今の地震学の力では不可能というのが共通認識になっている。その上で南海トラフ沿いの半分の領域でマグニチュード（M）8級の大地震が起きた時に、〝割れ残った〟側でも同規模の大地震が発生する恐れが高まる―など、観測の可能性がある四つのケースで防災対応の議論を進めている。

その後の地震発生につながるかは分からないこれらの現象に対してでも、静岡県32市町（回答を寄せた35市町の91・4％）、高知県27市町村（同30市町村の90・0％）の首長が、観測された場合に備えて警戒宣言のような仕組みが「必要」と指摘。理由（複数選択可）

は「あらかじめ対応の計画を策定しておいて、いざという時にそれを実施することは減災に役立つと思う」が静岡78・1％、高知59・3％、「不確実な情報だからこそ、統一した対応が必要」が静岡50・0％、高知51・9％などとなった。

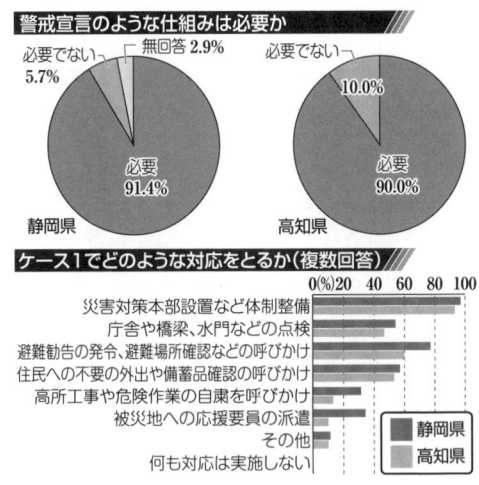

逆に、警戒宣言のような仕組みは「必要でない」とした両県の5市町村の首長は、「不確実な情報に基づいて一斉に対応することは、社会・経済への影響が大きすぎる」などを理由に挙げた。

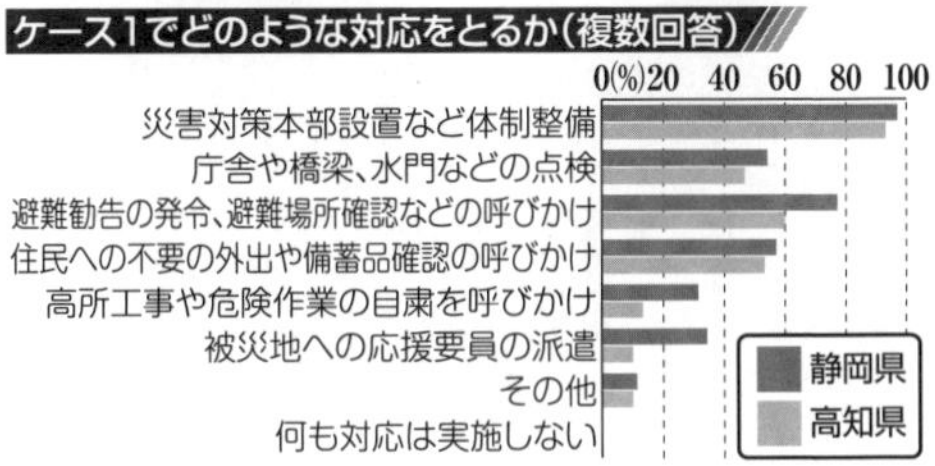

自らの地域が〝割れ残った〟側という現象（ケース1）を想定し、発生直後にとる対応を聞いた質問（複数選択可）では、「何も対応は実施しない」との回答はなく、「災害対策本部設置など体制の整備」（静岡97・1％、高知93・3％）が最も多かった。「被災地への応援要員の派遣」は静岡34・3％、高知10・0％と同様に低めの傾向を示し、自らの地域でその後に大地震が発生するかもしれない状況で、多くの人員を残しておきたい首長の意

識がうかがえた。

大震法とともに約40年間、全国でも先進的な防災対策を進めてきた静岡県と、南海トラフ地震への懸念を受けて地震・津波対策を急ぐ高知県。アンケートには、それぞれの地域事情も踏まえ、住民に最も近い立場で対応を迫られる首長ならではの真剣な意見が寄せられた。実効性を持った地震対策のために、国の議論ではこうした声をどう反映させていくかも重要となりそうだ。

■メモ　大規模地震対策特別措置法（大震法）による首相の警戒宣言が発令されると、地方自治体や民間事業者が事前に作成した計画に基づいて地震防災対策強化地域内で住民避難や鉄道の運行停止、学校の授業中止、非耐震の病院からの患者移送といった対応がとられる。中央防災会議有識者ワーキンググループ（作業部会）では、警戒宣言の前提となる確定的な地震予知ができず、不確実な予測しか出せないとされる現状で、こうした社会規制の在り方をどうするべきかも論点になっている。

大震法見直し　広い視点で

学者はデータ提供を──静岡大防災総合センター・岩田孝仁教授に聞く

大規模地震対策特別措置法（大震法）見直しを含めた南海トラフ沿いの地震の防災対応の在り方について中央防災会議の有識者ワーキンググループ（作業部会）で進む議論を踏まえ、知事が作業部会の委員を務める静岡、高知両県の市町村長を対象に、静岡新聞社が実施したアンケート。自らも作業部会の委員であり、連載第1章「強化地域アンケート」で分析を担った岩田孝仁静岡大防災総合センター教授（防災学）に調査結果について聞いた。

岩田孝仁教授

──「警戒宣言」の仕組みは必要という回答が大多数を占めた。

「首長の多くは不確実な地震予測しかできないと分かっていながら、警戒宣言の仕組み自体は必要と考えていることが調査結果から読み取れる。大地震が起きるかもしれない時にA市は避難勧告を出し、B市は出さないなどというモザイク状の対応にならないよう、警戒宣言で一律にスイッチを押してもらいたいということだろう」

―避難勧告を出せる日数は3日～1週間という回答が多かった。

「何らかの示唆を与えてくれるデータが示されれば、それに基づいて判断するということ。そのデータを用意するのが地震学者の大切な役割で、地球科学的な作業は今後も続けていく必要がある。地震学者は議論にブレーキをかけるのではなく、積極的に情報提供をしてほしい」

―問5の最も懸念される状況としてケース1、2を選ぶ首長が総じて多かった。静岡県だけみると最も多い回答はケース4だった。

「首長はケース1、2の危機感はおおむね理解しているようだ。ひずみ計が異常を示すケース4が静岡県で多いのは40年間染み付いた意識の表れだろう。高知県でケース2が多いのは2016年4月1日に三重県南東沖でマグニチュード（M）6・5の地震が起きるという類似状況が発生し、高知県が市町村に注意喚起の文書を送った影響とみられ

想定される異常のケース

	ケース
①	南海トラフの半分で大地震が起き、もう半分が割れ残る
②	南海トラフでM7級の地震が発生する
③	2011年3月の東北地方太平洋沖地震に先行したような現象が多種目で観測される
④	東海地震の判定基準とされる前兆すべりが見られる

る」

―「国への要望」では根本的な仕組みづくりや予算措置への配慮を望む声が多かった。

「市町村長は、規制の緩和や財源の手当て、まちづくり関連の法律なども巻き込んだ全体の仕組みづくりの議論が充実していくことを望んでいるのではないか。大震法の見直しと言っても警戒宣言という入り口の議論に終始する必要はなく、広い視点で考えるべきだ」

※結果詳報は399ページ

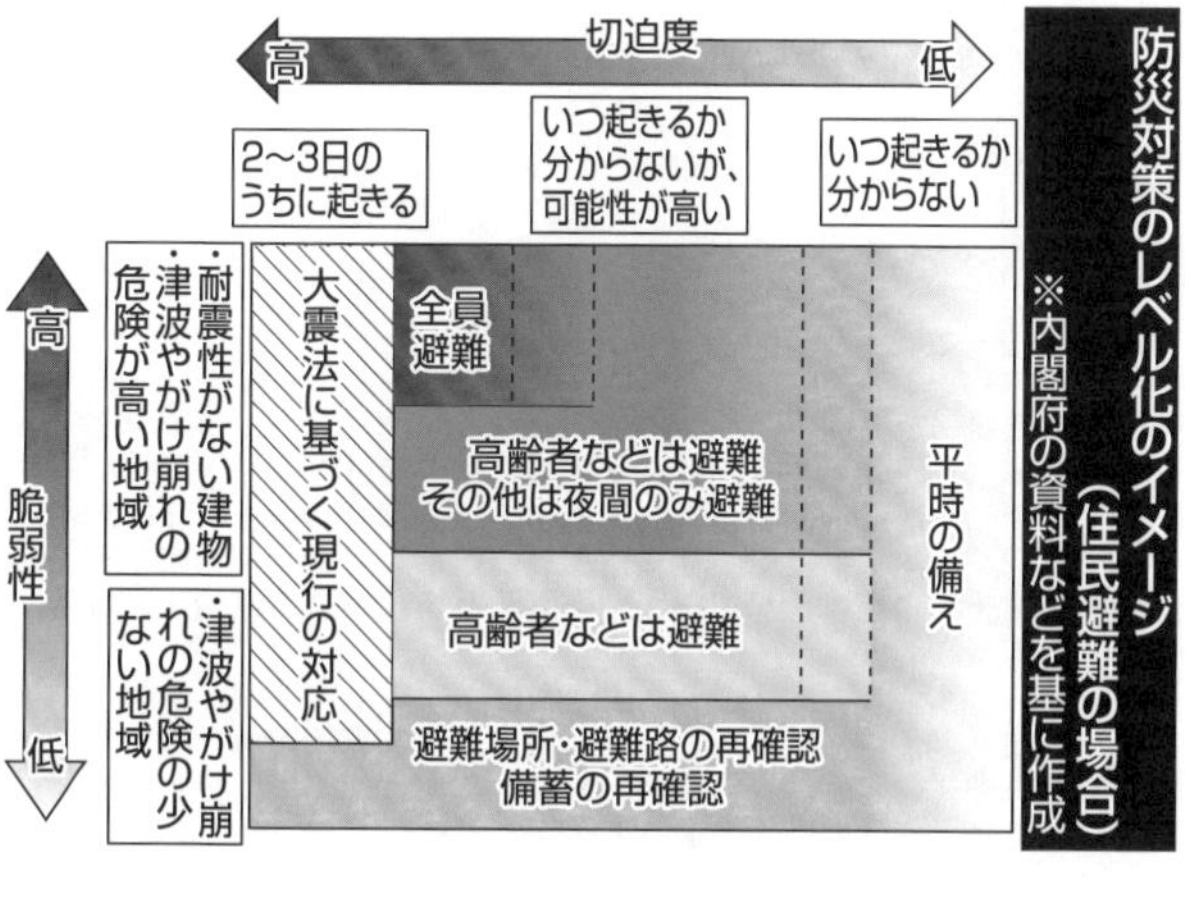

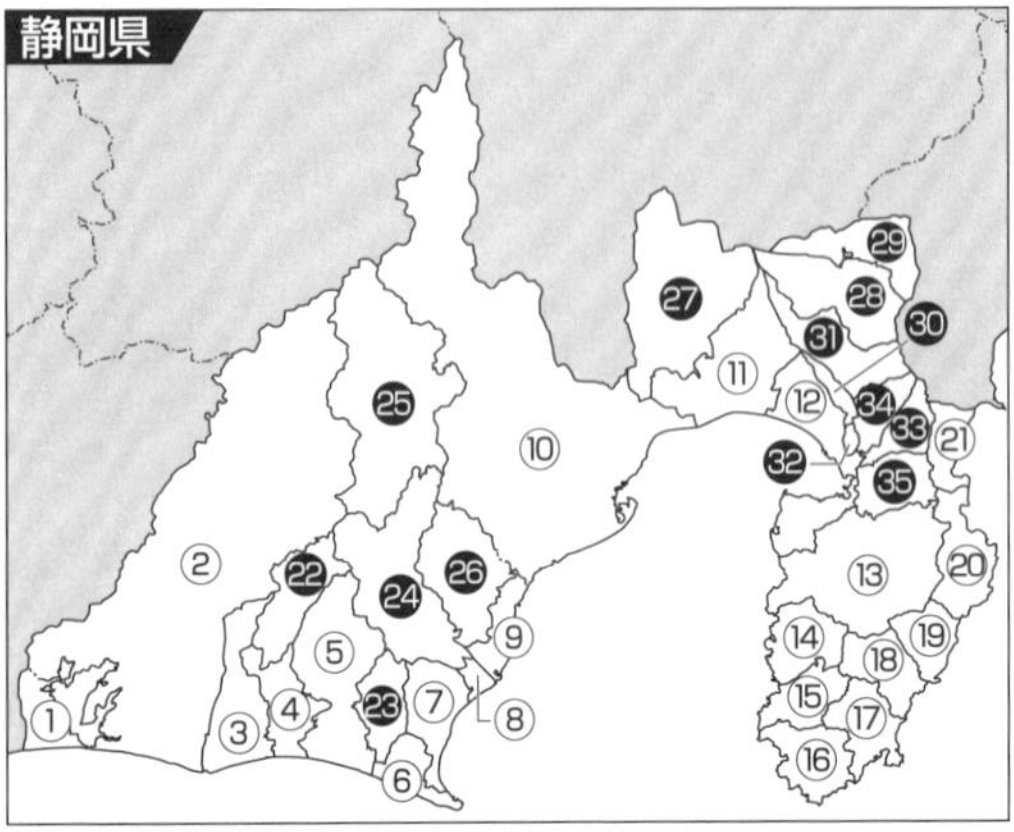

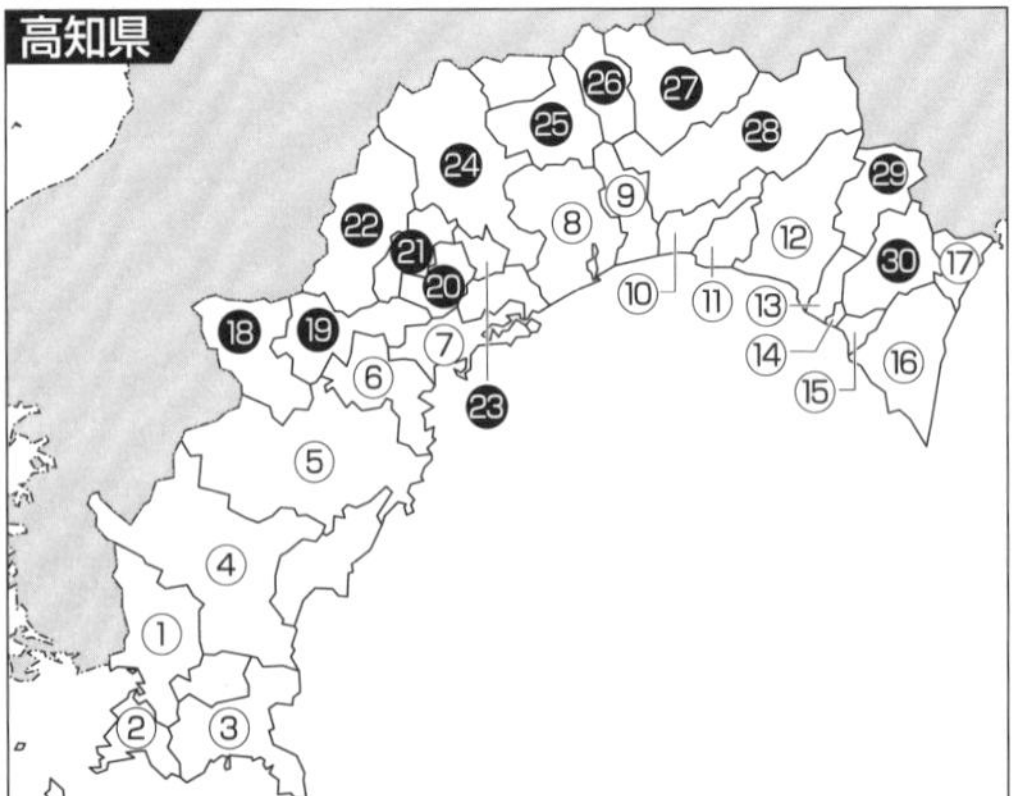

■回答自治体一覧（順不同）（丸数字は沿岸自治体、黒丸数字は内陸自治体）
<静岡県>①湖西市②浜松市③磐田市④袋井市⑤掛川市⑥御前崎市⑦牧之原市⑧吉田町⑨焼津市⑩静岡市⑪富士市⑫沼津市⑬伊豆市⑭西伊豆町⑮松崎町⑯南伊豆町⑰下田市⑱河津町⑲東伊豆町⑳伊東市㉑熱海市㉒森町㉓菊川市㉔島田市㉕川根本町㉖藤枝市㉗富士宮市㉘御殿場市㉙小山町㉚長泉町㉛裾野市㉜清水町㉝函南町㉞三島市㉟伊豆の国市
<高知県>①宿毛市②大月町③土佐清水市④四万十市⑤四万十町⑥中土佐町⑦須崎市⑧高知市⑨南国市⑩香南市⑪芸西村⑫安芸市⑬安田町⑭田野町⑮奈半利町⑯室戸市⑰東洋町⓲檮原町⓳津野町⓴佐川町㉑越知町㉒仁淀川町㉓日高村㉔いの町㉕土佐町㉖本山町㉗大豊町㉘香美市㉙馬路村㉚北川村

2017.6.6朝刊

東海割れ残り　4割避難

南海トラフ震源域　西半分で大地震

大規模地震対策特別措置法（大震法）見直しを含めた南海トラフの防災対応に関する国の議論で想定されている四つのケースのうち、想定震源域の西半分で大地震が起きて、東海地域が割れ残った場合に関し、静岡新聞社は5月中旬、インターネットで住民アンケートを行った。県内から回答を寄せた415人のうち4割が大地震の発生に備えて自発的に「自宅以外の安全な場所に避難する」と答えた。残り6割の多くも仕事や学校、避難勧告の有無などで避難するかどうかを考えると答えた。専門家はこうした意識を踏まえた仕組みづくりの必要性を指摘する。

中央防災会議で議論が行われている「ケース1」の状況を想定した。南海地震の領域で大地震が起き、東海地域には大きな被害がない場合にどうするかを聞いたところ、「自宅以外の安全な場所に避難する」との回答は19％だった。

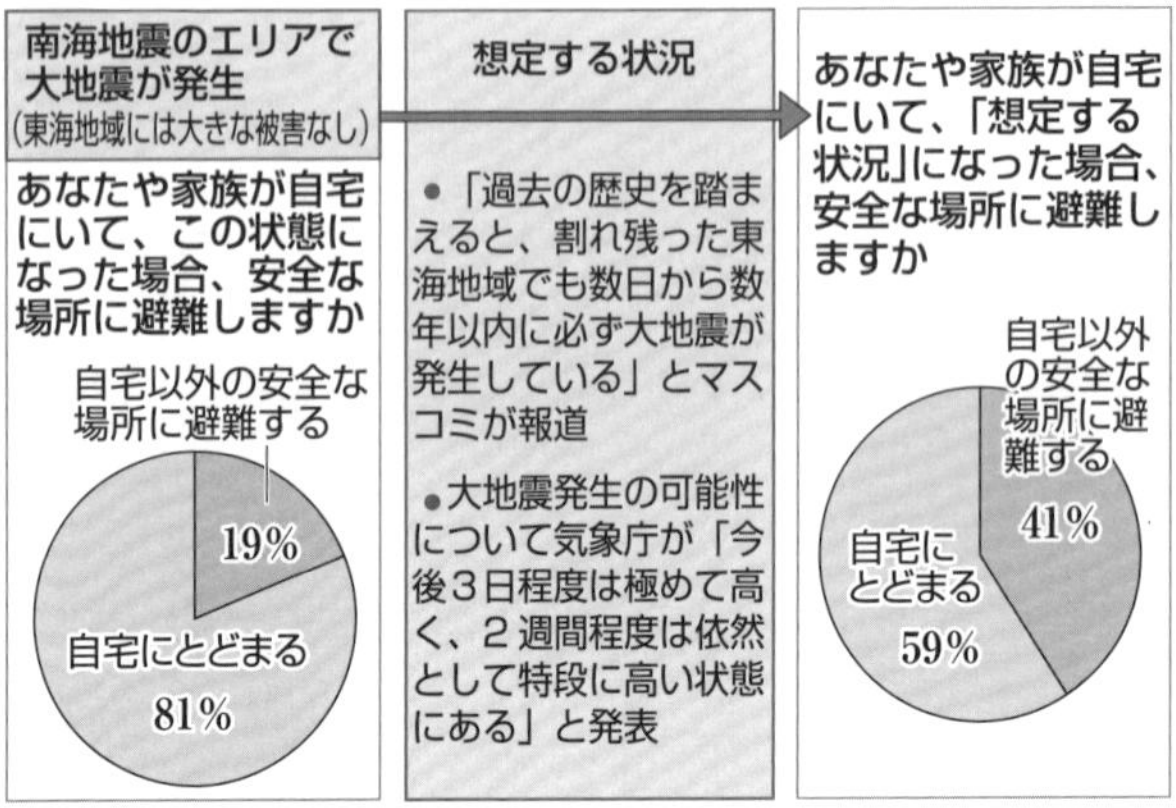

南海地震のエリアで
大地震が発生
（東海地域には大きな被害なし）
あなたや家族が自宅にいて、この状態になった場合、安全な場所に避難しますか
自宅以外の安全な場所に避難する
19％
自宅にとどまる
81％
想定する状況
●「過去の歴史を踏まえると、割れ残った東海地域でも数日から数年以内に必ず大地震が発生している」とマスコミが報道
●大地震発生の可能性について気象庁が「今後３日程度は極めて高く、２週間程度は依然として特段に高い状態にある」と発表
あなたや家族が自宅にいて、「想定する状況」になった場合、安全な場所に避難しますか
自宅以外の安全な場所に避難する
41％
自宅にとどまる
59％

その後、歴史を踏まえると東海地域でも大地震の可能性があるとマスコミで報道され始め、気象庁が大地震の可能性を「今後3日程度は極めて高く、2週間程度は依然として特段に高い状態にある」と発表する─と想定した。その上で改めてどうするかを問うと、「避難する」が19％から41％に上昇した。避難期間は「3日程度まで」が36％で最多。「1週間程度まで」「2週間程度まで」を合わせると84％を占めた。

「自宅にとどまる」と答えた6割のうち43％は「自分や家族の仕事が休みになった場合には避難する」と答え、「避難勧告が出た場合には避難するか」との問いでは「そう思う」「ややそう思う」が合わせて82％に上った。

アンケート結果について、東京大大学院情報学環総合防災情報研究センターの関谷直也特任准教授は「東海地域が割れ残った場合、大まかに言って住民の2割はすぐ避難をし、気象庁の情報を受けてさらに2割が避難をすると言える」と説明。「1割は絶対に避難はしない層だが、残りの5割は状況によって揺れ動く層と言える。この層をどうするかをしっかり考えておく必要がある」と指摘した。

■メモ　住民アンケートは原則として5月10日から同21日にかけてインターネットの特設サイトで協力を呼び掛け、県内外から459サンプルが寄せられた。うち今回集計した県内回答分は全体の90.4%の415サンプル（男性227、女性188）。年代の内訳は10代以下が5%、20代が16%、30代が16%、40代が26%、50代が20%、60代が9%、70代以上が6%。未就学児がいる世帯は11%、小学生がいる世帯は16%、日常的な要介護者がいる世帯は8%だった。県外分の回答もおおむね同様の傾向を示した。

情報の出し方で行動変化　リスク伝わる発信　議論を

東京大大学院情報学環総合防災情報研究センター・関谷特任准教授に聞く

大規模地震対策特別措置法（大震法）を含めた南海トラフ地震対策の見直し議論を受け、静岡新聞社が行ったアンケート。中央防災会議の有識者ワーキンググループ（作業部会）で示されている想定状況のうち、東海地域が〝割れ残る〟ケースでの市民意識などについて、災害社会学や社会心理学が専門の関谷直也・東京大大学院情報学環総合防災情報研究センター特任准教授に聞いた。

―全体的な調査結果を見た感想は。

「情報の出し方やコミュニケーションの取り方によって、その後の人々の行動がどのように変わるかを示している点で意義深い。南海地震が発生して静岡県側が〝割れ残り〟になると、まず2割の人が避難する。気象庁からリスクが高いという呼び掛けがあればさらに

2割が逃げる。その上で、避難勧告をするかしないかなどによって残りの5、6割の人の行動が変化すると読み取れ、全体としては妥当な感がある」

―気になる部分は。

「気象庁からの呼び掛けがあった段階までで『避難する』との回答が4割しかないのは、少ないという印象だ。静岡県は普段から県民が東海地震に備えて耐震化などに取り組んできているが、想定される地震の規模が南海トラフ全体にまで大きくなる中、さまざまな地震発生のパターンに備えるというところにまでは至っていないということではないか」

「気象庁からの呼び掛けも『今後3日程度は極めて高く、2週間程度は依然として特段に高い状態にある』では、行動を促すメッセージとしては弱いと言える。現状ではこのような情報になると考えられるが、ある地域でリスクが高いとか具体的な発信をしなければ住民の心理にまでなかなか響かないのではないだろうか」

関谷直也氏

▽せきや・なおや
東京大大学院情報学環助手、東洋大社会学部講師、同准教授などを経て2014年から現職。静岡大防災総合センター客員准教授を兼務。自然災害や原子力災害などにおける災害時の心理、災害時の情報伝達などを社会心理学の視点から研究している。新潟県出身。41歳。

—この4割の人たちの避難期間は3日~2週間程度が多かった。

「質問項目の呼び掛け通りの回答が得られている。避難行動をとる人にとっては、意味を持つ情報となっているということだろう」

避難する場合、最大どの程度の期間、避難しますか(「避難する」と答えた方のみ)

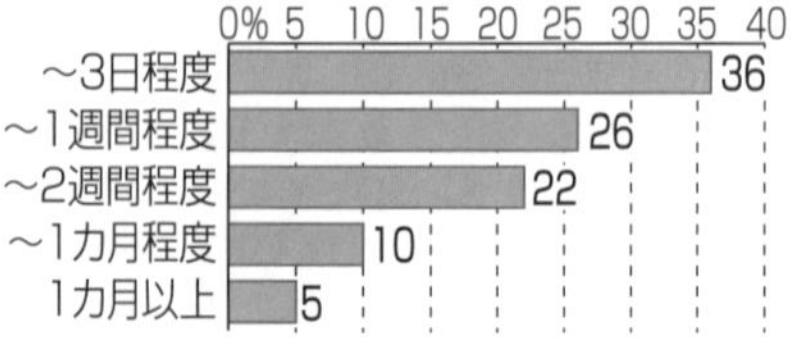

どの条件が満たされれば、あなたやご家族は自宅以外の安全な場所に避難しますか（「自宅にとどまる」と答えた方のみ、複数回答可）

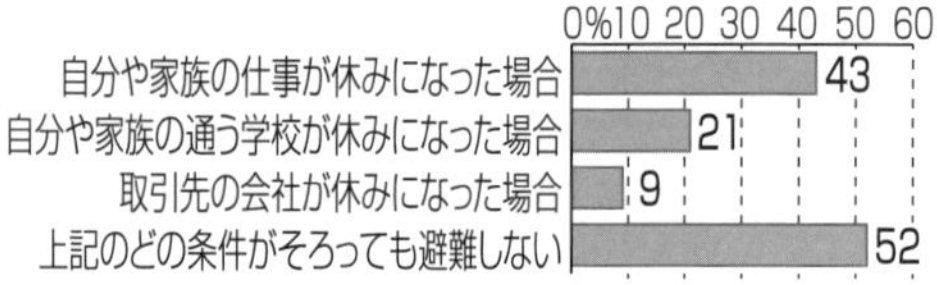

次の場合であれば避難すると思いますか
「市町村から避難勧告等が出された場合」
(「自宅にとどまる」と答えた方のみ)

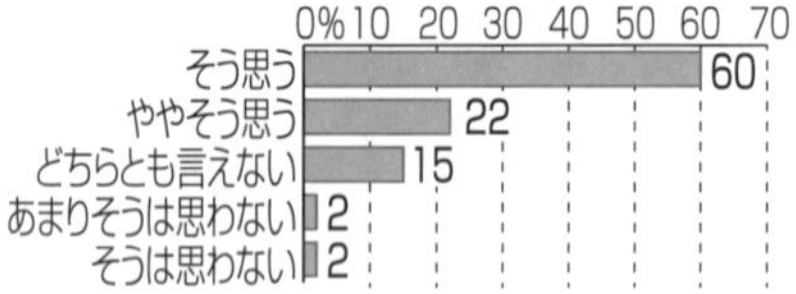

―作業部会では、不確実な地震発生予測を基に自治体の首長が避難勧告を出すかどうかも議論になっている。

「気象庁からの呼び掛けがあっても『自宅にとどまる』とした6割の人でも、82％は避難勧告などが出れば避難すると答えている。制度にのっとった情報を受ければ動くし、逆にそのトリガー（引き金）を引かなければ動かないということ。一番のボリュームゾーンとなるこの層に情報をどう出すかが今後のポイントで、地震学の精度とか科学的に分かる分からないとかの話とは別に、人を動かすにはどういう情報が必要かというのが議論として重要になると思う」

―自宅にとどまる人が緊急的に実施する対策では水や食料の確保が突出している。

「次の地震に備えた買いだめが起こるのは東日本大震災後に関東一円で物資が不足したのと同じ状況になると考えられ、想像はしやすい。混乱が想定される以上はどういう社会的対応をするのか、どの程度社会機能を維持させるのかなどを、できるだけ事前に考えておくことが大事だ」

※結果詳報は４０３ページ

第12章　大震法の行方（上）

2017.6.21 朝刊

宙に浮く現行の仕組み

南海トラフ対応を優先

「東海地震は、現在日本で唯一、直前予知の可能性がある地震と考えられています」。気象庁のホームページには今もそんな記載がある。想定東海地震の予知について、できないこともあるとしながら、前兆すべり（プレスリップ）モデルを根拠にひずみ計でできるだけ早く異常を捉えるのが「気象庁の直前予知戦略」と説明する。

大規模地震対策特別措置法（大震法）に基づく現行の東海地震の予知体制は、複数のひずみ計が異常を捉えて「2～3日以内に東海地震が発生する恐れがある」と評価された場合、気象庁長官から地震予知情報を受けた首相が警戒宣言を出す仕組みになっている。

一方、南海トラフ沿いの地震の防災対応を検討する中央防災会議有識者ワーキンググループ（作業部会）と調査部会はこれまでの議論の中で、ひずみ計で有意な異常が観測

想定される異常のケース

	ケース
①	南海トラフの半分で大地震が起き、もう半分が割れ残る
②	南海トラフでM７級の地震が発生する
③	2011年3月の東北地方太平洋沖地震に先行したような現象が多種目で観測される
④	東海地震の判定基準とされる前兆すべりが見られる

される状況を四つのケースのうちの一つに想定したが、現状の地震学では「2～3日以内に」といった確度の高い直前予知はできないと結論付けた。気象庁は作業部会の最終報告を待って必要な見直しを判断する考えで、現行の東海地震の直前予知の仕組みはいわば宙に浮いた状態にある。

5月下旬の作業部会第5回会合。ひずみ計による従来の評価手法を否定した検討経過を踏まえ、委員の東京国際大副学長小室広佐子は「当面の間、大震法に基づく地震予知情報や注意情報を出すことも非常に困難ではないか」と投げ掛けた。

成立から約40年を経て大震法が抱える諸問題を作業部会で直接議論できると考えていた委員は少なくない。だが、作業部会の直接の対象はあくまで南海トラフ沿いの地震に備えた防災対応。大震法を巡る議論が深まったとは言えない。

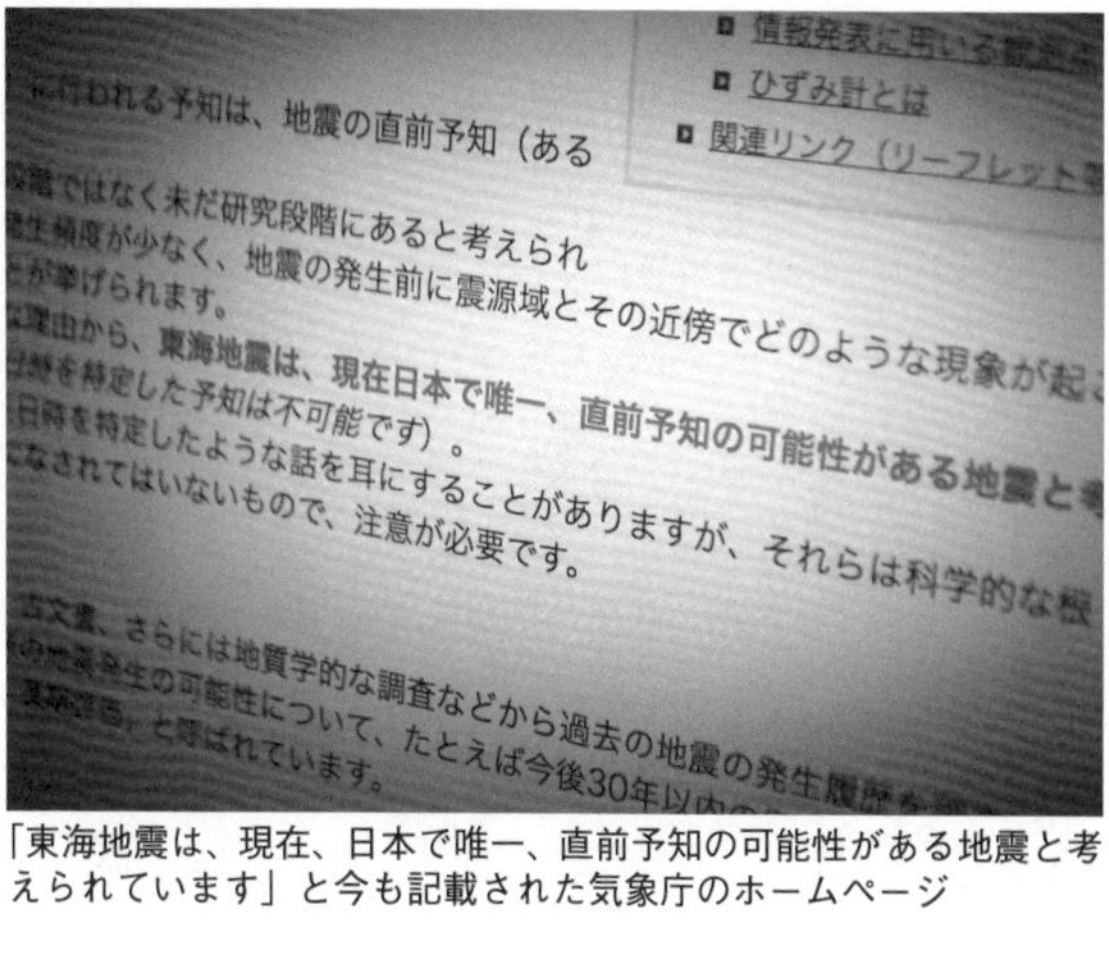

「東海地震は、現在、日本で唯一、直前予知の可能性がある地震と考えられています」と今も記載された気象庁のホームページ

内閣府は南海トラフ沿いでいずれも大震法が想定していない、震源域が割れ残るケース

1や、前震の恐れがある地震が起きるケース2の状況について、「評価体制すらない現状は問題」と作業部会設置の趣旨を説明する。その上で、「大震法や現行の東海地震対策の見直しの議論も当然、延長線上にあると考えている」と話す。

ただ、内閣府は第5回会合でとりまとめの方向性案を示し、議論が終盤に入りつつあることも示唆する。現状では大震法とは切り離した形で「不確実な地震発生予測をそれぞれの企業や団体が何らかの防災対策に活用する」といった大まかな方向性を決めるだけにとどまる可能性が高い。大震法の行方は混沌（こんとん）としている。＝敬称略

◇

南海トラフ沿いで将来起こりうる状況とその防災対応の在り方を巡って、有識者の検討が続く一方で、多くの課題を抱えた大震法とそれに基づく現行の東海地震対策についての議論はいまだ深まっているとは言えない状況にある。大震法はどうあるべきか—。今こそ皆で考える時が来ている。

■メモ　複数のひずみ計がプレート境界面でのすべりを異常データとして観測し、想定東海地震の前兆判定基準を満たす状況は「ケース4」とされ、南海トラフ沿いの地震観測・評価に基づく防災対応検討ワーキンググループ（作業部会）の議論と、大震法に基づく現行の想定東海地震の予知の仕組みを直接つなぐ接点と位置付けられる。作業部会はケース4の状況にあっても「大規模地震の発生可能性を定量的に評価する手法や基準はない」と結論し、現行の評価手法を事実上否定している。

第12章　大震法の行方（中）

2017.6.22 朝刊

〝見直し〟実現の道遠く

受け手側交えた議論必須

　前提だった直前予知が否定された大規模地震対策特別措置法（大震法）。直前予知を受け自治体や企業が事前に定めた防災対応（地震防災応急対策）を一斉に取るという現行の仕組みも矛盾をはらむ。直前予知が不可能ならば、大震法自体を撤廃するのか、法は残したまま地震予測の不確実性に合わせて対策の中身を見直すのか――。そうした議論が喫緊の課題となるはずなのに、南海トラフ沿いの地震に備えた防災対応を検討する中央防災会議有識者ワーキンググループ（作業部会）では大震法自体の是非は議論されてこなかった。

　「直前予知はできないとしても（大地震が起きるかもしれないという）何らかの観測事実が出てきた時にどうするかは事前に考えておかないといけない。大震法も警戒宣言を含め、対応の中身を見直せば使えるはずだ」。作業部会の委員で名古屋大減災連携研究センター長の福和伸夫はそう強調する。

　作業部会の委員を引き受けた当初、大震法に基づく現行の防災対応の中身の議論まで踏

事務局からとりまとめの方向性案が示された有識者作業部会の第5回会合。大詰めを迎えつつあるが、大震法そのものは直接議論の対象になっていない＝2017年5月26日、都内

み込む可能性も想定した。しかし、実際の議論ははるか手前にとどまる。「具体的な議論を最初からどんどんやるべきだった」

大震法のような仕組みに使える精度が現在の地震学で担保できるかという問いには、地震学者の間でもさまざまな意見があり、もともと容易に結論が出る話ではない。作業部会は、そうした地震発生予測に関する科学的な議論に比較的多くの時間を費やした。一方、不確実な地震予測の下でもどの程度の防災対応なら受忍できるかという、情報の受け手側からの議論が欠けていたとの指摘がある。

委員で東京大大学院総合防災情報研究センター長の田中淳は「科学的な議論を丁寧にするのは前提として必要だった。むしろ地震学者の意見が皆同じで異論が出なくなるほうが危険だ」とした上で、「ただ、地震学の知見にのみ過度に依存しない仕組みづくりこそが大切で、そのためには社会の側の意見を十分聞く必要がある」と主張する。

作業部会を外から見てきた東京大地震研究所教授の古村孝志も、これからの議論に期待する。「不確実な予測でもこんな防災対応ができるのではないかという具体案を行政側が例示し、地震学者はどこまで可能かを示しながら、少しずつすり合わせていく。そんなキャッチボールが次のステージだ」

宙に浮いた大震法の議論が急務と考える古村は「もはや地震学の問題だけではない。これから先は情報の受け手側の住民や企業などの視点も取り入れ、皆で一緒に考えていくことが不可欠だ」と訴える。

■メモ　大震法は地震防災対策強化地域内の自治体や企業、事業所などに地震が予知された時の防災対応（地震防災応急対策）をあらかじめ計画として決めておくことを義務付けている。各分野の地震防災応急対策の大まかな方針は、国の「地震防災基本計画」で定めている。例えば、警戒宣言時に鉄道の運行を止めるという方針も基本計画で定めているため、仮に鉄道を止めないように見直す場合、法改正は必要なく、基本計画を書き換えることになる。

第12章　大震法の行方（下）

2017.6.23朝刊

長年の〝タブー〟に風穴

真摯に向き合う機運徐々に

「現実に即し、より防災・減災に資するような態勢に変えていくのが大切だ」

「予知が不可能なのだから、廃止か凍結をした方がいい」

「きちんとした思想を持って作られている法律。法改正をする、しないではなく、応急対策そのものの中身を議論すべき」

17日に東京大で行われた日本地震学会主催の大規模地震対策特別措置法（大震法）をテーマにしたシンポジウム。一般市民も参加して満席となった会場で、地震や防災の研究者が大震法に対するそれぞれの主張、思いを本音でぶつけ合った。

地震学会が一般にも門戸を開く形で大震法のシンポを企画するのは、「記憶している限りではなかったこと」と進行役を担った京都大防災研究所准教授の深畑幸俊。ある地震学者が「大震法は触れてはならないような存在で、みんなが避けている印象だった」と明かすように、学会内ではこれまで大震法についての議論が不十分だったとの声は少なくない。

ただ、見直しが現実的な課題となり、「われわれの考えを後世に残す意味でも、しっかりした対応を」と求める声は内部で高まっていたという。

その延長線上で実現したシンポは、現状の科学の力で出せる地震予測の程度や減災のための活用法、地震学者は情報発信にどう関わっていくかといった点で、多様な意見がある実態を浮き彫りにした。決して一定の結論を出せたわけではないが、関係者は前向きに捉える。深畑は「等身大の地震学の姿を（世の中に）広く伝えていく意義はある。こういう議論をもっと続けた方がいい」と感じた。

地震学の外の立場で招かれた京都大防災研究所教授の矢守克也＝人間科学＝は、市民の側の視点に沿ったアプローチに期待を込め

大震法について率直な意見交換が繰り広げられた日本地震学会主催のシンポジウム＝2017年5月17日、東京大地震研究所

た。情報を発信するだけでなく、どういうふうに伝えるか、誰が伝えるか、どういう場で伝えるか―といった〝コミュニケーションのデザイン〟が重要で、「それ次第で受け手の意識は大きく変わり、地震学の成果を生かすこともあれば、殺してしまうこともある」。一方で、「一般の人も地震学者が悩み、議論していることを知るべき。『難しくて分からないから』とお任せではいけない」と述べ、双方が距離を縮めていく必要性を指摘した。

政府が大震法見直しを含めた南海トラフ地震対策の検討に動き出して1年。国の議論は直接的に大震法を取り上げる状況には至っていないものの、この間に研究者から一般市民までさまざまな立場で大震法が抱える問題を受け止め、真摯（しんし）に向き合おうという機運は確実に高まっている。長年の〝タブー〟に風穴は開いた。

■メモ　大震法の見直しを含めた南海トラフ地震対策を検討する中央防災会議有識者ワーキンググループ（作業部会）の5月末の第5回会合で、事務局の内閣府はとりまとめの方向性案を提示。不確実な地震予測を生かした防災対応の仕組みの具体化に向け、説明会を通じて地域や関係機関と課題共有する必要性などを盛り込んだ。県や市町、民間事業者、県民一人一人が大震法や防災行動の在り方を考える局面が近づいている。

六つの提言

2017.6.29朝刊

〝真の防災〟に向け議論を

大震法見直し　本県から

地震の直前予知を前提とし、本県の東海地震対策の礎を築いた大規模地震対策特別措置法（大震法）について、静岡新聞社の大震法取材班は2016年1月から長期連載「沈黙の駿河湾〜東海地震説40年」を展開し、実情に合わせて見直す必要性を指摘してきた。65回に及ぶ連載や主催シンポジウム、住民や首長を対象としたアンケートなどさまざまな切り口からの検証作業を通して浮き彫りになった大震法の功罪などを踏まえ、未来に向けて六つの提言をまとめた。

1 「予知はできない」と総括を―見直し検討の出発点

1年前の6月28日に設置され、9月に議論を始めた国の中央防災会議の有識者ワーキンググループ（作業部会）。検証に当たった調査部会は、ひずみ計による想定東海地震の直前予知の手法を事実上否定した。２０１３年にも同じメンバーで構成する調査部会が同様の指摘をしていた。だが、気象庁は今も現状の体制を見直していない。直前予知の根拠が失われたと認め、広く知らせるべきだ。※追記　２０１７年９月26日、政府や気象庁が体制見直しを発表↓３４２ページ

首相の警戒宣言を受けて国や地方自治体、民間事業者があらかじめ定めた防災対応（地震防災応急対策）を一斉に実行する―。大震法のこの仕組みは、地震の発生時期や場所、規模を確度高く把握する「直前予知」を前提に成り立っている。

東海地震の予知体制は、想定震源域の複数のひずみ計が有意な異常を捉えることに根拠を置く。しかし、過去に観測事例はない。１９９７年に藤枝市のひずみ計が異常を示した際は気象庁が万が一に備えて異例の公表に

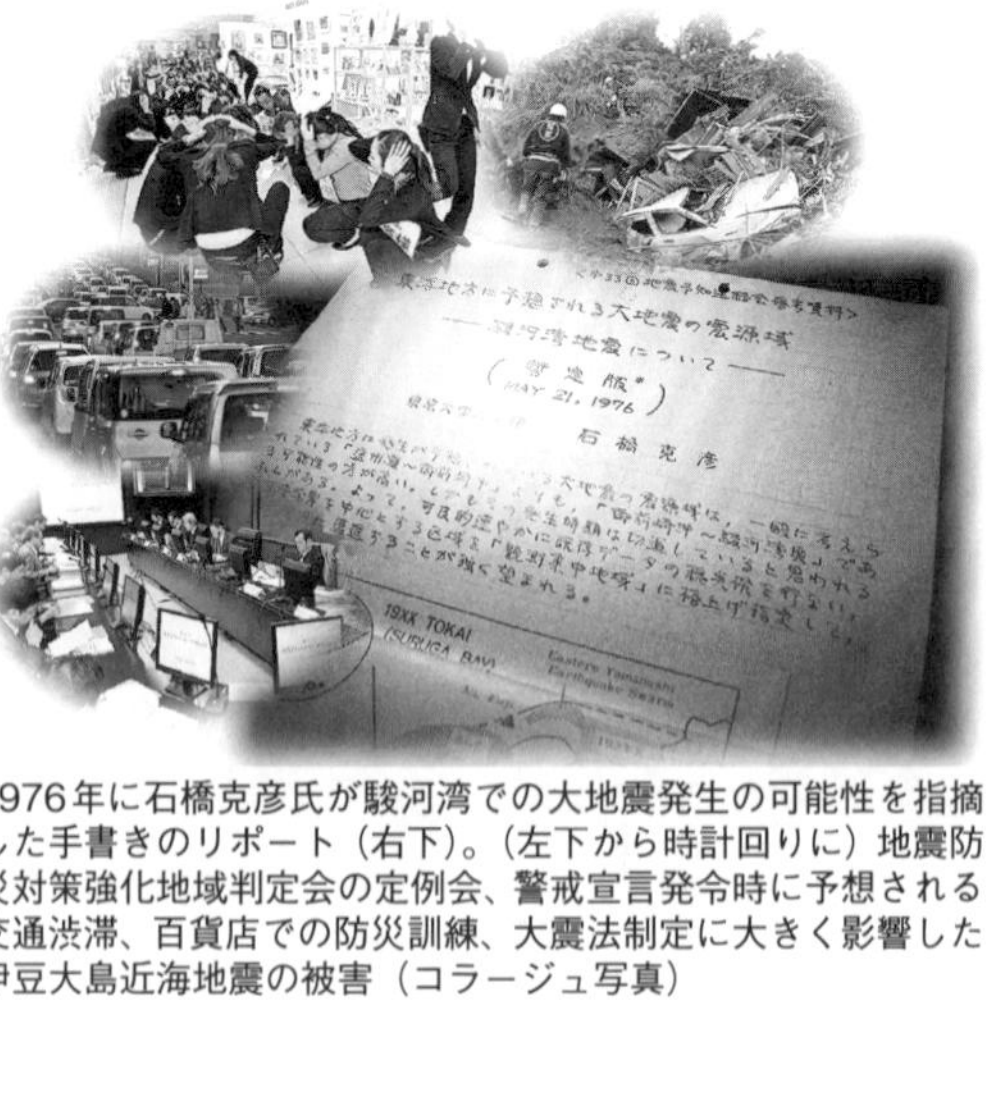

1976年に石橋克彦氏が駿河湾での大地震発生の可能性を指摘した手書きのリポート（右下）。（左下から時計回りに）地震防災対策強化地域判定会の定例会、警戒宣言発令時に予想される交通渋滞、百貨店での防災訓練、大震法制定に大きく影響した伊豆大島近海地震の被害（コラージュ写真）

踏み切ったものの、結果的には機器の故障が原因だった（第9章「平成の2・29事件」）。

作業部会の下に置かれた調査部会は今回、複数のひずみ計で有意な異常が観測される現象について「科学的な評価ができない」とした（第7章「備えるべき予兆」）。直前予知の可能性を事実上否定した結論で、大震法の存廃を含む見直しは必至になったと言える。

一方で、気象庁は今も「東海地震は直前予知の可能性がある」との旗を降ろしていない（第12章「大震法の行方」）。矛盾状態は明らかで、ひずみ計の観測データの評価を担う地震防災対策強化地域判定会（判定会）の在り方も問われている。

直前予知による減災効果への期待は依然として根強く、実用化に向けた研究の継続は今後も必要だろう。ただ、現状では「予知はできない」ということを国がしっかりと認め、社会に向けて広く知らせていくべきだ。それは、大震法の見直し議論の出発点でもある。

2 「不確実な予測」説明徹底を—活用には理解不可欠

作業部会は、今後南海トラフで想定される状況のうち、一部のケースは統計的手法に基づいて大地震の発生確率を示すなどの「不確実な予測」を出すことはできるとした。こうした学術的な議論は国民には分かりづらい。警戒宣言や地震防災応急対策といった大震法の現状の課題につながってくる重要な議論でありながら、国民の関心が高まっているとは言えない。事務局の内閣府などには国民向けの徹底した説明を求めたい。

予想される南海トラフ地震に備え、作業部会で議論の俎上（そじょう）に載った「不確実な地震予測」。確度の高い「直前予知」の実質的な代わりと位置付けられるが、具体的な中身は見えづらい。防災対応へ活用するのならば、国民に対し徹底した説明が必要だ。

作業部会では、南海トラフの半分の領域で大地震が起き、残りの半分の領域で大地震の恐れが高まる〝割れ残り〟の現象など、社会の混乱が予想される四つのケースを内閣府が提示した（第7章「備えるべき予兆」）。

委員らは、これらの異常が観測された際にデータの公表など、何らかの情報を出す必要性で一致する。取材班が静岡、高知両県の市町村に行ったアンケートでも被害軽減や社会混乱の防止につなげるため、不確実であっても情報を活用すべきと考える首長が大半を占めた（第11章「首長アンケート」）。

一方で、四つのケースとはまったく違った地震の起こり方や長期化、空振りを懸念する声もある。作業部会では避難を促す場合の判断を国や首長が担うのか、住民の自己責任に委ねるのか―といった点も論点

想定される異常のケース

	ケース
①	南海トラフの半分で大地震が起き、もう半分が割れ残る
②	南海トラフでM７級の地震が発生する
③	2011年3月の東北地方太平洋沖地震に先行したような現象が多種目で観測される
④	東海地震の判定基準とされる前兆すべりが見られる

になった。

直前予知を前提にした大震法の運用では警戒宣言で住民避難、鉄道の運行停止、学校の授業中止といった措置がとられるが、不確実な情報だとしても同様の厳しい規制が必要なのか。地域や民間事業者、住民が個々の実情にあった防災対応を考える上でもメリット、デメリットを含めて理解を深めてもらう取り組みが欠かせない。

3 全国適用の仕組みを視野に——指定の有無で温度差

不確実な予測による注意喚起の仕組みができるとすれば、適用範囲は南海トラフ沿いの地域が指定される公算が大きい。しかし、大地震は全国どこでも起きうるし、不確実な予測に基づく情報なら全国どこでも出せる可能性がある。適用範囲の内側と外側で防災意識に温度差も生じかねない。全国適用の仕組みを見据えるべきだ。

大震法に基づき地震防災対策強化地域(強化地域)に指定されているのは、想定東海地震の強い揺れや津波の被害が予想される8都県157市町村。大震法が事実上、東海地震を対象にした法律とされるゆえんだ。

2016年4月1日の三重県南東沖地震＝マグニチュード（M）6・5＝は、東海地震の監視領域から外れていたため判定会の直接の評価対象にならず、特別な情報も出なかった。ただ、周辺では巨大地震の誘発を懸念し情報を求める防災担当者も多くいた（第5章「警告する大地」）。地域指定の在り方に一石を投じた出来事だったと言える。

作業部会では「不確実な地震予測」の適用範囲を南海トラフ沿いとする方向で議論が進む。南海トラフ地震の切迫性が指摘される中では自然な流れだが、異常現象は日本のどこで観測されてもおかしくはない。地域指定の有無によって三重県南東沖地震と同じような問題が再び顕在化する可能性もある。何より防災に対する住民の温度差を生みかねない。現状でも、強化地域外からの観光客などは警戒宣言の認知度が低い。正しい知識がないと有事に情報が交錯する恐れは拭えない（第2章「警戒宣言、その時」、第3章「避難　福島に学ぶ」）。警戒宣言での混乱を避けるため、強化地域外で予知型訓練に取り組む自治体もある（第6章「防災訓練を追う」）。

地震被害軽減への意識を国土全体で高めるためにも、不確実な予測に伴う防災対応は全国を対象とした仕組みを視野に入れたい。

4 大震法の趣旨や意義生かせ―事前に対応　唯一の法律

大震法はそもそも、科学者ではなく、政治や国民の側が求めたものだ。その趣旨に立ち返り、一人でも多くの国民の生命・身体・財産を守るために、廃止するのではなく、いかに活用できるかを考えるべきだ。

大震法は約40年前、地震学者ではなく、政治や国民の側が切実に求めた法律と言える（第4章「前例なき法律」）。死者25人を出した1978年の伊豆大島近海地震（M7・0）を受け、この国の政治家は自分たちが地震大国の宿命から逃れられないと改めて悟った。そんな思いに時の首相が応えてできたのが大震法だった。

当時も多くの地震学者は観測網充実などの〝条件付き〟で予知の実現性に言及していたにすぎない。気象庁も「一発必中の予知は東海地区の大地震といえども約束できない。しかし3回か4回空振りしてもいいから予知をやれという地域住民の要請がある」と答弁している。科学を脇に置き、世間に押されるようにして大震法が作られた側面は否めない。

一方で大震法は、大地震の発生前に地震防災応急対策や避難勧告などを可能にする唯一の法律。政治や行政が大震法を求める背景がここにある。強化地域の自治体の担当者の75%が「警戒宣言は『必要』」（第1章「強化地域アンケート」）、静岡、高知両県の市町村長の9割が「警戒宣言のような仕組みは『必要』」（第11章「首長アンケート」）と答えている。

当時期待されたような予知はできないことは明らかになったが、大地震の発生前から備えられる唯一の法律との趣旨に立ち返れば、不確実であっても発生の確率が普段より高いと分かる可能性がある限り、大震法は廃止せず実情に合わせて活用するべきだろう。

5 本県を議論のモデル地域に―貴重な県民の経験・教訓

今後の議論には国民や企業を巻き込むことが欠かせない。作業部会はいったん東京を離れ、地域住民の声を聞くべきだ。まずは長年にわたって大震法の恩恵を受けてきた本県をモデル的な地域として、不確実な予測を基に何ができるか徹底的な議論を。大震法の教訓やノウハウを国民全体で共有し、関心の高まりに期待したい。

国で現在議論が進むのは、あくまで南海トラフ沿いで大地震が発生する可能性が普段より高まった場合に備えた防災対応。大震法は直接対象ではないが、議論の成果は当然、この先の大震法見直し議論の基礎になる。

本県は唯一全域が強化地域に指定され、県民一丸となって大震法に基づく地震対策に取り組んできた。しかし現状では警戒宣言が大きな混乱を招く恐れがあり（第1章「強化地域アンケート」、第2章「警戒宣言、その時」）、予知型防災訓練も統一的に実施できていない（第6章「防災訓練を追う」）など現実感が薄れている。

一方で本県が長年蓄積してきた経験や教訓は南海トラフ沿いの防災対応の在り方をめぐる議論にも大いに生かせるはずだ。大震法の恩恵も受けてきた本県だからこそ県民ぐるみで議論に加わりたい。

「不確実な地震予測を基に何ができるか」が今後の主要テーマになる。いよいよ情報の受け手側が意見を出し合う番だ。地震の「切迫度」と地域や個人の「脆弱（ぜいじゃく）性」で防災対応をレベル分けするという国の方針案には異論も多い（第10章「地震学と社会」）。受け手側の視点に立ち、改めてゼロからの議論が求められる。

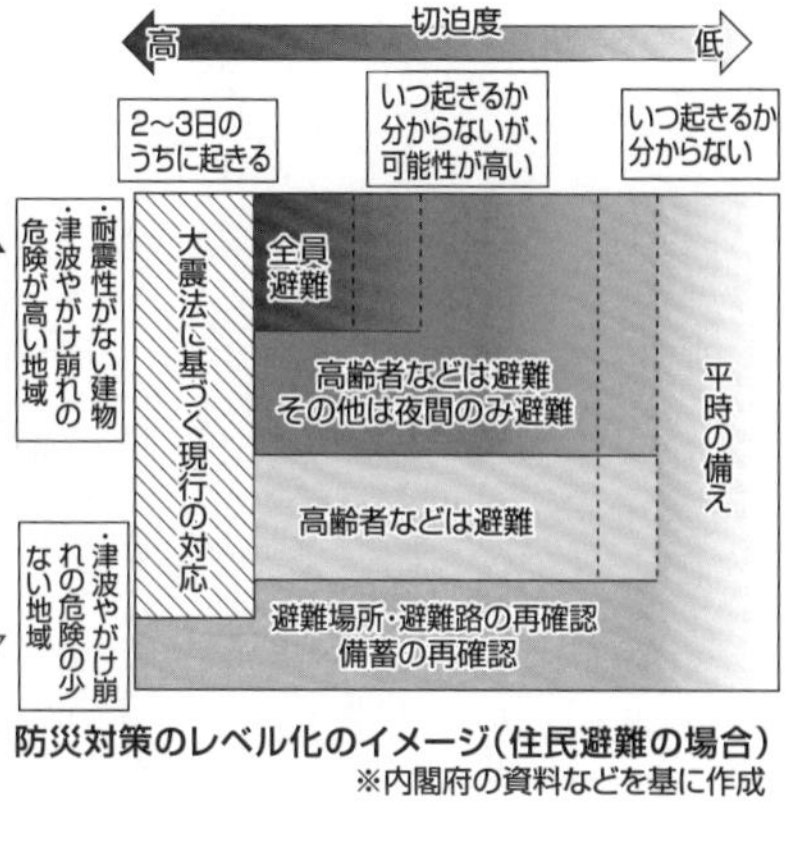

防災対策のレベル化のイメージ（住民避難の場合）
※内閣府の資料などを基に作成

議論は全国的に行われるのが望ましいが、まずは本県をモデル地域として国や県の音頭でタウンミーティングやシンポジウムなどを重ね、県民や企業・団体の担当者を一人でも多く巻き込みながら、重点的、徹底的に「何ができるか」の議論を重ねるのはどうか。

6 地震と向き合う国土づくり──国民の機運醸成に期待

巨大地震が避けられない地震大国の日本。東京一極集中は解消せず、本当の意味で地震に強い国づくりができているとは言えない。大震法の見直しという大きな節目は〝真の防災〟について改めて皆で考える機会になりうる。国や県は、作業部会が開けた風穴を着実に広げ、地震大国ならではの国土づくりを国民とともに真剣に模索していくべきだ。

少なくとも過去数百年、南海トラフや駿河トラフでは100～200年ほどの間隔で巨大地震を繰り返している。加えて内陸地震はいつどこで起きてもおかしくない。地震の巣の真上に築かれたわが国は、大地震と真摯（しんし）に向き合っているだろうか。大震法見直しという大きな節目にいま一度、国民的議論を期待したい。

前回のいわゆる東海地震は1854年の安政東海地震。160年以上前の江戸時代だった。街には今、当時なかったものがあふれている。高層ビルや高速道路、鉄道、原発にコンビナート。１９４４年の昭和東南海地震は戦時中。その後は巨大地震に見舞われることなく私たちの街は高度経済成長を経て発展した。

直下地震の危険を抱える東京への一極集中も是正されず、ますます加速するばかりだ。

東海地震説を唱えた石橋克彦氏は「日本人のやってきたことが問い直されている」と警句を発した（序章「提唱者はいま」）。気象庁で長く予知行政に携わった元判定会委員の吉田明夫氏も、真の防災には生活様式の転換が必要と訴えた（第８章「異例の提言」）。

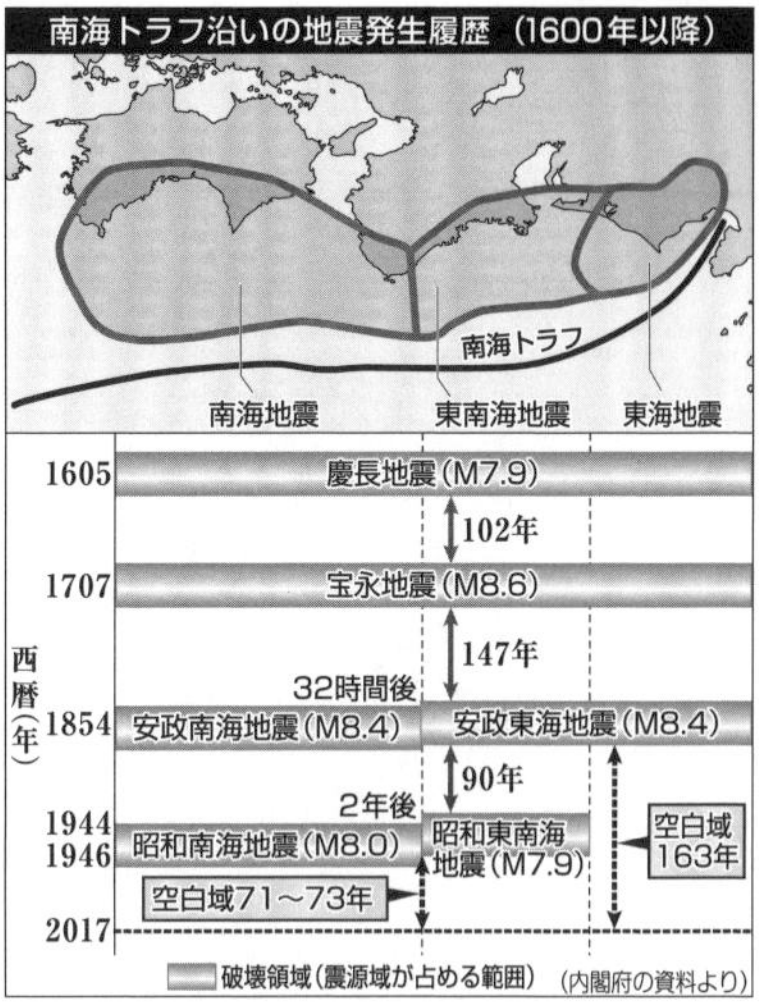

駿河湾、沈黙の40年。それは現代都市が抱える多くの課題が顕在化した40年でもあった。これからの40年は巨大地震と真剣に向き合った国土づくりを地に足を着け進めていく必要がある。子供たちにも議論に加わってもらおう。次の南海トラフ地震が起きるころ、子や孫の世代が日本の主役を担っているかもしれないのだから―。

（完）

関連記事

警戒宣言を軸に構成

発災前から対応定める

駿河湾を震源とする東海地震説（駿河湾地震説）を受けて、1978年に成立した大規模地震対策特別措置法(大震法)。大地震発生前の防災対応という世界でも類のない仕組みを規定している。一方で、対象地域の範囲や警戒宣言発令時に実行される具体的な応急対策の中身など、運用面での規定が法律そのものに盛り込まれていると混同されることも多い。国の有識者作業部会で初めての抜本的な見直しを視野に入れた議論が進む中、現行の大震法の中身を改めて整理する。

全40条から成る大震法のポイントは、地震予知情報を受けて首相が発令する警戒宣言。法律の構成はこれを定めた第9条を軸に、関係機関による平時の各種計画作成を中心とした前段部分と、警戒宣言発令時の応急対策の実行などを盛り込んだ後段部分に大きく分けることができる。

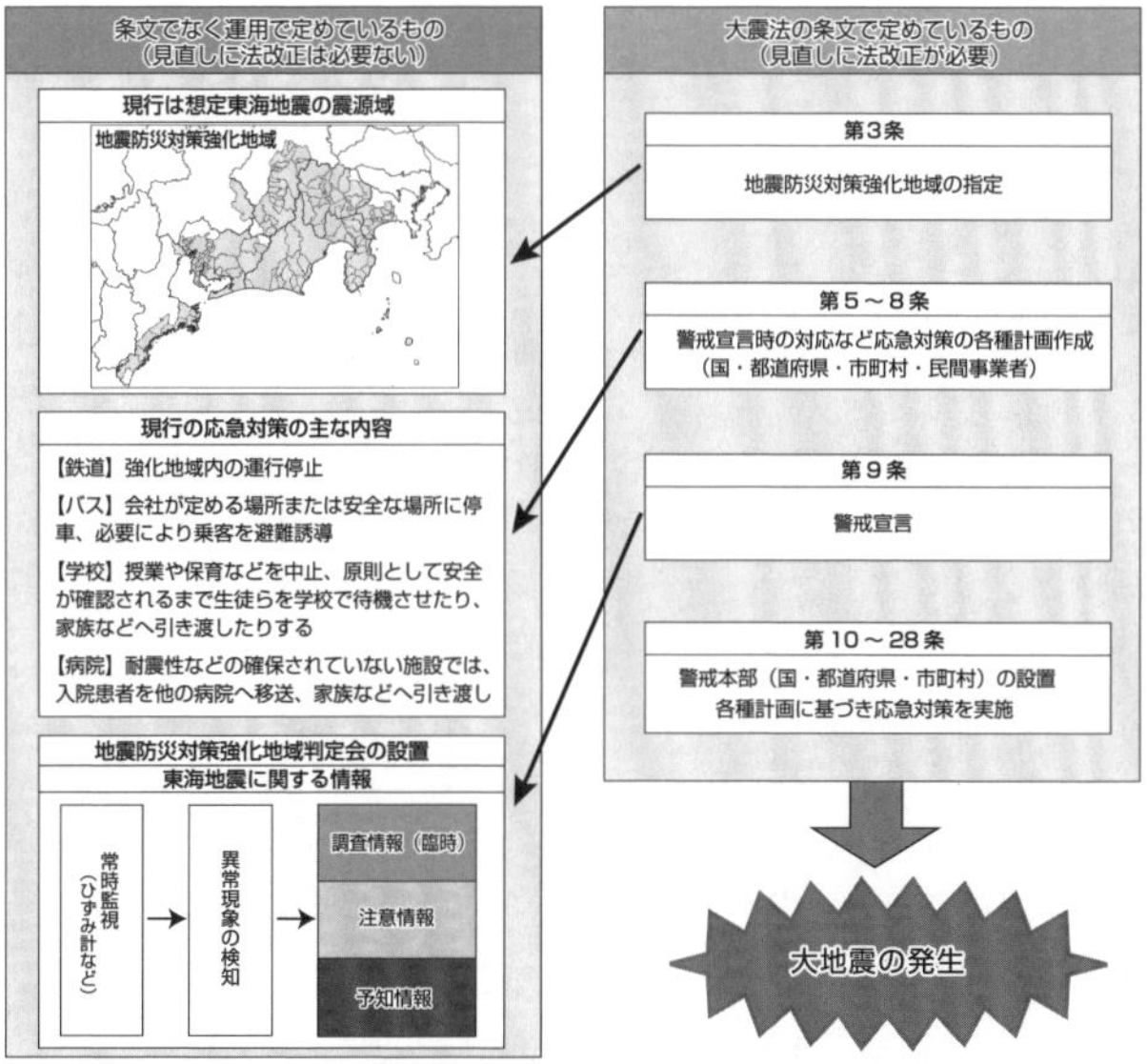

第1条の目的、第2条の用語の定義に続き、第3条では首相が中央防災会議への諮問や関係都道府県知事の意見聴取を経て、地震防災対策強化地域（強化地域）を指定すると明記。第4条で強化地域に係る大規模地震の予知のため、国は「観測および測量実施の強化を図らなければならない」と定めている。

第5条から第8条までは、警戒宣言が発令された場合の応急対策に関する各種計画づくりを国や強化地域内の都道府県、市町村、民間事業者に義務付ける条項。病院や百貨店、鉄道など対象となる民間事業者の種類は第7条に記されている。

警戒宣言の第9条では、気象庁長官から地震予知情報の報告を受けた場合、首相が閣議にかけて発令すると明文化する。この仕組みは、原子力災害対策特別措置法などのモデルにもなったとされている。

警戒宣言はいわば、実際の応急対策が動きだす〝スイッチ〟。発令されると国や都道府県、市町村は地震災害警戒本部を設置し、各種計画を一斉に実行に移すことが定められている（第10〜21条）。

一方、大震法は強化地域内の一般市民にも警戒宣言発令時の必要な行動を課している。第22条の「住民等の責務」がそれに当たり、火気使用や自動車の運行、危険作業の自主制限のほか、市町村長や警察による応急対策への協力を求めている。

第23条以降は警戒宣言発令時の市町村長の権限や交通の禁止・制限、住民の避難行動における警察官の指示事項など。第29条は平時からの施設整備などに対する国の補助を規定し、地震財特法の根拠にもなった。強化地域内での防災訓練の実施（第32条）などをうたっているのも特徴だ。

成立40年、環境大きく変化―直前予知から不確実な予測へ

大震法は、東海地震説によって大規模地震災害への危機感が高まった本県の強い要望を受け、成立した。地震予知の実用化への期待も背景にあった。国は作業部会に対し、当時の議事録を引用しながら「地震予知がなされることになったので、その際の対応をあらかじめ定めておこうとすることが、大震法が制定された大きな目的の一つ」と説明した。

一方で、近年は東海地震単独よりも、南海トラフ沿いの広範囲での大規模地震発生が懸念されている。警戒宣言の前提となる直前予知も、今の地震学の実力では不可能というのが共通認識となっている。約40年を経て国が抜本的な見直しにかじを切ったのは、大震法を取り巻く環境が大きく変化したためだ。

作業部会では現在、不確実な発生予測に基づく防災対応の在り方の検討が進む。大震法では警戒宣言という形で首相が担うことになっている情報発出の主体のほか、地震の「切迫度」と「地震や津波に対する弱さ（脆弱＝ぜいじゃく＝性）」という二つの尺度を組み合わせた防災対応のレベル化などが論点。

大震法では警戒宣言を解除する場合の基準などが明確化されていないことを踏まえ、住民避難や事業停止がどの程度の期間ならば許容できるのか—といった点も議論になっている。

8都県157市町村が対象—強化地域指定

地震防災対策強化地域（強化地域）の指定は第3条に基づき行われる。現状はいずれも想定東海地震の震源域で、本県など8都県157市町村に限られている。条文では具体的な地域を限定していないが、この指定によって大震法が事実上、想定東海地震を対象にした法律となっている。

想定東海地震だけが対象になってきたのは、この地震が国内で唯一、予知できる可能性があると考えられてきたため。ただ、観測網は充実したが、研究が進めば進むほど確度の高い地震予知は困難との認識が広がった。

国の作業部会の議論では、強化地域を拡大するかどうかが論点の一つ。現行の大震法の仕組みを維持したまま強化地域を広げるだけならば、法改正は必要ない。新たに強化地域に加わるエリアでは、常時観測・測量の強化や各種計画の作成など防災態勢の抜本的な再構築が必要になる。

検討されているのが、南海トラフ沿いへの拡大。仮に強化地域に南海トラフ地震に関する特別措置法（南海トラフ法）が定める推進地域を含めると、対象は現状の約4・5倍の29都府県707市町村に膨れ上がる。

社会や市民生活を制約—各種計画作成

大震法は強化地域の被害軽減を図るため、国と地方自治体、特定の民間事業者を対象に各種計画の作成と実施を規定している。国の中央防災会議が作成する基本計画は、警戒宣言発令時の国の基本方針などが柱。地方自治体は強化計画、民間事業者は応急計画をそれぞれ定める決まりだ。

大震法に基づく現行の仕組みは警戒宣言発令時、社会に大きな負担を強いる。鉄道の運行停止や道路に関する強化地域への流入制限、金融機関の営業停止、病院の外来診療中止など。これらの具体的な制約はいずれも大震法の条文にはなく、各種計画に基づいている。

大震法の制定から約40年の間に社会の環境が変わり、規制の在り方が実情にそぐわなくなっているとの指摘は根強い。例えば、鉄道は耐震性や地震波を検知して停止する技術が向上した。一律に止めるのではなく低速運行を続けるべきとの意見がある。

規制の緩和は、大震法そのものではなく、各種計画の修正で対応できる。地震予知の前提が崩れ、不確実な予測しかできないとされる中、現行の規制をどうするかは大きなテーマになっている。

予知情報ほぼ同時発表―警戒宣言発令

気象庁長官からの地震予知情報に基づき、首相が警戒宣言を発令する第9条の規定は、大震法の根幹をなす。気象庁は前兆的な現象の進展具合に伴って、国民向けにも「東海地震に関連する情報」を発表するが、大震法にはこうした流れについての記載はない。

東海地震に関連する情報は、危険度に応じて大きく3段階に分かれる。想定震源域一帯に設置されたひずみ計が異常を検知した場合に、専門家6人で構成する地震防災対策強化地域判定会が評価し、赤、黄、青の3色で危険度を表す指標「カラーレベル」と併せて気象庁が発表する。

3段階のうち、最も切迫性が高いのが予知情報で、カラーレベルは赤。3カ所以上のひずみ計に異常があり、東海地震が発生する恐れが認められたケースに当たる。警戒宣言とほぼ同時に発表され、国民に根拠などを説明する。

ただ、気象業務法は第11条で、気象や地象（地震など）に関する情報が公衆のためになる場合は直ちに発表し、周知に努めると定めている。このため、前兆的な現象が見つかった際は大震法がなくても一定の防災対応を促せるのではないかという声もある。

2017.5.14朝刊

南海トラフ地域と合意　重視

防災見直しへ内閣府　静岡で大震法シンポ

本県の東海地震対策の礎を築いた大規模地震対策特別措置法（大震法）の在り方などを考える静岡新聞社・静岡放送主催の「大震法シンポジウム」（県共催）が13日、静岡市葵区の県地震防災センターで開かれた。パネリストの広瀬昌由内閣府政策統括官（防災担当）付参事官（調査・企画担当）は、中央防災会議の有識者ワーキンググループ（作業部会）で進めている大震法を含めた南海トラフ地震対策の見直しに関して、「南海トラフ全体（の地域）に理解を求めていくことが必要になる」とし、議論の進展には対象地域との合意形成が重要になるとの認識を示した。

作業部会は2016年9月に設置され、地震の予測可能性を検証する下部組織の調査部会と合わせて計7回の会議を開催。大震法の根幹をなす警戒宣言の前提となってきた直前予知が困難との認識に立ち、不確実な地震予測を活用した緊急防災対応について検討している。

広瀬氏は「実際に（防災対応で）行動してもらうのは住民、事業者の方。現状の地震学の力を踏まえたオペレーション（運用）を整理してしっかり説明し、どういう形がいいのかを議論したい」と強調した。「道のりは長くなるかもしれないが、そういうことを丁寧にやっていく必要がある」とも述べた。

シンポジウムでは元地震防災対策強化地域判定会委員の吉田明夫静岡大客員教授が「不確実な地震発生予測をどのように防災に生かすか」をテーマに基調講演。確定的な予知は不可能だとする一方、観測網の充実により前兆のような現象が捉えられる可能性は高いとして、「その日に備えて個人やグループ、自治体がそれぞれの立場で防災対策を進めてほしい」と呼び掛けた。

パネル討論では吉田氏と広瀬氏のほか外岡達朗県危機管理監、堀高峰・海洋研究開発機構（JAMSTEC）地震津波予測研究グループリーダー、牛山素行静岡大防災総合センター教授が意見を交わした。静岡放送の牧野克彦アナウンサーと本紙連載「沈黙の駿河湾」を担当する大震法取材班の鈴木誠之記者が進行を務めた。

大震法見直しへの現状や、今後の南海トラフ地震対策などを考えた大震法シンポジウム＝2017年5月13日午後、静岡市葵区の県地震防災センター

予測「不確実でも必要」　パネリスト5人登壇

活用策は多様な見解

大規模地震対策特別措置法（大震法）の在り方を探るため、静岡市葵区の県地震防災センターで13日に開かれた「大震法シンポジウム」（静岡新聞社・静岡放送主催、県共催）。静岡大客員教授の吉田明夫氏ら5人が登壇し、不確実な予測に基づく防災対応を巡って議論を繰り広げた。「不確実でも何らかの情報を発信すべき」との意見で一致した一方、情報を活用した対策に関しては多様な見解が示された。

内閣府は地震の「切迫度」と「地震・津波に対する弱さ（脆弱＝ぜいじゃく＝性）」の二つの尺度でリスクを判定し、防災対応をレベル分けする考えを示している。吉田氏は「気に掛かっているのは、切迫度を切り分けられるかということ」と疑問視。その上で「普段から観測情報を公開し、成果を解析・評価して周知を図る仕組みが必要」と述べた。

静岡大防災総合センター教授の牛山素行氏は「切迫度の評価はほぼ無理だが、脆弱性は

地震予測の活用法をテーマに議論するパネリストら＝2017年5月13日午後、静岡市葵区の県地震防災センター

一定の把握が可能」との見解。市民それぞれが居住地域の立地特性を学ぶ重要性を指摘した。

海洋研究開発機構（ＪＡＭＳＴＥＣ）の堀高峰氏は「確度の高い予測は困難」とする報告書をまとめた中央防災会議の調査部会のメンバー。確率予測について「数値で示すのは難しいが、（対象の状態の変化など）定性的な区別はできる。地震学者が『分かりません』と言って対策にブレーキをかけるのは非常にまずい」と強調した。

内閣府の広瀬昌由氏は「中央防災会議の作業部会は大震法そのものを検証しているわけではなく、大地震につながる可能性が高まった時に社会がどう対応すべきかを検討している」と説明。県危機管理監の外岡達朗氏は「対策は社会的影響を抑え、受忍しやすいものにすべき。社会の合意を得ながら進めていく必要がある」と注文を付けた。

「大震法知る機会に」「自助の大切さ実感」―県民ら220人聴講

静岡市葵区の県地震防災センターで13日開かれた大震法シンポジウムには約220人の県民らが参加した。聴講の感想や意見などとして、会場からはさまざまな声が聞かれた。

静岡市駿河区の主婦小田路子さん(43)と中学1年の娘佳怜さん(12)は「内容には難しい点も多かったが、大震法という法律を知るきっかけになった」と話した。佳怜さんは「小学6年の時、理科の先生から(静岡新聞の記事を引き合いに)『静岡にとって大事な内容』と言われ、地震に興味を持った。夏休みの自由研究の題材にしたい」という。

静岡大3年の羽川園夏さん(20)=同区=は「中学の時に体験した東日本大震災では栃木県の実家が一部損壊した。東海地震は静岡(など強化地域)だけの問題ではない。大震法の説明を通し、自助の大切さを実感した」と感想を述べた。一方、浜松市中区の会社員石丸昌平さん(48)は「大震法がどう問題なのか、もう少しかみ砕いてほしかった」と要望した。

【大自在】大震法見直し

▼直径1万3千キロ弱に対し、厚さ100キロほど。地球をリンゴに見立てれば、表面を覆うプレート（岩板）は皮のようなものだ。だが、果物の皮と違って、時に私たち人間に大きな厄災をもたらす ▼十数枚に分かれ、移動を続けている岩板のぶつかり合いでひずみがたまり、地震を起こす。岩板境界のひずみを一気に解放するのが海溝型地震。典型は東日本大震災で、周期的に発生している南海トラフの地震もこのタイプだ ▼南海トラフの東端部分、本県内陸から駿河湾のひずみが大きい。そんな見解に基づき、切迫性をもって提唱された東海地震に備え、大規模地震対策特別措置法（大震法）が制定されて来年で40年。幸いこれまで東海地震の発生はなく、政府は法律の抜本的な見直しも視野に議論を進めている ▼本紙連載企画「沈黙の駿河湾」でも紹介してきたように、論点の一つは国の情報の出し方。40年前とは異なり、直前の前兆把握に楽観的な地震学者は少ない。たとえ前兆の可能性を疑う地殻の異常を観測できても「地震発生が近い」と断言はできない、が支配的な意見だ ▼不確実な情報を防災にどう生かすか―。きのう静岡市で開かれた「大震法シンポジウム」の議論を聞いて、改めて難題だとの印象を持った。「確実なことが言え

たとしても、その時点でとれる対応は限られる」。そんな発言もあった　▼結局は「普段からの備えが大切」ということだろう。住まいの耐震性の確保。家具の固定。家族の連絡方法の確認…。地震列島に暮らす限り、「無駄な準備」にはならないのだから。

2017.5.20朝刊

詳報　南海トラフ地震　予測と防災

本県の東海地震対策の礎を築いた大規模地震対策特別措置法（大震法）の在り方や今後の南海トラフ地震対策を県民とともに探るため、静岡新聞社・静岡放送は13日、静岡市葵区の県地震防災センターで「大震法シンポジウム」（県共催）を開いた。「みんなで考える地震予測～限界と活用法」をテーマに各分野の専門家を招き、国の中央防災会議ワーキンググループ（作業部会）が進めている大震法を含めた南海トラフ地震対策の見直し議論や、地震予測の現状といった課題を掘り下げた。約２２０人が参加した。

■進行
▽牧野克彦（ＳＢＳアナウンサー）
▽鈴木誠之（静岡新聞社記者）

■パネリスト
▽牛山素行氏（静岡大防災総合センター教授）

牧野克彦
（SBSアナウンサー）

鈴木誠之
（静岡新聞社記者）

▽堀高峰氏

（海洋研究開発機構＝ＪＡＭＳＴＥＣ＝地震津波予測研究グループリーダー）

▽外岡達朗氏（県危機管理監）

▽広瀬昌由氏（内閣府政策統括官＝防災担当＝付参事官＝調査・企画担当＝）

牛山素行氏

外岡達朗氏

堀高峰氏

広瀬昌由氏

◆基調講演

「警戒宣言」より備え大事

——吉田明夫氏（元地震防災対策強化地域判定会委員）

予知を前提とした大震法に基づいて警戒宣言が出ると、交通の制限や鉄道の停止、店舗の営業停止など社会がかなり厳しく制限される。そうしたコストは1週間で約1兆円とされる。現在、予知は一般に困難とされ、内閣府の調査部会は2013年5月、東海地震を含めた南海トラフ沿いの地震の予知も困難だと報告書をまとめた。

私は16年2月、8年務めた判定会委員を辞任する直前の定例会で「想定東海地震の〝想定〟を見直す時」と題して話した。判定会で判定会自体の在り方を議論するのは異例だが東海地震の想定づくりに深く関わった者として、当時の想定が今も続いていることに責任を感じ、見直してほしい気持ちがあった。

吉田明夫氏

ただ、隣接領域でマグニチュード（M）8級の地震が起きたり、想定震源域内でM7級の地震が起きたりした時には、誰もが自分の地域で大地震が起きるのではないかと心配する状況になるだろう。それでも、大地震は明日かもしれないし、2年後かもしれない。起きないかもしれない。

そうした状況を想定して内閣府は今、地震の「切迫度」と人や地域の「脆弱（ぜいじゃく）性」でレベル分けした防災対応を取ることを検討しているが、切迫度の評価は現時点では極めて難しいだろう。私は気象庁時代、なるべくその時の科学にのっとった仕組みを作ろうと努力してきた。（今の方向性では）担当者は非常に判断に悩むことになると思う。

南海トラフの地震は必ず来る。その前に誰もが発生を心配する状況も起こりうるだろう。しかしその時になって（警戒宣言のような仕組みで）一斉に指示を出すのではなく、日ごろから個人や家族、団体、自治体が各自の立場で何ができるかを考え、今から準備していくことが最善の方策ではないか。

◆シンポジウム
大震法の功罪＝対象地域や規制　課題に―外岡氏

鈴木　2016年1月から大震法をテーマにした長期連載に取り組んでいる。東海地震説の提唱者である石橋克彦先生が「大震法はもう見直すべきだろう」と話しているところからスタートし、現状把握のためにまず、大震法に基づいて地震防災対策強化地域に指定されている8都県157市町村の防災担当者にアンケートをした。「警戒宣言が出ると混乱する」という回答が8割を占めた一方、「地震が起きそうだというのがもし分かるのであれば、警戒宣言のようなものを出してほしい」という声も75％あった。大震法についていま一度、国民レベルの議論をしなければいけないという思いを強くした。

外岡氏　大震法は地震の前兆を捉えて警戒宣言を発令し、事前の対応をとる仕組みになっている。この法律ができたことで、地震の観測・評価態勢が強化され、経験やデータも積み重ねられている。事前の備えをしておくともうたわれているので、避難所の整備や公共施設の耐震化が進んだ。自主防災組織の充実や市民の皆さんの防災意識向上にも非常に貢献してきた部分がある。一方で、東海地震説から40年という時間の経過とともに対象とする地域、確度の高い予測が難しい中での社会規制の在り方をどうしていくべきかという課題が出てきている。

地震予知の現状＝固着やすべり推移追う―堀氏

牧野　不確実な予測とは、一体どのぐらいのことができ、どういうことが言えるのか。

堀氏　東海地震を含めたプレート境界の地震は、プレートの境界が固着して（海のプレートが陸のプレートを）引きずり込み、ひずみをためて地震を起こす。実際に東海の沖合とか東南海、南海というのはひずみをためている。いつ起こるかはっきりとは言えないが今後、地震が起こるのは間違いない状態。われわれはそういう中で、これがどのように変化し、地震をどう起こすかということを予測しようとしている。今は固着やすべりの状態がどうなっているか、それに対して推移をずっと追い掛け、その後はこういうことが起こりえますよというのをいくつか並べるまではできる。もう一つは（南海トラフの）片側のエリアでマグニチュード（M）８クラスの地震が起きた場合、すぐ隣のエリアで地震が起こる確率はやはり高くなる。普段に比べての地震の可能性を数値ではっきり言うのは難しいが、切迫度という意味でかなり高いレベルにあるのか、そうではないのかという定性的な区別はできると思っている。

想定される異常のケース

	ケース
①	南海トラフの半分で大地震が起き、もう半分が割れ残る
②	南海トラフでＭ７級の地震が発生する
③	2011年3月の東北地方太平洋沖地震に先行したような現象が多種目で観測される
④	東海地震の判定基準とされる前兆すべりが見られる

牛山氏　不確実性という意味から言うと、土砂災害も非常に不確実。土砂災害は発生回数、過去の経験数が地震に比べて圧倒的に多いので、統計的にそろそろまずいなというのが自信を持って言える面はあるが、不確実な部分は間違いなく残る。ただ、土砂災害や風水害といった雨に起因するような災害は、雨という形で現にいま、どういう力が

加わっているのかということを完全でないにしても把握できる。機械などで見ることができるという部分で、地震に比べると恵まれている面がある。それと比べると、地震を予測するのはいろいろと厳しい、大変なんだろうなという印象を持っている。

国の議論の現状

牧野　内閣府は南海トラフ地震の防災対応を検討している。議論の現状は。

広瀬氏　南海トラフの場合は津波到達時間が非常に短い。津波避難の例で言えば、海岸からの距離や標高、避難に時間がかかるかどうかなどが脆弱性の評価。それに対して、地震の切迫度に応じてどう行動を取るかということは、やはり分けて考えておかないといけない。誰の指示で行動するのか、国民の個々の判断でいいのか。切迫度を明確に判定することは難しいが、行動を取ろうと思うとどこかで割り切るしかない。

その上で、国民や自治体、事業者も含めて社会の合意としてどういう対応が要るのか、運用するために情報をどう生かすべきかという話をしている。防災対応のレベルを分けて南海トラフ地震に備えていく。備えるためにどのような社会の仕掛けが必要か。次の議論はそこに入りたい。

熊本地震のアンケートでは、被災者が最も欲しかったのは、地震のこれからの見通しに関する情報だった。南海トラフ全体でも当然、気象庁など専門的な機関が情報を出すことが必要だろう。住民の行動につながるよう分かりやすく出せるかという問題が一つ。加えて、住民に具体的な行動をお願いするという2段階になると思っている。

外岡氏　大前提として、地震は突然起こるもの。前兆となる現象を見逃したら地震防災対策強化地域判定会の責任か。そういう話ではない。確度が低く百発百中とはいかないからといって、地震予測をやめるべきではない。リスクが高まった時の防災対応は、社会的影響をできるだけ抑えて社会が受忍しやすいものにするべき。地震学で切迫度の切り分けが難しいとなった時、メリットとデメリットの兼ね合いで決まってくる。社会的合意を得ながら対策を進めていく必要がある。

国の議論の問題点＝いつ発生かは言えない—吉田氏
切迫度の評価ほぼ無理—牛山氏

吉田氏　内閣府のレベル分けについて、不確実性はあるけれども地震の発生する可能性が高まっているという状況をいかに防災に生かすか—との説明には同じ思いを持った。ただ気になるのは、切迫度が切り分けられるかという点。世界中の地震のデータを集めると、大地震が起きた直後に再び大地震が発生したケースは多いがそうばかりでもない。過去の南海トラフ地震の例から言うと、実際地震が発生するまで「心配」という状態がいつまでも続くのでは。

牛山氏　絵にすると縦横に軸があって横が切迫度、縦が脆弱性。それぞれの状況と場所に応じて対応を考えるということで、議論としてはすっきりしている。しかし、なかなか難しいだろう。私は地震学の専門家ではないが一人の学者として、切迫度の評価はほぼ無理だろうと感じる。一方、脆弱性は切迫度に比べるとある程度評価できる。切迫度の確実な評価は出てこないという前提で考えるぐらいのことはできるので議論自体を封じてしまうことはないと思う。

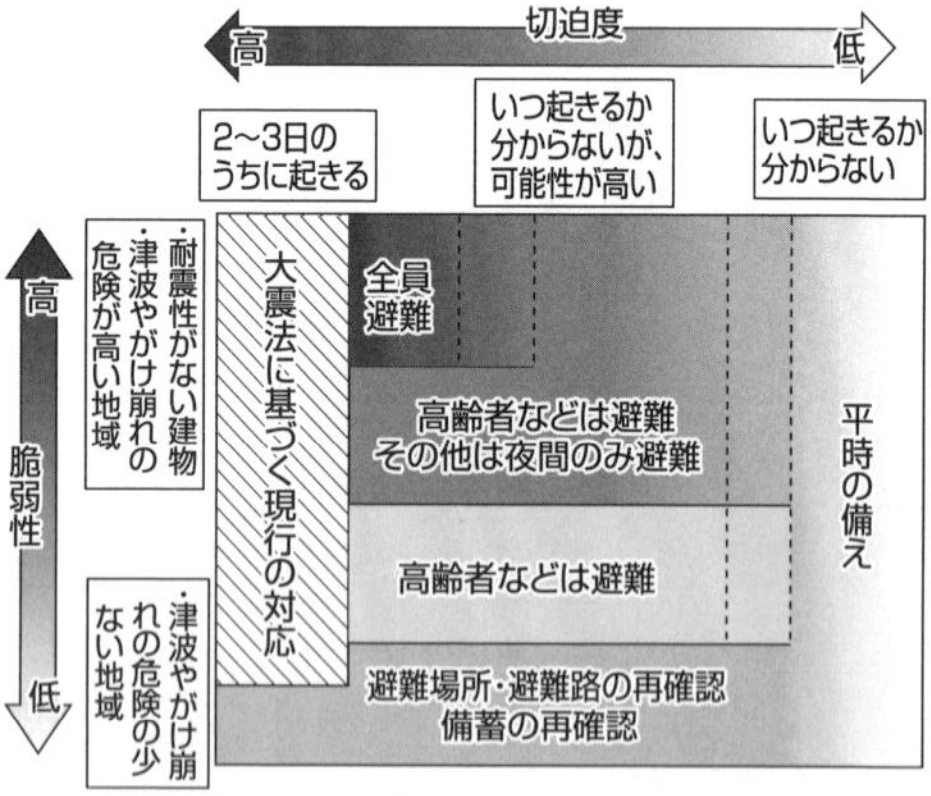

防災対策のレベル化のイメージ（住民避難の場合）
※内閣府の資料などを基に作成

吉田氏　いつ地震が発生するかということを時間を区切った形で情報として出すのは難しい。いつ発生するか分からない以上、情報を受けても何かできるわけではない。責任ある国の機関が現在の観測状況や変化の情報を出し、情報公開の中で関連した報道も増えるはず。住民がどうしろと言われてやるのではなく、どう対処するかそれぞれが考えていくべきだと私は考える。

何ができるか＝住民、事業者の理解必要―広瀬氏

堀氏　いま何が起きていてこの後何が起こりうるかという情報を出せるよう、われわれ研究者は努力しているところ。すぐに地震に結び付くか、そう簡単に言えることではないが、普段から情報を出していくことで、ここにひずみがたまっているとか、たまにすべりが加速するとか、こういうことはこれぐらいの頻度で起きるんだとか、皆さんが判断できるようにしたい。地震学者が「分かりません」ということで、きちんと対策をすべきことにブレーキをかけるのは非常にまずい。

外岡氏　まず、地震は突然襲ってくるものだという認識でしっかりと備えておくことが重要。その上で、一人でも多くの人をいかに救うかということで、地震観測態勢の強化を進めていく必要がある。変化を早く検知すればいろいろな形で備えられる。観測態勢の構築、住民に適切に情報を出していくこと、評価態勢を整えること―が重要だ。

広瀬氏　南海トラフ地震対策の見直しは東京の会議だけで結論が出るものではなく、住民、事業者を含めた理解が必要。現状の科学の実力はこの程度で、その実力を前提にしたオペレーションだとご承知いただき、それに対してどう取り組むかということを私どもで整理して、皆さまにきちんとお示ししたい。

「現行の対応改める必要」

作業部会　方向性案に明記―大震法見直し

大規模地震対策特別措置法（大震法）の見直しを含めた南海トラフ沿いの地震の観測・評価に基づく防災対応を検討している国の中央防災会議有識者ワーキンググループ（作業部会）は3日、第6回会合を都内で開いた。大震法に基づく現行の仕組みについて「現在の科学的知見を受け、改める必要がある」と明記した「とりまとめの方向性（案）」を事務局側が提示した。

大震法に基づく現行の仕組みでは、ひずみ計の観測網が異常を捉えると「2～3日以内に東海地震が発生する恐れがある」という旨の地震予知情報を基に首相が警戒宣言を発令し、大地震発生前に住民避難や各種規制措置が一斉に実施される。

事務局の内閣府は方向性案で大震法による現行対応を改める必要性を明記した上で「現在の科学的知見を防災対応に生かしていく視点は引き続き重要」と指摘。「どのような防災対応が適切か作業部会の検討結果を受けて社会的な合意形成を行い、その結果を踏まえ必要な制度を構築すべき」と記載した。これまで議論してきた、地震発生の可能性（切迫度）と、人や地域で異なる「脆弱（ぜいじゃく）性」に基づくレベル分けの防災対応を基本方針とする考えも強調した。

一方、新たな対応が決まるまでの間にも駿河トラフを含めた南海トラフで異常な現象が観測される可能性はある。方向性案はこの点にも踏み込み、国・地方公共団体が「当面の

想定される異常のケース

	ケース
①	南海トラフの半分で大地震が起き、もう半分が割れ残る
②	南海トラフでM７級の地震が発生する
③	2011年3月の東北地方太平洋沖地震に先行したような現象が多種目で観測される
④	東海地震の判定基準とされる前兆すべりが見られる

とりまとめの方向性案の要点
（内閣府の資料を基に作成）

【南海トラフで異常な現象が観測された場合の防災対応の方向性】

▼大震法による現行の防災対応の取り扱い
・「2～3日以内に東海地震が発生する恐れがある」という情報を前提とした大震法による現行の防災対応は改める必要がある

▼異常現象の評価に基づく防災対応の基本的な考え方
・ケース1とケース2は、大地震の発生確率が一定程度高い期間内に、避難を含む何らかの応急的な対策を講じる意義はある
・ケース4は定量評価できず、避難を促すことは難しいという考えがある。こうした考えが適切かも含め、社会的合意を形成すべき
・(ケース3は、現時点ではその評価情報を防災対応に生かす段階には達していない)

▼短期的な発生確率に基づいた防災対応の基本的な考え方
・具体的な対応案は国や地方公共団体、各事業主体が実施によるメリットとデメリットを勘案して検討すべき
・例えばケース1における確率の高い3日間程度を比較的厳しい防災対応（津波到達時間が極めて短い地域の避難など）を講じる期間にするなど、リスクに応じてレベル分けした防災対応を標準として、今後具体的な検討を進めることを提案

【おわりに】
・突発発生を前提とした防災対策は引き続き着実に進めるべき
・新たな対応が決まるまでの間に備え、国や地方公共団体は暫定的な防災体制をあらかじめ定めておくこと

暫定的な防災体制をあらかじめ定めておく」必要性を盛り込んだ。

作業部会は、想定される異常のケースに①南海トラフの半分で地震が起き、もう半分が割れ残る②南海トラフでマグニチュード（M）7級の地震が発生③2011年3月の東北地方太平洋沖地震に先行したような現象を多種目で観測④東海地震の判定基準とされる前兆すべりを観測―を挙げている。

モデル地区で議論　提案

川勝知事　本県の知見　活用を訴え―見直し作業部会

大規模地震対策特別措置法（大震法）見直しを含めた南海トラフ地震対策を検討する中央防災会議有識者ワーキンググループ（作業部会）は3日の第6回会合で、大震法に基づく現行の仕組みを改める必要性を明記した「とりまとめの方向性（案）」について協議した。南海トラフ沿いで異常現象が観測された際の新たな防災対応の具体的な仕組みの構築に向け、地域と「連携を強化する」との考えを盛り込んだ方向性案に対し、委員からはモデル地区を設置して議論を進めるよう求める提案があった。

福和伸夫委員（名古屋大減災連携研究センター長）は「広域的な地域ブロックごとに、地方自治体だけでなく、産業界とも相当に議論しなければいけない」とした上で、「有効なガイドラインを作るためには、モデル地区を使ってどれだけやっておくかがすべて」と述べた。委員の川勝平太知事は「静岡県の知見の活用を」と訴え、大震法制定以来、本県が進めてきた取り組みが今後の議論のベースになり得るとの認識を示した。

報告書のとりまとめに向けた方向性案の議論に臨む委員ら＝2017年7月3日午前、都内

方向性案は、地方自治体や民間事業者の主体的な防災対応を促すため、南海トラフ沿いで観測される可能性のある異常現象や、その際の防災対応の必要性などに関して説明会を通じて認識の共有を図る、とも記載。これに関連し、尾崎正直委員（高知県知事）は地方自治体や民間事業者の声を参考に「国がガイドラインを策定し、それに基づいて各主体が対応する仕組みにすべき」と指摘した。

新たな防災対応が決まる前に異常現象が観測される可能性を踏まえ、国、地方自治体が暫定的な防災対応を定める、との記述が盛り込まれたことについて、時間的なロードマップ（行程表）を示すよう要望する声も上がった。

方向性案はこのほか、地震観測網の一層の充実とともに、「異常現象の具体的な評価手法や評価基準、国民への情報提供の内容などを学識者の知見を活用しつつ、あらかじめ決めておくことが必要」とし、現在の地震防災対策強化地域判定会のような専門家による緊急の評価組織を気象庁に置く必要性にも触れている。

大震法の強化拡充要望

本県委員ら「南海トラフ全域に」—見直し作業部会

南海トラフ沿いの地震観測・評価に基づく防災対応について、報告書のとりまとめに向けた方向性（案）が示された3日の中央防災会議有識者ワーキンググループ（作業部会）。川勝平太知事ら本県関係の委員は、今後の議論の進め方を「現行の大規模地震対策特別措置法（大震法）を強化・拡充する視点で」と要望した。

方向性案は、確度の高い直前予知を前提にした「大震法による現行の防災対応を改める必要がある」とする一方、現在の科学的知見を防災対応に生かす必要性にも言及。川勝知事も「大震法改革は不可欠」との認識を示しながら、「静岡県における大震法制定以降の知見なども活用し、南海トラフ地震の想定地域全域に広げる方向にもっていくべき」と主張した。

作業部会で議論された四つの異常現象のうち、大震法の枠組みで警戒宣言発令の状況に相当する「プレート境界面でのすべりが観測される場合」（ケース４）について、方向性案では「行政機関が警戒態勢をとるなどの対応には活用し得るが、一般住民に避難を促すことまでは難しいとの考え方がある」とされた。

これに対し、川勝知事は「行政対応をとるにしても訓練などをする際には地域全体でやらざるを得ず、行政と民間の区別は難しい。ケース４をないがしろにする形はおかしい」と指摘。岩田孝仁委員（静岡大防災総合センター教授）も同調し、「ケース４は地震の危険性が相対的に高まり、多くの方が『非常に危ない』と思う状況。その時の社会対応をどうするか、現行（の大震法の）制度をどう改良するかという議論をしておくべき」と訴えた。

事務局の内閣府はケース4でどのような情報が出せるかを、次回の作業部会までに下部組織の調査部会で改めて協議してもらう意向を示した。

切迫度→地震発生の可能性―内閣府が表現改め

中央防災会議有識者ワーキンググループ（作業部会）事務局の内閣府は3日の第6回会合で、南海トラフ沿いで異常な現象が観測された際の防災対応のレベル化の尺度として用いてきた地震の「切迫度」という表現を「地震発生の可能性」に改めた。

これまで「切迫度」と「（地震や津波に対する弱さ）脆弱＝ぜいじゃく＝性」の組み合わせで具体的防災対応を検討すると説明していた。作業部会の複数の委員などから「切迫度」という表現では評価しにくいとの指摘があり、住民が避難する場合に受忍できる程度を考慮して設定した期間ごとの「地震発生の可能性」と表した。

2017.8.25夕刊　2017.8.26朝刊

南海トラフ対応　具体案「モデル地区で検討」

内閣府が報告書案―大震法作業部会

大規模地震対策特別措置法（大震法）見直しを含めた南海トラフ地震の防災対応の在り方を検討している中央防災会議有識者ワーキンググループ（作業部会）は25日午前、第7回会合を都内で開き、事務局の内閣府が初めて報告書案を示した。普段より大地震発生の可能性が高まった時に備えて「一斉に防災対応を開始する仕組みは必要」と結論し、防災対応の内容はまずモデル地区で検討を進めるべき―と盛り込んだ。

報告書案は、南海トラフ沿いで大地震が起きたが震源域の半分が割れ残った場合（ケース1）、南海トラフ沿いで前震の恐れがあるマグニチュード（M）7程度の地震が起きた場合（ケース2）について、その後の大地震発生の可能性の高さや地域の脆弱（ぜいじゃく）性などに応じ「複数

想定される異常のケース

	ケース
①	南海トラフの半分で大地震が起き、もう半分が割れ残る
②	南海トラフでM7級の地震が発生する
③	2011年3月の東北地方太平洋沖地震に先行したような現象が多種目で観測される
④	東海地震の判定基準とされる前兆すべりが見られる

の対応をあらかじめ想定することが望ましい」と明記した。

その上で、あらかじめ想定した防災対応を一斉に開始できる現行の「警戒宣言」のような仕組みの必要性を明示した。単に情報を出すだけでは「各主体の防災対応の開始判断にバラツキが生じ（中略）地域に混乱が生じる可能性がある」として、防災対応を一斉に実施したり、一斉に中止したりする仕組みを国が検討する必要がある―と盛り込んだ。

防災対応の具体的な内容については、南海トラフ沿いで起こりうる異常のケースや住民

防災対応の在り方に関する報告書案の要点（内閣府の資料を基に作成）

【南海トラフ沿いで異常な現象が観測された場合の防災対応の方向性】

▼大震法による現行の防災対応の取り扱い

・現在の科学的知見から得られた地震の予測可能性の現状を踏まえると、大震法に基づく現行の地震防災応急対策は改める必要がある

▼防災対応の方向性

・ケース1、2は被害の軽減効果と損失など社会的な受忍のバランスによって内容や期間を決めることが適当。国、地方自治体、事業者、国民と社会的合意を目指すべき

・ケース4は、行政機関は警戒態勢を取ること。どのような具体的な対応が適切か社会的合意が求められる

・ケース3は評価情報を防災対応に生かす段階には達していない

▼防災対応の実施のための仕組み

・防災対応計画の策定と調整、訓練などの充実。各地域で協議会などを設置し、計画の方向性を調整、共有することが望ましい

・混乱を防ぐため、防災対応を一斉に開始、実施し、また一斉に中止できる仕組みを国が検討する必要がある

▼具体的な検討の進め方

・モデル地区で具体的な防災対応を検討し国がガイドラインの策定を目指す

【評価・観測体制の在り方】

▼評価体制

・気象庁に、現在の東海地震への対応と同様の学識経験者による評価体制を整備すること

▼公開の在り方

・観測データの積極公開が重要。観測機関が連携して分かりやすく提供する必要がある

【おわりに】

・新たな防災対応が決まるまでの間、当面の暫定的な防災体制を国、地方自治体が決めておく必要がある。国は当面の措置が決まり次第、内容を周知し、確実に実施できるようにするべき

避難の例などを国が丁寧に説明しながら、各主体における検討を促す必要があるとした。

そのために国は、地方公共団体などの協力を得てまずはモデル的地域で具体的な防災対応の検討を行い、各主体が自らの防災対応の計画策定を進められるようにガイドラインの策定を目指すことが必要―と指摘している。

東海地震　直前予知を否定　大震法見直し道筋

南海トラフ対応　地域で議論へ―国の作業部会が結論

大規模地震対策特別措置法（大震法）見直しを含めた南海トラフ沿いの地震の防災対応を検討してきた中央防災会議の有識者ワーキンググループ（作業部会）は25日、都内で開いた会合で報告書案を大筋了承した。報告書案は、東海地震の直前予知を否定する一方で、大地震発生の可能性が普段より高まっている―と情報が出せる状況はありうるとし、その場合に南海トラフ沿いの地域で避難など何らかの防災対応を取る方針を示した。大震法の見直しは必至で、東海地震対策は大きな節目を迎える。

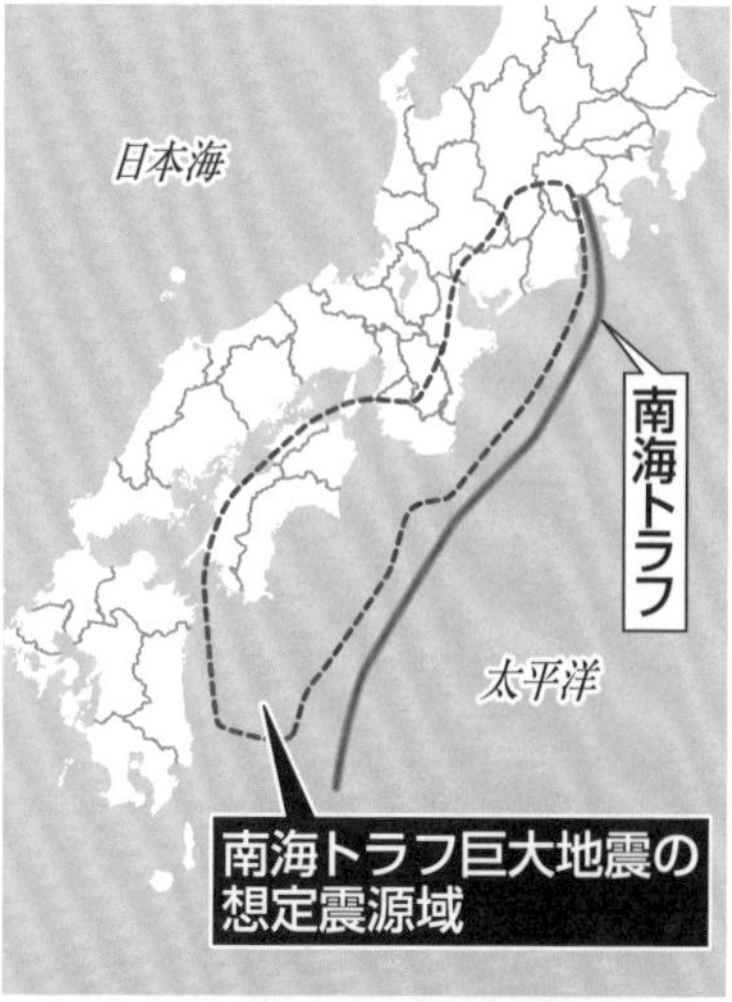

報告書案のポイント

- 確度の高い地震予知は困難で、直前予知を前提とした防災対応を改める必要がある
- 南海トラフ沿いの一部地域で大規模地震が発生した場合など、これから地震が起こる可能性のあるトラフ沿いの他の地域で住民避難を促す仕組みを検討
- 対応策は、国や地方自治体、関係事業者などが被害の軽減効果と社会的な受忍限度を勘案し、具体的に考える
- 地方自治体などの防災対応の策定を進めるため、モデル的地区で具体的な防災対応の検討を行い、国はガイドラインの策定を目指す
- 防災対応を一斉開始、一斉中止できるような仕組みを国が検討
- 愛知県から四国にかけて観測態勢を強化し、観測データを即時公開、説明に努める
- 気象庁に、現在の東海地震に対する評価体制のような、学識者による新たな評価体制の整備が必要

報告書案は防災対応の具体的な内容について、まず南海トラフ沿いにモデル地区を設定し、地域住民や企業、自治体などを交えて検討する必要がある―と方向付けた。自治体や事業所など各自に主体的にそれぞれの防災対応を考えてもらう方針で、そのために国が一定のガイドラインを策定することも求めた。同日の作業部会の指摘を反映させた上で今秋にも正式な報告書をまとめ、順次、地域での説明会やモデル地区での検討を始める。

モデル地区について内閣府の担当者は「どんな範囲になるかは未定だが、経済活動の広がりを考えると、例えば県単位などある程度広い範囲を想定することになる」と話した。

同部会は2016年6月に設置。同年9月から検討を始め、7回目の会合で報告書案の了承に至った。議論の過程で地震学の実力も整理し、大震法に基づき現行の東海地震対策が前提にしている「2~3日以内に地震発生の恐れがある」という確度の高い直前予知は「(現時点では)できない」と結論。東海地震対策や大震法を抜本的に見直す必要性を明確にし、長年棚上げされていた議論に道筋を付けた。

報告書案の了承を受け、小此木八郎防災担当相は「取りまとめを踏まえ、防災対応がレベルアップするよう政府も一丸となって取り組みたい」と話した。

モデル地区　本県名乗り

南海トラフ対応　これからが本番
「議論　住民意識高まりに」——大震法作業部会

大規模地震対策特別措置法(大震法)の見直しを含めた南海トラフ地震の防災対応につ

いて、２０１６年９月から全７回の会合を重ねて報告書案の取りまとめにこぎ着けた中央防災会議の有識者ワーキンググループ（作業部会）。実効性ある仕組みの構築に向けた議論は今後、南海トラフ沿いの地域に舞台を移す。25日の最終会合を終えた委員らは「これからが本番」と指摘し、本県は報告書案に盛り込まれた具体的な検討のモデル地区に早くも名乗りを上げた。

示された報告書案について意見を交わす作業部会の委員ら＝2017年8月25日午前、都内

川勝平太知事の代理として出席した外岡達朗県危機管理監は「モデル地区に関し（国から）話があれば積極的に対応したい。議論が住民意識の高まりにつながれば意味がある」との認識を示した。

福和伸夫委員（名古屋大減災連携研究センター長）は「地域側が勉強し、悩む段階になる」とした上で、「静岡が（モデル地区の）主体になるのは間違いない。情報が出た時の対応を、相当一生懸命に検討しなければいけない」と強調した。

河田恵昭委員（関西大教授）は「大震法などのおかげで静岡の防災水準はほかの地域に比べて高かった。これまでの蓄積をさらにどう積み重ねていくかが問われる」と述べた。

下部組織の調査部会座長として南海トラフ沿いの大規模地震の予測可能性の検証にも携わった山岡耕春委員（名古屋大教授）は、「今回の議論は、予知に基づく東海地震対応の政策が大きく変わるきっかけになる。当面は、なぜこうなったかを一般に理解してもらうことが大事だ」と注文。尾崎正直委員（高知県知事）も将来的に「大震法そのものの改正などに波及していくと思う」と見通した。

小室広佐子委員（東京国際大副学長）は「四つのケースだけが独り歩きしてはいけない。むしろ、（地震発生の可能性は）分からないことだらけだということを地域住民に丁寧に説明する姿勢が欠かせない」と求めた。

2017.9.26夕刊　2017.9.27朝刊

南海トラフ　事前対応要請

報告書を提出―大震法作業部会

大規模地震対策特別措置法（大震法）見直しを含めた南海トラフ沿いの地震の防災対応の在り方を検討してきた中央防災会議の有識者ワーキンググループ（作業部会）は26日午前、最終報告書を小此木八郎防災相に提出した。主査の平田直東京大地震研究所教授（地震防災対策強化地域判定会長）が手渡した。

小此木八郎防災担当相（右）に報告書を手渡す平田直主査＝2017年9月26日午前8時50分ごろ、都内

平田主査は「今の科学の実力を生かす、社会全体で備える、という視点に立って今後具体的な取り組みが進められ、南海トラフ沿いの防災対応の向上につながれば」と話した。

小此木防災相は「大規模地震発生前に地震や地殻変動などさまざまな異常現象を捉え、それを防災対応に生かす視点は非常に重要」と指摘し、「報告書を踏まえ、政府一丸となって南海トラフ地震に対する新たな防災対応の具体化に取り組んでいきたい」と応えた。

作業部会は２０１６年６月に設置。同年９月から17年８月までの１年間に計７回の会合を重ね、将来南海トラフ沿いで観測されうる異常現象やそれを評価する地震学の実力などを整理し、異常に備えて社会が事前対応を定めておくことの重要性などをとりまとめた。

［解説］議論のバトン　国民側に

南海トラフ沿いの大地震の防災対応の在り方を検討していた中央防災会議有識者ワーキンググループ（作業部会）が26日に報告書を提出し、防災対応の具体案の議論のバトンは国民側に託された。約１年をかけてまとめられた報告書の二つの意義を踏まえ、国民的議論につなげたい。

一つ目の意義は将来南海トラフ沿いで震源域の「割れ残り」が生じるなどして大地震発生の切迫感が高まる事態に備え、社会に一定の事前対応を決めておくよう求めたこと。言うまでもなく、これを決めておくことで一人でも多くの命を守り、社会の混乱を抑えられる可能性が高まる。

二つ目は、東海地震を含め、南海トラフ沿いの地震の直前予知は「できないのが実情」

と明記したこと。約40年前から本県が取り組んできた東海地震対策のうち、地震防災応急対策など直前予知を前提とした部分は大きな見直しを迫られる。

ただ、これは現状の直前予知には鉄道の停止などの厳しい規制を社会に負わせるだけの精度はないという意味であり、割れ残りなどに備える事前対応と同じように、応急対策の内容を地震学の実力に合わせて見直すことで大規模地震対策特別措置法（大震法）を生かす道も残っている。

大震法自体の議論には報告書は詳細に踏み込まなかったが、本県では避けて通れない喫緊の課題となった。廃止か、他の法律との統合か、運用の見直しか―。報告書を道しるべにして、県民総ぐるみで議論を深めたい。

南海トラフ地震　異常現象観測時に情報

「東海」特化から転換

南海トラフ沿いの大地震の防災対応について、中央防災会議有識者ワーキンググループ

（作業部会）が報告書をまとめたのを受け、気象庁は26日、東海地震の震源域を含む南海トラフ沿いで大地震の発生につながる可能性がある異常現象が観測された際に「南海トラフ地震に関連する情報（臨時）」を発表する方針を決めた。11月1日から運用を始める。

新たな防災対応が決まるまでの暫定的な措置と位置付ける。東海地震に特化した現行の「東海地震に関連する情報」の発表は行わないこととし、確定的な地震予知を前提とした大規模地震対策特別措置法（大震法）に基づく警戒宣言も事実上、発令されなくなる。

26日の中央防災会議幹事会で報告した。幹事会では、南海トラフの臨時情報が発表された時には「関係省庁災害警戒会議」を開催することを決定。各省庁が地震の備えを改めて徹底する。国民に対しては、家具の固定や避難場所・経路、家族との連絡手段などの再確認を呼び掛ける。

気象庁は有識者による「南海トラフ沿いの地震に関する評価検討会」も新設する。南海トラフ沿いでのマグニチュード（M）7以上の地震の発生や東海地域のひずみ計の有意な変化といった異常現象が観測された場合に助言を受け、条件に沿って臨時情報を出す。月1回の検討会の定例会合での調査結果は「南海トラフ地震に関連する情報（定例）」として発表する。

これまでの東海地震に関連する情報は、地震防災対策強化地域判定会がひずみ計の変化などを評価し、状況に応じて3段階で出す仕組みだった。このうち最も危険度合いの高い「予知情報」は、大地震が2～3日以内に起こる切迫性があるとして、警戒宣言とほぼ同時に発表される。しかし、作業部会は現在の科学的知見では、こうした「確度の高い予知はできない」と指摘。異常現象を評価し、事前の防災対応に生かすことを求めた。

内閣府は今後、本県などモデル地区で異常現象観測時の住民避難の在り方など、具体的な防災対応の検討を進める。気象庁は当面は臨時と定例の2段階とする南海トラフの情報体系や発表条件が、この議論と連動して変わる可能性も視野に入れる。判定会は存続させ、検討会と一体となって評価に当たる。

南海トラフ地震に関連する情報 11月1日運用開始
（新たな防災対応が定まるまで当面の間、気象庁が発表する）

情報名	主な発表条件	政府の主な対応
南海トラフ地震に関連する情報（臨時）	●南海トラフ沿いで異常な現象（※1）が観測され、大地震と関連するかどうか調査を開始した場合、または調査を継続している場合 ●南海トラフ沿いで大地震発生の可能性が普段より高まったと評価された場合	●関係省庁災害警戒会議を開催し、地震への備えを改めて徹底。開催結果は直ちに関係都府県に連絡 ●国民に、日ごろの備えの再確認を呼び掛け
南海トラフ地震に関連する情報（定例）※2	●「南海トラフ沿いの地震に関する評価検討会」の定例会合の結果を発表する場合	—

※1 マグニチュード（M）7以上の地震や東海地域のひずみ計が有意な変化を示した場合などを想定
※2 月1回のペースで定期的に発表する

被害軽減　新体制整備へ

議論の場　国から地方に―南海トラフ地震

中央防災会議の有識者ワーキンググループ（作業部会）が南海トラフ地震発生の可能性が普段より高まった場合の防災対応の在り方に関する報告書を提出した26日、政府は具体的な防災対応を検討する上でたたき台となるモデル地区に本県を選んだ。新たな対応が決まるまでの暫定措置として「東海地震に関連する情報」の代わりに「南海トラフ地震に関連する情報」の発表も決めるなど、大地震の被害軽減を図る新体制づくりを本格化させた。

防災対応を議論する場は国から地方に移る。本県のほか、高知県、県内企業を含む中部経済界が主体として選ばれたモデル地区では、自治体や民間事業者が防災対応の計画を策定する際の課題を洗い出す。作業部会主査の平田直・東京大地震研究所教授は「大震法に基づく対応と、不意に大地震が起きることを前提にした対策の両方に取り組んできた静岡県で検討を進めることは意味がある」と本県での議論に期待した。小此木八郎防災担当相は同日の閣議後会見で、本県などとの調整が済み次第、各地区で検討に着手する方針を示し「モデル地区での検討を踏まえ、必要に応じて制度を見直し、新たな防災対応をしっかりと構築したい」と述べた。

暫定ながら「南海トラフ地震に関連する情報」の運用開始により、東海地震の想定震源域だけだった常時監視・評価体制の範囲は大幅に広がる。ただ、東海地域に比べ、南海トラフ西側は地殻変動などの観測網が不十分な状況だ。気象庁の青木元・地震予知情報課長は「現時点では、現在ある観測体制でできるだけのことをやっていく」と強調した。

平田教授は「南海トラフ西側は震源域が陸地から遠く、海底での観測が非常に重要。少しずつ整備し、プレート境界で何が起きているか着実に監視する必要がある」と観測網の充実を求めた。

報告書のポイント

- 確度の高い地震予知は困難で、直前予知を前提とした防災対応を改める必要がある
- 南海トラフ沿いの一部地域で大規模地震が発生した場合など、これから地震が起こる可能性のあるトラフ沿いの他の地域で住民避難を促す仕組みを検討
- 対応策は、国や地方自治体、関係事業者などが被害の軽減効果と社会的な受忍限度を勘案し、具体的に考える
- 地方自治体などの防災対応の策定を進めるため、モデル的地区で具体的な防災対応の検討を行い、国はガイドラインの策定を目指す
- 防災対応を一斉開始、一斉中止できるような仕組みを国が検討
- 愛知県から四国にかけて観測態勢を強化し、観測データを即時公開、説明に努める
- 気象庁に、現在の東海地震に対する評価体制のような、学識者による新たな評価体制の整備が必要

2017.10.27朝刊

南海トラフ地震　異常観測評価　最短2時間

来月から「臨時情報」運用―気象庁公表

気象庁は26日、11月1日正午から南海トラフ沿いで巨大地震発生につながる恐れがある異常現象が観測された場合などに発表する「南海トラフ地震に関連する情報」の運用の流れを公表した。異常現象の観測から最短で2時間後には「今後1週間程度、大規模地震の発生可能性が平常時に比べて相対的に高まっている」といった評価を含む臨時の情報を発表する。

大規模地震対策特別措置法（大震法）に基づく東海地震の防災応急対策を見直し、不確実な地震予測を生かした南海トラフ地震の新たな防災対応が、今後の地域での議論を経て決まるまでの暫定措置。

臨時情報の発表は、南海トラフ地震の想定震源域で①マグニチュード（M）7以上の地震②M6（または震度5弱）以上の地震が発生し、ひずみ計に特異な変化③1カ所以上のひずみ計に有意な変化―などの異常現象が発生した場合を想定している。

気象庁はこうした異常現象を観測したら、まず有識者による新設の「南海トラフ沿いの地震に関する評価検討会」を招集し、巨大地震との関連について調査を開始したことを知らせる第1号の臨時情報を出す。早ければ2時間後に評価結果を反映した第2号を発表し、記者会見で説明する。

過去に起こった同規模の地震の後に巨大地震が発生した事例や頻度なども示す。防災上の留意事項については当面、日頃の地震に対する備えを再確認するよう呼び掛ける程度になる見通し。

臨時情報が出た場合、内閣府は関係省庁災害警戒会議を開き、家具の固定や避難場所・経路の確認、備蓄の確認など、備えを徹底するよう呼び掛ける。

気象庁は新たな情報の運用開始に伴い、東海地震に関連する情報の発表は取りやめる。

不確実な予測　防災対応は

県、モデル地区議論へ――南海トラフ臨時情報

気象庁が11月1日から運用する「南海トラフ地震に関連する情報」について、県は26日、各部局の担当者で構成する危機管理連絡調整会議を県庁で開き、県が実施する防災対応を確認した。中央防災会議の有識者ワーキンググループが「確度の高い地震予知は困難」と結論付けたことを受け、不確実な地震予測に基づく防災対応を模索する作業が、政府が選んだ検討のモデル地区になっている本県で同時進行で始まる。

県が今回定めた対応方針は、国の新たな防災対応が決まるまでの暫定的な措置。「南海トラフ沿いで異常現象を観測して調査を開始した」という臨時情報が出た場合、県は危機管理部や交通基盤部などの約１００人体制で事前配備体制を取り、情報収集を始める。

さらに、「大規模な地震発生の可能性が平常時に比べて相対的に高まった」と評価する臨時情報の発表で、危機管理連絡調整会議を開き２００人弱の体制に格上げする。参集した

職員は県民に家具固定や避難場所の確認などを呼び掛けた上で、各部署が所管する防災上重要な施設を点検し、地震発生後の災害応急対策も確認する。その後、状況に応じて全職員動員まで体制を段階的に拡大する。

県は10月中に県内市町対象の説明会を実施し、気象庁に合わせて運用を開始する。ただし、「地震発生確率が相対的に高まった状態」がどれくらい続くのかは分からず、暫定運用とは言え、交通機関や学校、福祉施設、大規模商業施設などの対応方法は未確定のまま。県は11月からモデル地区としての具体的な議論を始めるが、県危機管理部の担当者は「結論が出るのは1年以上先で、大震法をスタートさせた時以上の労力が掛かる。アンケート調査などで県民の受忍度を探りたい」と話す。

杉保聡正県危機管理部長は「当面は柔軟に対応できる体制を工夫した。暫定運用期間中でも、関係機関から説明を求められれば、しっかり個別に対応したい。東海地震に備えて積み上げた経験と知見を基に、新しい情報への対応を一つずつ検証していく」と決意を示した。

2017.11.8朝刊

県庁で初の担当者会議

不確実な地震発生予測に基づく南海トラフ地震の防災対応について、県は7日、初の担当者レベルの庁内検討会を県庁で開いた。全ての関係部局から主査や班長など約40人が出席し、現状や方向性を整理した。事実上、防災対応の具体的な議論がスタートした。

会議の名称は「南海トラフ地震事前対応庁内担当者検討会」。非公開で行った。内閣府の職員も出席した。県危機管理部の担当者によると、出席した職員は、対応を見直すことになった背景について説明を受けたほか、大規模地震対策特別措置法（大震法）に基づいてこれまで県の各部局がどう対応することになっていたか―などをあらためて確認した。

その上で、不確実な地震発生予測に基づく新たな対応策は地域防災計画に示したこれまでの対応をベースにそれぞれの分野で検討していく必要があるという方向性も共有した。

県危機管理部の滝田和明理事（市町支援担当）兼危機政策課長は「まずは勉強会のような形で担当者の会議を開き、県民や事業所の声をよく聞きながら進めていく必要があることを確認した」と話した。次回は12月中の開催を予定している。

中部経済界　防災議論へ

内閣府は13日、不確実な地震発生予測に基づく南海トラフ巨大地震の防災対応について、中部経済界をモデルとした検討会を15日に名古屋市内で初開催すると発表した。大規模地震対策特別措置法（大震法）に基づく応急防災対策を見直し、新たな対応を検討する地方での議論がスタートする。

中央防災会議の有識者ワーキンググループが、南海トラフ沿いで大地震発生の可能性を示す異常現象が起こった場合に備え、地方自治体や民間事業者が主体的に避難などの防災対応をあらかじめ決めておく必要があると指摘した。これを受け、内閣府は静岡、高知両県、中部経済界をモデルとして具体的対応を検討することを決めていた。

検討会の委員には、岩田孝仁静岡大防災総合センター長、外岡達朗県危機管理監ら中部地方の学識者、行政・経済団体関係者計11人を選んだ。初回は検討の進め方について協議する。今後、企業に対するヒアリングなどを行い、防災対応を決める際の課題を抽出する方針。静岡、高知両県での検討については、内閣府が「日程を調整中」としている。

番外編インタビュー（1）

2017.8.5朝刊

増す市町の責任と負担

染谷絹代・島田市長

市長就任前から県ふじのくに防災士などの立場で防災対策の啓発に取り組んできた染谷絹代島田市長（63）。2010年には気象庁の「東海地震に関連する情報の理解促進のための検討会」委員を務め、現行の情報体系づくりに携わった。

―中央防災会議の調査部会は大規模地震対策特別措置法（大震法）に基づく現行の仕組みが前提とする直前予知を否定しました。

「気象庁の委員や首長として大震法と関わってきたが、実際の運用は難しいと思っていた。方針転換はより現実的な対応を探る前進と言える。地震の危険度が普段より高まった時、住民が少しで

染谷絹代氏

▽そめや・きぬよ
2013年の島田市長選で初当選し、現在2期目。05年、地域での子育てを支援するボランティア組織「しまだ次世代育成支援ネットワーク」を設立。県男女共同参画センター理事、県地域防災活動推進委員、市教育委員長なども歴任した。2女1男の母親。福島県生まれ、東京都育ち。

も不安を減らし、生活の利便性を維持できるようにする選択肢が増えることに期待する」

——今後は不確実な予測が前提となります。

「不確実でも発災に備えてある程度事前にできることはある。各家庭が備蓄を増やしたり、家族間の連絡を小まめに取るようにしたり。行政も臨戦態勢の準備はできる。一方、高速道路から降りたり、沿岸部から逃げたりする人が市内にあふれ、地元の避難所を埋める恐れがある。食料や水が足りなくなることも予想され（インターチェンジや沿岸部に近いなど）それぞれの地域特性に合った指示を出さないと混乱するだろう」

——警戒宣言のような一斉に対応を促す仕組みは必要でしょうか。

「必要だろう。例えば自衛隊は災害発生前に大震法に基づいて予防的措置で動くことができる。そうした仕組みがなければもし予測的な情報があっても発災後しか動けない。自治体も少なくとも県レベルでの統一的な対応を求められるのではないか。公共交通や住民避難、病院などをどうするかなどの対応は広域で連携しないとうまく機能しない」

——懸念する点は。

「避難させ『今回は起こらなかったので平時に戻ってください』と繰り返していたら行政は信頼を失い、本当に必要な時に住民が動かなくなってしまう。枠組みが現実的になる分、基礎自治体の責任と負担は増し、首長の判断力や対応能力が一層問われる。市町の対応に差が出て、それが住民の生命を左右することも起こりうるのでは」

―今後の課題は。

「大地震がいつ起きてもおかしくないと40年間言われてきたが、家具の固定は進んでいるか、家族が落ち合う場所は決めているか、備蓄は十分か―など初歩的な防災対策は空洞化している。地籍調査など復興まで見据えた中長期的な対策や市町間の広域連携も十分ではない。大震法の見直しが現状を見直す良いきっかけになれば。国には各機関の観測データから判断の決め手となる情報をタイムリーに出す仕組みを作ってもらいたい」

◇

大震法見直しを含めた南海トラフ沿いの地震の防災対応を検討している国の議論が大詰めを迎えている。議論のバトンが地域住民に託されようとしている今、県内のさまざまな分野の有識者に課題などを聞いた。

2017.8.6 朝刊

不確実予測もＢＣＰに

小出宗昭・富士市産業支援センター長

災害への備えは、地域経済を支える企業にとって避けて通れない経営課題の一つ。日常的に中小企業の経営者と接し、月間３８０件の経営相談に応じる富士市産業支援センターｆ－Ｂｉｚ（エフビズ）の小出宗昭センター長（58）は、ＢＣＰ（事業継続計画）の重要性を指摘する。地震の発生確率を示す不確実な予測でも、企業防災に積極活用すべきとの考えだ。

―地域経済の地震対策の現状をどうみますか。

「日本の全企業数の99・7％は中小企業。地域経済を担い、雇用を支えているのは中小だ。ところが実効性のあるＢＣＰを備えて

小出宗昭氏

▽こいで・むねあき
1983年静岡銀行入行。情報営業部、経営企画部を経て2001年、創業支援施設「SOHOしずおか」へ出向。起業支援で経済産業大臣表彰を受けた。08年に静銀を退社し、現職。内閣官房地域活性化伝道師、経済産業省中小企業政策審議会委員などを務める。法政大卒。静岡市葵区。

いる企業はほとんどない。中小の多くはヒト・モノ・カネの全てに弱点を抱えている。日々の操業と収益性の追求に追われ、ＢＣＰの検討は後回しになりがちだ。策定後に放置され、形骸化しているケースもある」

—国は不確実な予測なら情報として出せるとしています。企業防災への活用をどう考えますか。

「不確実とはいえ、予測に基づいた防災対応の仕組みを作ってＢＣＰに取り入れるべき。そのためには、具体的なシミュレーションが必要だ。物流が途絶えたり、実際に生産活動を止めたりしたらどうなるのか。国には、どういう防災対応を講じるとどんな影響が出るのかを分かりやすく提示してほしい。発生後の復興特需までも含めた生々しい試算を示してもいいと思う。各企業がＢＣＰを磨くベースになる。経済損失額などの数字ではなく、映像、動画を活用すれば検討しやすいだろう」

—国の議論の過程では、モデル地区を設定して防災対応を練るよう提案がありました。

「仮に協議会のような場で話し合うとしたら、メンバーに中小企業や小規模事業者を含めて現場の声を集めてほしい。圧倒的多数の中小は下請け構造の中にある。操業を止めようとしても取引慣行上、元請けが駄目だと言えば難しい。事業を継続したい経営者と避難を優先したい従業員との間で、労使間交渉が必要になるかもしれない。国レベルでのきちんとした合意形成が不可欠になる」

―行政に求めたい具体的な施策は。

「ＢＣＰを策定できる専門家の育成が急務だ。中小だけで策定するのは無理。工場や会社の中に入り込み、個別企業に応じた仕組みを作れる危機管理のプロが要る。専門家の派遣費用は、全額補助でもいい。緊急性の高い課題だが、大きな動機づけがなければ前に進まない。既存の経営支援策と同じように、当たり前の制度の中に組み込むべきだ」

2017.8.7朝刊

具体例の提示が出発点

安田清・NPO法人災害・医療・町づくり理事長、医師

県内の災害医療の第一人者である「NPO法人災害・医療・町づくり」の安田清理事長（73）。災害医療の態勢整備や市民トリアージの普及に向けた各地での活動は、その地域の地震被害想定と消防や救急の車両台数、医療関係者の人数といった「対応する力」を比較させた数字を示すところから始まる。具体的に何が起き得るのかを知り、個々の立場でどう動くかを考えてもらうことが防災の出発点という思いからだ。

―大規模地震対策特別措置法（大震法）をどう評価しますか。

「大震法があったことで静岡県は早くから行政に防災意識が根付

安田清氏

▽やすだ・きよし
県立総合病院副院長、同災害医療センター長などを経て現在は掛川東病院に勤務。阪神・淡路大震災の被災地での医療活動をきっかけに東海地震に備えた災害医療の充実を目指し、2007年にはNPOを立ち上げた。旧清水市（現静岡市清水区）出身。京都大医学部卒。

き、他県に先駆け被害想定が出た。私たちが活動できるのもこういう客観的な数字があるから。県の第4次被害想定を見ると、県内のどの地域でも、予知を前提にした一番被害の小さいケースでさえ、現状の医師会や病院がフルパワーで機能したとしても太刀打ちできない。だからこそ、大地震が起きたら医療は機能不全になる、非常に困難な状況に追い込まれると覚悟して態勢を作ることを、基本的な考え方として持ち続けている。予知ができるかできないか自体は興味の対象ではない」

――不確実な予測のように、発災前の情報を災害医療の充実に生かせないでしょうか。

「大地震が来るかもしれないとなれば、病院は必要な人員配置などの準備を当然することになるが、災害医療で重視するのはやはり発災後にいかに機能させるかという点だ」

――南海トラフの片側エリアで大地震が起きるようなケースでは、〝割れ残る〟側の地域の患者をあらかじめ避難させるようなことは考えられませんか。

「患者をどのように安全な地域へ運ぶのかや、受け入れ先の地域が日常的な患者に加えて避難してきた患者にどう対応していくかといった部分で課題は多い。医療だけの話にとどまらず、行政同士の調整や交渉も必要になり、現実的には難しいのではないか。ただ、例えば透析患者は電気や水が止まったらすぐ命に関わるという危機意識は高い。自発的な行動は一般の人よりずっと早いと言える」

――災害医療の在り方を含め、防災を議論するのに大切なことは。

「市民が動くためには上からの義務の掛け声だけではなく、何が起きるのかという具体例を提示しなければならない。私たちの活動では被害想定やそれに対応する医療・消防の力を示す。救急車が数台しかないのにけが人が100倍の数字だったり、他地域からの応援が望めなかったり――。そうしたことが分かれば、行政や医療関係者、市民がそれをスタートに『じゃあ、何をすればいいのか』と考えるようになる。そのためには厳しい現実を伝えることから逃げてもいけない」

2017.8.8朝刊

取り組み　足並みそろえ

石川三義・県老人福祉施設協議会長

県老人福祉施設協議会（老施協）会長として県内高齢者施設の防災対策と向き合う石川三義氏（67）。社会的弱者を守る立場から、不確実な地震発生予測を生かすための方策を思い描いている。

―不確実な予測でも福祉施設の防災に生かす道はありますか。

「東海地震の予知ができるということで大規模地震対策特別措置法（大震法）に基づく情報発信の仕組みが作られ、施設も大震法に沿って災害時対応を決めてきた。不確実予測と言われても正直どう対応すればいいか分からないが、国で一定の強制力を有するガイドラインのようなものを作ってもらえれば、今ある防災マ

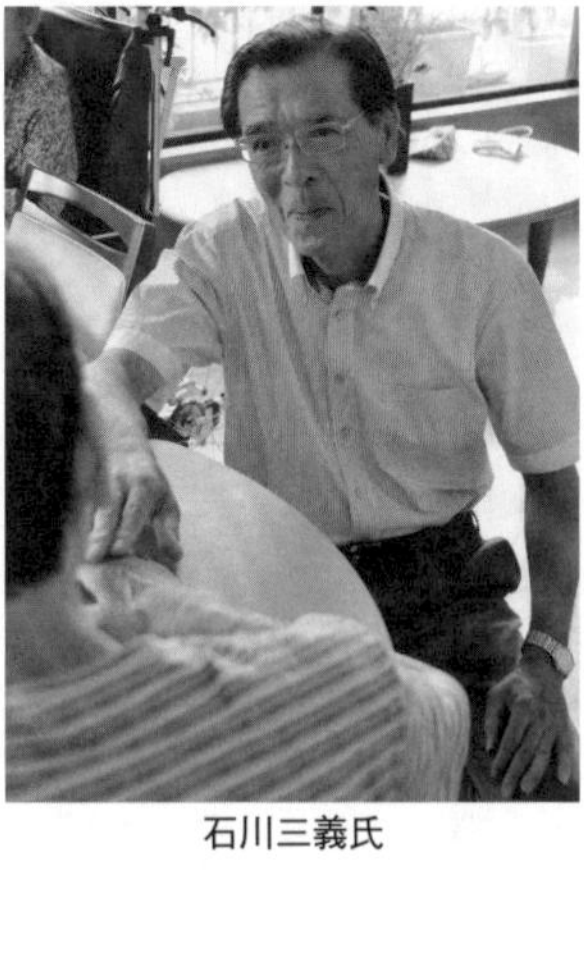

石川三義氏

▽いしかわ・みよし
　県東部で高齢者、障害者の福祉施設や認定こども園などを運営する社会福祉法人春風会理事長。大学講師を経て1979年、福祉の道に入った。県内で初めてデイサービスを導入。県老施協会長として2013年、全国で初めて災害時の施設間相互応援協定の締結を実現した。沼津市。

ニュアルを新たなものに作り直すことはできる。防災への取り組みは福祉施設ごとにまちまち。これを機会に足並みをそろえたいところだ」

―ポイントは。

「南海トラフが半分割れて何日後に次の地震が起きるか分からないという状況下でも、事業を停止するわけにはいかない。災害時の優先業務態勢を定めるＢＣＰ（事業継続計画）が活用できる。ＢＣＰは限られた職員でできる最低限の業務という視点で作られている。新たに作るなら、既存の防災マニュアルと合わせて考えればいい。この機会に、施設側は、災害時の対応に関して利用者側と合意形成したり、地域住民との連携を再確認したりすることも大切だ」

―国は津波の危険性が高い地域の施設は内陸に避難し、内陸の施設は事業継続―といった方向性も考えています。妥当でしょうか。

「そうするほかないだろう。私たちは専門家ではないので、不確実な情報でどう行動すべきかそう簡単に決められない。国民的理解、コンセンサスの中で国が統一的な方向性を示してくれないと困る。東日本大震災後、県老施協では会員施設同士の災害時相互応援協定を結んだので、互いに利用者を受け入れる素地は整っている。福祉施設だけでなく、病院などの各種施設が不確実な情報を受け止め、生かす仕組みを持っておく必要がある」

——議論はどうあるべきでしょうか。

「施設と地域、行政が三位一体で新しい仕組みを作り直していかなければいけない。例えば、福祉施設に関するＢＣＰのたき台は、行政にわれわれのような団体が入って作った。各施設のＢＣＰも、地域と一緒になって良いものを作っていくしかない。静岡県は、海あり山あり原発ありで地域特性に幅がある。いくつかの地域をモデルに案を作るのもいいかもしれない。掛川市や磐田市の沿岸部には高い意識で津波対策などに取り組んでいる施設もある。行政、住民と一緒になって知恵を出し合いたい」

番外編インタビュー（5完）

2017.8.9 朝刊

情報の〝通訳者〟が必須

小山真人・静岡大教授

２００９年、イタリア・ラクイラで大地震が起き、３００人以上が犠牲になった。大地震前に観測された群発地震で住民の不安が高まっていたが、大地震は起きないと「安全宣言」を出した国の委員会が刑事責任を問われた。静岡大防災総合センター副センター長の小山真人教授（58）はこの〝ラクイラ事件〟に学ぶべきと訴える。

―作業部会の方向性をどうお考えですか。

「限られた例を抽象論で議論して結論を導こうとしているように見える。具体的な実感が湧かない。時間と共に何がどう進展し、社会状況がどうなっていくかをつぶさに仮想体験しながら徹底的

小山真人氏

▽こやま・まさと
東京大大学院修了、同大理学博士。富士山火山防災対策協議会委員、気象庁火山噴火予知連絡会伊豆部会委員、伊豆東部火山群防災協議会委員などを務める。伊豆半島ジオパーク推進協議会顧問としてジオパーク実現に向けても尽力する。静大教育学部教授。専門は火山学、地震火山防災など。浜松市出身。

に問題を探るべきだが、できているとは言いがたい」

――四つのケースが想定されています。

「四つのケース以外にも大きな問題となりえる例をいくつか思いつく。イタリアのラクイラ事件ではそれが実際に起きた。噴火警戒レベルを作り、あたかも予測ができると思わせておきながら外した気象庁も、御嶽山の遺族に訴えられている。こうした例とは逆に、起きると予測して結局起きなかったら、損害賠償しろと訴えられるかもしれない。そういう問題を考えずにシステムを作ろうとしている。レベル化の話まで出ている。とんでもない話だと思う」

――ラクイラから何を学ぶべきでしょうか。

「ラクイラが一番まずいのは科学を踏み越えたこと。住民の混乱を抑えるために科学を行政的に利用した。（科学者が）科学で分からないといくら言っても、行政は科学を利用して混乱を抑えようとする。行政の本能みたいなものだ。それに対して科学が逐一否定できるかというと、ラクイラでもできなかったし、日本の火山でも失敗例がある。住民から見れば行政も科学者も一緒に批判の対象になる。作業部会の方向性案からは（行政も科学者も）

そうした覚悟が感じられない」

——今後、どんなことが必要でしょうか。

「発生確率を人々が正しく受け止めるのは難しい。防災への活用は本来幻想に近いが、科学としては確率で出すしかない。だからこそそれをきちんと通訳できる人が必要。行政ではかみ砕いて説明できない。火山なら住民に信頼されたホームドクター（火山学者）を配する防災協議会がある。地震の場合も県単位くらいで協議会を設け、信頼すべき科学的アドバイザーを置くのが一つの手だ」

——留意すべき点は。

「地震のリスクをかみ砕いて住民に伝えるには科学者の法律上の責任を問わず自由に発言できるようにしておくことが不可欠。人選も重要で利益相反のある人間が選ばれないようにすることが欠かせない」

本県の防災　大きな節目

「直前予知」から「確率予測」へ

国の中央防災会議は２０１６年６月、地震予知を前提に首相が警戒宣言を発令することなどを定めた大規模地震対策特別措置法（大震法）の見直し方針を公表し、南海トラフ沿いの大地震が連動発生する可能性を見据えた新たな防災対応の検討に着手した。１９７６年に発表された「東海地震説」を受けて78年に制定された大震法の抜本的見直しは初。本県防災に大きな影響を与える見直し議論の経過や詳細をまとめた。

大震法は事実上想定東海地震の単独発生だけを対象にし、「（情報を出した）直後から２～３日以内に大地震が起きる恐れがある」と地震発生までの時間の目安を明示する〝直前予知〟を前提にしてきた。ところが近年、東海地震は単独ではなく南海トラフ沿いの他の大地震と関連して起きる可能性が高いとの見方が強まり、２０１３年５月には中央防災会議の調査部会が直前予知の可能性を否定する報告書をとりまとめるなど、大震法を取り巻

中央防災会議・作業部会委員の氏名と肩書一覧
（事務局は内閣府）

主査・平田直　東京大地震研究所地震予知研究センター長、地震防災対策強化地域判定会長、政府地震調査研究推進本部地震調査委員長

岩田孝仁　静岡大防災総合センター教授、前静岡県危機管理監

宇賀克也　東京大大学院法学政治学研究科教授

く状況は約40年前とは大きく変わった。今回の見直しもそうした動きの延長上にある。

地震学者や法学者、行政関係者など委員17人で構成する中央防災会議・防災対策実行会議の有識者ワーキンググループ（作業部会）が検討作業を進めている。初会合は16年9月9日。直前予知は無理でも、何らかの防災行動を促すレベルの予測は可能か―という出発点から始まった。13年5月に直前予知は極めて困難とする報告書をまとめた地震学者5人を再び招集し、議論の基礎として現在の地震学の実力を整理する調査部会も設置した。

調査部会は2カ月で計3回の会合を開き、報告書の骨子案を大筋でまとめた。現在の地震学では①確度の高い予測はできないが、地震活動や過去の事例を基に大地震の発生確率を出して注意喚起できるケースはある②過去の事例がなく確率が出せない場合も、「大地震が起きる可能性が普段より高まっている」程度は言えるケースはある―と整理した。

報告を受けて作業部会は11月22日に第2回会合を開き、議論を再

河田恵昭　関西大社会安全学部・社会安全研究センター長、防災対策実行会議（作業部会の親会）委員

小室広佐子　東京国際大副学長兼国際関係学部長、防災対策実行会議委員

田中淳　東京大大学院総合防災情報研究センター長

長谷川昭　東北大名誉教授、政府地震調査研究推進本部政策委員会総合部会長

開した。今後は地震学の実力を踏まえ、大地震発生の可能性が普段より高まった場合に取る「緊急防災対応（仮称）」の内容などを検討する。不確実な予測を基にどの程度の対応が取れるのか。特に、情報は首相の責任で出すべきか▽新幹線など鉄道を止めるべきか▽高速道路を規制すべきか▽そもそも「警戒宣言」や「強化地域」という言葉を使うのか―など大震法に基づいて定められている現行の仕組みや規制をどうするかが焦点になる。適用範囲についても議論する。早ければ17年3月にも報告書をとりまとめる予定だ。

第1回作業部会

大規模地震対策特別措置法（大震法）の抜本的見直しを念頭に、２０１６年９月９日にスタートした中央防災会議の作業部会。初回会合の大きなポイントは、地震発生予測の可能性を探り、最新の知見を整理する調査部会の設置だった。メンバーは、２０１３年５月に「確度の高い予測は難しい」と結論付けた調査部会と同じ顔触れ。前回の報告から

平原和朗　京都大大学院理学研究科教授、地震予知連絡会長

福和伸夫　名古屋大減災連携研究センター長

山岡耕春　名古屋大大学院環境学研究科教授、中央防災会議調査部会座長、日本地震学会長

山崎登　日本放送協会（ＮＨＫ）解説主幹

現在までの間、海上保安庁のチームがプレート境界の固着状況を明らかにするなど観測・研究は進展した。現状の科学の実力に見合う防災対応を導くため、研究成果を踏まえた予測の検討を、新たに設置した調査部会に委ねた。

被害軽減策　念頭に

平田主査　大震法の仕組みが必要かどうかを問う根本的な議論になる。東海地震だけが可能性が高いわけではないのは共通認識。対象とするエリアをどうするかも重要だ。地震に至るプロセスは極めて複雑。単純なモデルで地震発生を予測することは難しいが、南海トラフ地震は東日本大震災と同等かそれ以上の被害がもたらされる。どのような被害軽減策があるかを念頭に議論を進めていく。

河田委員　東海地震は予知を前提に検討が始まったが、一般国民は「東海地震が最初に起こるからだろう」と読み替えてしまった。神戸には、なぜ東海地震より先に阪神・淡路大震災が起こったのかという素朴な疑

川勝平太　静岡県知事（2回目までの作業部会は外岡達朗県危機管理監が代理出席）

尾崎正直　高知県知事、元内閣官房副長官秘書官

■行政側委員
永井智哉　内閣官房国土強靱化推進室参事官
谷広太　文部科学省研究開発局地震・防災研究課長
宇根寛　国土地理院地理地殻活動研究センター長
野村竜一　気象庁地震火山部管理課長

問がある。法体系の詳しい説明を国民は受けていない。東海地震は被害が甚大ということにとどまらず、先に起こるという誤解もあった。

予測に定量的評価

尾崎委員　昭和東南海・南海地震から約70年が経過した現代、東海地震だけを特別扱いすることに合理的根拠があるのか。3連動型地震が発生する可能性が高い中、大震法の仕組みの見直しは絶対的に大事だ。経済的な被害もあるが、人命を守るために経済活動を制限せざるを得ないこともある。政府に強制力を持たせる法的枠組みが必要だろう。

平田主査　調査部会では、山岡委員を主査として、理学的観点から調査する。とりわけ、観測網が新しく発展したり新しい知見が増えたりした時にどのような評価が可能か検討してもらう。

山岡委員　ある程度は定量的な感覚を共有しないと議論は進まない。例えば、地震が起こるかもしれない時、確率が10％なら許されるのか、20％なのか。地震発生確率の数字で、ある種の相場観を共有しないといけない。

河田委員　南海トラフ地震は津波の到達時間が東日本大震災とは全く違う。「東日本はこうだったから南海トラフはこうだ」という議論をやってしまうと非常におかしくなる。東日本大震災よりも地震動による影響が大きい。住宅の倒壊による死者の数など東日本とは全く違う数字が出ている。

必要な観測網は

平原委員　海上保安庁のチームが南海トラフの海域調査で固着域の状態を示した。われわれはこんなことも知らなかったのだと衝撃を受けた。地震調査研究推進本部の部会では、南海トラフの海域観測について重点的に議論し、計画を立てている。そういうものも参考にしてほしい。

山岡委員　理学系の研究者は真面目。「確実なことでないと役に立たないのではないか」と思う傾向があるが、そうではない。情報を共有することで役立つものがある。諦めない方向で進めたい。

長谷川委員　地震学は近年、非常に進展しているが、予測の可能性や確度についてはそれほど変わっていないと思う。どういう観測網が必要か検討してほしい。数分で津波が到達するとされる南海トラフの場合、沖合の震源域全域にケーブル式の津波計を展開したとして、到達のどのくらい前に確実な情報が出せるか。定量的な検討が必要だ。

トラフ全体　情報公開

山崎委員　科学を防災に生かすのはこの作業部会の最大のテーマの一つ。過去の歴史を見て、東南海地震が起きた時、南海地震がいずれ来るかもしれないと分かっても、それが24時間後なのか、2年後なのかは分からない。そういう状況でどうやって防災対策を講じるのかというのは今の大震法にない考え方。科学の実力に見合った防災を考えることが一番の宿題だ。

尾崎委員　予測が出てもたぶん、確度が低い。そうだとしてもできることは間違いなくある。住民は、ベッドの横のタンスをずらす、津波避難タワーまでの間の障害物をあらかじめ排除する、備蓄物資を増やすなど。警戒を始めてもしばらく地震が来ないという〝生殺し状態〟になることもあり得るだろう。ただ、それを恐れて対応しないのではなく、地域防災力が高まる形で展開すればいい。

例示された異常ケースと社会の状況、評価例（抜粋）

	ケース	事務局が想定する社会の状況	評価例
①	南海トラフの東半分で大地震が起き、西半分が割れ残った場合	・被災地域はすでに混乱 ・過去には西側の領域も時間差で割れた例が多いと報道される ・ネットなどでさまざまな予測に関する情報が拡散される	・「過去の事例から見ると、西側でも大地震が発生する可能性が高い」 ・確率を算出し、大地震発生の可能性が特に高い期間の目安を示す
②	南海トラフでM7級の地震が発生した場合	・東日本大震災の際には前震があったことが報道される ・ネットなどでさまざまな予測に関する情報が拡散される	・「この地震が前震となって、さらに大きな地震が発生する可能性がある」 ・確率を算出し、大地震発生の可能性が特に高い期間の目安を示す
③	2011年３月の東北地方太平洋沖地震の前に見られた現象が多種目で観測された場合	・地震予測のさまざまな情報が報道されたり、臆測や根拠のない情報がネットで拡散されたりする	・「直ちに大地震が発生するか否か判断できない。発生の危険性が普段より高まっている可能性はある」 ・ケース②やケース④の状況になれば、そちらに移行する
④	東海地震の判定基準とされる前兆すべりが見られた場合	・気象庁が逐次情報を発表。多くの専門家が大地震発生を懸念 ・地震予測のさまざまな情報が報道されたり、臆測や根拠のない情報がネットで拡散されたりする	・変化を厳重に監視し、リアルタイムで情報を発表し、警戒を呼び掛ける ・大地震に至るかどうかを定量的に評価する手法も基準もなく、地震が発生しない可能性があることにも言及する

福和委員　前震で多くの住民が屋外避難している時に本震が起きた熊本地震は、情報を出せば圧倒的に被害が減ることを証明した。何が何でも、少しでも情報を出す方向は捨てるべきではない。東海地震地域だけでなく、南海トラフ全体を含めた情報が必要。ＳＮＳが発達し、うわさ話ばかりが出てくるだろう。うわさに対する根拠ある情報を早く出すことも考えてほしい。

調査部会　骨子案要旨

調査部会は、南海トラフで観測される現象で社会が混乱する恐れのある事例として四つのケースを例示し、確率予測で注意喚起できる場合があると親会の作業部会に報告した。

ケース１は、南海トラフの東半分で地震が発生し西半分が割れ残った場合。ケース２は、南海トラフで前震の可能性がある比較的規模の大きな地震が発生した場合だ。ともに実際の発生事例があるケースで、過去の南海トラフ地震の起き方や世界各地で起きた前震の事例を統計処理したり、最新の地震活動に基づく統計モデルを用いたりすることで、同じような状況下で地震発生に至る確率を導くことができるとした。

一方、東日本大震災に先行して観測されたのと同様の現象が南海トラフで多種目観測された場合（ケース３）や東海地震の判定基準とされるようなプレスリップ（前兆すべり）と思われる現象がひずみ計などで捉えられた場合（ケース４）は、それらが南海トラフ沿いの地震前に発生しうる現象か十分検証できておらず過去の事例もないため、確率評価できないと結論付けた。

特にケース４は、現行の枠組みで「直後から2～3日以内に地震が起きる恐れがある」と警戒宣言が発令され社会が厳しく規制される状況に相当し、四つのケースで最も切迫性が高いが、現在の地震学では発生までの時間の目安は示せず「大地震発生の危険性が相対的に高まっている」程度しか言えないとした。

【南海トラフ沿いの地震】 駿河湾―九州沖の太平洋海底に延びる溝状の地形（南海トラフ）に沿って起きる地震。100～150年程度の周期で東海、東南海、南海の震源域がそれぞれ同時や時間差で破壊し、マグニチュード（M）8級の大地震を起こしている。前回の安政東海地震から160年超、昭和東南海・南海地震から70年超が経過し、全域が同時破壊するM9級の巨大地震の懸念も高まっている。その場合、政府は最大死者30万人超、経済被害は220兆円と想定している。

第2回作業部会

11月22日の第2回作業部会では、調査部会の報告書骨子案について説明を受けた。四つのケースごとの地震発生予測の可能性に対し、委員からは「異常な現象が観測された場合、行政は何らかの対応を求められる。その仕組みを整えておくべき」といった意見があった。これを踏まえて緊急防災対応の在り方や内容、対象地域などを検討する方針案を事務局が示し、委員らは「南海トラフの特殊性を考慮する必要がある」などと指摘した。

南海トラフ沿いの地震に備え、大震法見直しを含めた新たな防災対応について議論が進む作業部会=2016年11月22日午後、都内

四つのケース

尾崎委員　おそらく地震予知を前提とした大震法そのものの構成を見直していくことになっていくのだろうと思う。その中でも、四つのケースが観測された場合にどうしていくのかを定める法律として、大震法を再構成していく方向感が求められている。いつの時点で地震が起こるのかという意味での予知はなかなか難しいが、ぜひ研究は続けてほしい。

河田委員　地震学者が理解している地震現象は本当にごくわずかだ。それ以外の大半がブラックボックスになっているという謙虚さが必要。四つのケースとはまったく違う地震の起こり方をしても効果のある対策をやっておかないといけない。

外岡代理委員　災害対応に当たる者としては、発生時にいかに1人でも多くの命を救うか、そのために何ができるかという視点で検討をしてもらいたい。

岩田委員　防災対応で何らかの判断をしなければならないという時に、国民にその責を任せてしまうのか、それとも自治体に任せてしまうのか。今の大震法の枠組みでは内閣総理大臣の責任で警戒宣言を発するという仕組みがあるわけだが、何らかの形で行政対応、例えば国民に避難とかいったことを促すためには、それなりの制度を国として持つことが重要。その上で、データのリアルタイムでの公開を前提に、社会がどのように受け止めながら対応するかという視点を入れてほしい。

【大規模地震対策特別措置法（大震法）】　国民の生命や財産を守るため、直前予知を前提に社会を規制して大地震発生に備える仕組みを定めた特措法。「2～3日以内に地震が起きる恐れがある」と予知されると、首相が「警戒宣言」を発令し、本県全域を含む強化地域8都県157市町村の行政や企業、学校、医療・福祉施設などが事前に定めた「地震防災応急対策」に基づき大地震の発生に備える。店舗の多くは閉店し、学校も休校。危険地域の住民は一斉に避難を開始する。鉄道は全線運休し、高速道路も通行止めとなる。

東海地震の判定基準

長谷川委員　ケース4は東海地震の判定基準を満たすようなことだが、地震が発生しない可能性にも言及している。異論はないが、東海地震は予知できる可能性がある唯一の地震という今までの考え方と真っ向からぶつかるのではないか。

山岡委員　ケース4については基本、地震の研究をしている人は皆とても心配するだろうということとしか今は言えない。理論的にはいろいろと再現はされているが、実際には観測されていない。その理論に則してシミュレーションで再現した場合でも、地震につながることもあれば、つながらないこともある。かつ、いつになったら安全と言えるかということについても、経験がない以上は明確なことは言えないだろう。

平原委員　これが今の地震学の実力であると思っていただいて、ほとんどの地震学者は異論がないと思う。ただ、現状の議論と5年後、10年後というのは変わってくる可能性がある。今の実力からもう少しアップする可能性があるということは少し留意してほしい。

有識者作業部会のスケジュール

(2016年9月9日)初会合
(調査部会の設置を決定)

調査部会(予測可能性を検討)
(9月26日)初会合
(10月13日)第2回会合
(11月1日)第3回会合
報告書骨子案を大筋了承

(11月22日)第2回会合
(調査部会が報告書骨子案提示)
⋮
月1ペースで会合予定
⋮
(2017年3月めど)
作業部会の報告書案とりまとめ

大震法を取り巻く経緯

1976年8月	東京大助手の石橋克彦氏(現・神戸大名誉教授)の東海地震説(駿河湾地震説)が報道される
78年6月	大震法が成立
80年5月	地震財特法が成立
95年1月	兵庫県南部地震(M7.3)
2001年6月	中央防災会議が東海地震の想定震源域を見直し拡大
02年4月	強化地域を現在の8都県157市町村に拡大
06年1月	本紙が東海地震説30年の大型連載を開始し、連動型地震への対策訴え
09年8月	駿河湾の地震(M6.5)
11年3月	東北地方太平洋沖地震(M9.0)
13年5月	中央防災会議の調査部会が南海トラフ沿いの大地震の「確度の高い予測は困難」と報告
13年11月	東南海・南海地震特措法を改正し南海トラフ法が成立(推進地域は29都府県707市町村)
16年1月	本紙が連載「沈黙の駿河湾〜東海地震説40年」を開始し、石橋氏が大震法見直し提言
16年2月	判定会の吉田明夫委員(当時)が定例会で現行の想定見直しを提言
16年4月	三重県南東沖の巨大地震想定震源域でM6.5のプレート境界地震
16年6月	中央防災会議が大震法見直しの作業部会を設置

標準的な見解が必要

小室委員　南海トラフの防災対策を考えるならば、南海トラフの特徴を捉えた視点を加味しなければ意味がない。広域性とか、時間が長く続くとか、そういうことも加味する必要があるのでは。

平田主査　大震法は予知ができるという前提でいろいろ考えていたけれども、予知できそうもないので大震法はやめた方がいいという意見がある。それでも、尾崎委員のように何かやるべきであるという意見もある。

田中委員　いずれにしても国として標準的な統一見解が求められる。その際のターゲットは二つあって、社会とオペレーション（運用）をする側の両方に出さざるを得ない。災害情報と制度の関係での普遍的な課題は、制度を運用する契機の情報は比較的決めやすいのだけれども、解除の情報は非常に決めにくい。より危険の高いものだけを残すような段階的なオペレーションを考えていかざるを得ないのではないか。

岩田委員　津波ばかりが非常に強調されているが、内陸の斜面崩壊についても掘り下げていってもらいたい。

河田委員　最新の被害想定結果をベースに（防災対応の検討を）やらなければ。ハザード（危険）だけが見直されて対応を変えるというものでは終わらないことを知ってほしい。

速報や警報　実力向上

平原委員　地震が起きた時の緊急地震速報や津波の即時警報、これらの実力がかなり上がってきている。起きた時に割と早く伝えることができるのが今の地震学の誇れる技術だということを、少しアピールしてほしい。

長谷川委員　地下で今何が起きているのかということを的確に捕捉できるようになったのが、近年の地震学で非常に発達した部分。だが、それには観測網がしっかりとあり、そのデータを処理解析するソフトを開発すること。あるいはすべり（スリップ）の時空間発展を捕捉するには、きちんとリアルタイムで追い、さらに評価する体制があること。そういったことが全部整っていなければいけない。

作業部会詳報

2017.4.23朝刊

避難か否か「判断材料を」

大規模地震対策特別措置法（大震法）の見直しも含めた南海トラフ沿いの地震発生予測と防災対応の在り方を検討する中央防災会議の有識者ワーキンググループ（作業部会）。不確実な地震予測に基づく具体的な防災対応の議論に入った1月31日の第3回会合では、住民避難の判断を誰が行うか▽事業の停止や継続をどう判断するか—といった議論が交わされた。3月24日の第4回会合では、地域や住民個々に異なる「地震や津波に対する弱さ（脆弱＝ぜいじゃく＝性）」と、地震の「切迫度」の二つの条件を組み合わせてリスクのレベル化を図る考えが事務局の内閣府から示され、より現実に即したレベル化の手法について検討した。本格化する議論を詳報する。

第3回作業部会
不確実な発生予測

平田主査　論点は、不確実な地震発生予測を活用してどのように住民は避難すべきかというようなところ。具体的に誰が判断するのか、前提として検討すべきことは何か。自由に発言いただきたい。

小室委員　基になる情報が不確実な地震発生予測ということであり、（今の地震学の実力を整理した）調査部会からも不確実だという指摘が出ている。ということは当然、避難すべきか、いつ戻っていいかというレベル感の上げ下げ（のタイミング）も含めて議論の対象とした方がいいだろう。

不確実な地震発生予測に基づく防災対応の在り方について、切迫度と脆弱性の組み合わせでレベル化を図る考えを示した作業部会＝2017年3月24日、都内

責任持って首長が対応

尾崎委員　避難の判断は誰が行うかという議論についてだが、これは間違いなく首長だろう。土地の状況を最もよく把握している。ただ、（首長によって）危機感に違いがある可能性がある。基本的にはこういう方向でという形のガイドラインとか統一的な行動基準だとか、そういうものを国で定めていただいた上で首長が責任を持ってそれぞれ対応していく。国が不十分だと思った場合は、後から国が指示できるとか指導できるとか、例えばそのような仕組みを設けていただくのがいいのでは。

長谷川委員　避難することによる社会的、経済的リスク、あるいは、避難しないことによるリスク、社会のコンセンサスをどう得られるか。こういう点でどの程度の可能性なのか――ということは非常に重要になると思う。

従うかは住民本位

河田委員　（避難勧告などの情報を）出すのは簡単でもいつ解除するかというのは非常に難しい。しかも法的な束縛性がないので、従うかどうかというのは住民本位。となると、こういう情報が得られた時に最終的には自己責任の原則で避難するという形に持っていかないと。拘束性があって従わなければいけないというものでない以上、最終判断を自助、共助で動くということにしておかないといけない。

田中委員　解除問題に関しては、初めからできない、あり得ないということで考えざるを得ない。一方、（避難者が）自主的に動くということは広域に動くということ。だから受け入れる側の市町村も交えた形で体制が取れていないと。イメージはハリケーンの時の米国で、住民が他の州に自主的に避難していったような動き。そうした動きを許容するような仕組みをどう作り上げるかだ。

ケース別に議論必要

山崎委員　（南海トラフの東半分で地震が発生し西が割れ残る）ケース1と（南海トラフで前震の可能性がある比較的規模の大きい地震が発生する）ケース2がもし起きたことを考えた時の社会の受け止めや雰囲気、求められる対応はたぶん同じではない。どちらも地震発生に向けて階段が上がったことは言えるのだと思うが、ケース1、2を同列に論じていくと、少し社会の雰囲気や求められる対応を見誤るかなと。ケース1の場合、専門家あるいは気象庁が何を情報として言うかというのがとても大事だ。

岩田委員　私も、最終的には市町村長が避難勧告だとか、そういったことを判断すべきだと思っているが、判断材料になるものは国が統一的に出すべきだ。出すべきものをきちんと議論しておいていただかないと（市町村側は）何も判断できない。

尾崎委員　ケース・バイ・ケースで首長に最終的にいろいろ判断させながらも、力強く後押ししてくれる国のバックアップが必要。

宇賀委員　市町村レベルで判断すると言っても専門性の面で無理な点が多い。国などがガイドラインを作り、それを元に情報提供することが欠かせない。

岩田委員　津波に対しても土砂災害に対しても地域が脆弱になっている。高齢化も相当進行していて、静岡県の伊豆半島の沿岸地域とか山間地域では後期高齢者が6割を超えるような集落が結構ある。こういうことも知った上で議論を進めてもらえればと思う。

第4回作業部会
切迫度と脆弱性で区分

尾崎委員　切迫度と脆弱性と、この2軸で区分していく考え方については、大枠として賛成。ただ、実際これを詰めていくと確かに難しさはあるだろう。時間とともに変化がある切迫度をどう判定するかという中で、実はあまり細かく分けられないかもしれない。脆弱性についても、ものすごく多様な軸がある。

山崎委員　大変難しいオペレーションになることは分かるが、例えば（南海トラフを東西に分けた場合の）東側で地震が起きた時に、これが本当に東南海地震なのか、南海地震は残っているのかなど、判断するために出してもらわないといけない情報がある。震源域全体で起きていることを、今の観測システムを瞬時に集めて評価する仕組み、体制を作っていただかないと。

平田主査　南海トラフで本当にどこが割れたかというのを10分以内にオペレーションに使えるだけの精度で出すというのは、かなりぎりぎりのところ。ただ、ぎりぎりだが、少なくとも何が起きたかを理解するところは今の地震学でできると思う。

統計的結果参考に

長谷川委員　切迫度と脆弱性の2軸で対応を考えるという基本的な考え方は、私もこういうやり方しかないという気はする。尾崎委員が言われたようにディテールに入った時の判断や評価はかなり大変だろうと思うが、詰めていくしかない。切迫度の指標としては、1900年以降の過去のマグニチュード8以上の地震が起こった時に、その後どういう経緯をたどったとか、統計的結果が参考指標として使えそう。それ以外あるかというと、残念ながらないと思う。

山岡委員　今こういうことが起きた時に、気象庁はどういう呼び掛けをするかというこ

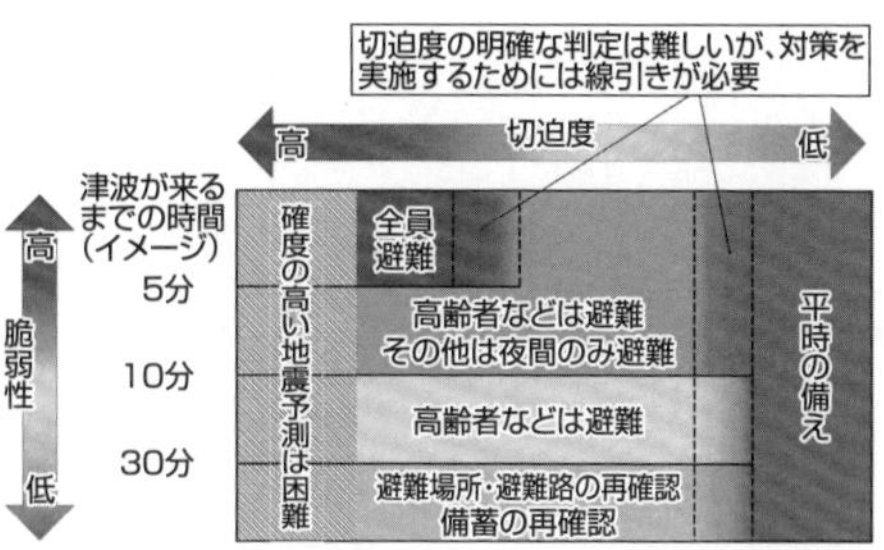

防災対策のレベル化のイメージ（津波からの避難対策の場合）
※自主的な避難もありうる（内閣府の資料などを基に作成）

とを整理してほしい。

田中委員　切迫度という軸がいいのか。皆さんいいとしていたけれど、かなり疑問がある。短期的には（切迫度という軸が）あり得ても、（昭和東南海・南海地震の時のように次の地震発生まで）２年の間隔があったことを国民も知っている。受忍限度というものがある。「切迫」と言うとあまりにも地震研究者に対する負担が大きすぎる。もう少し社会で受け止めた表現にする必要がある。

科学側から言うのは困難

平原委員　おそらく切迫度をサイエンスの側から言うというのはなかなか難しい。ただ、現在はできないけれど、５年後、10年後というのは状況が変わっていると期待する。

河田委員　東南海地震後、三河地震が起こった。プレート境界だけでなく内陸活断層が動くので、それをきちんと切迫度のところに入れておかないと、太平洋に面したところが危ないという誤解が出てくる。東南海より三河のほうがたくさんの人が亡くなっている。

岩田委員　時間的なスケールを一緒に議論していかないと、単に切迫度という漠然とした概念だけというのはスムーズにいかないような気がする。避難という一言をとっても、事業を停止するという一言をとっても、どのぐらい我慢、許容できるかということが、もう一つの軸として、切迫度とは別に必要と考える。

耐久度など社会的指標も

小室委員　切迫度という話を聞いた時に、これはサイエンスの方の話だと思っていたが、きょうの話では、サイエンスの側の切迫度だけでなく、耐久度とかそういう社会の側の指標も入ってくるようだ。その辺の概念を整理した方がいい。

尾崎委員（防災対応を促す）期間が長くなると、暮らせなくなる、ご飯が食べられなくなるという生活の問題がたぶん起こってくる。商店で物が売れなくなるとか、工場で全く仕事がなくなってしまうとか。だから、経済的対策という視点が必要になってくる。

「地域の意見集約　不可欠」

本社アンケート基に討論

大規模地震対策特別措置法（大震法）の見直しを含めた南海トラフ地震対策を検討する中央防災会議のワーキンググループ（作業部会）は、現状の科学の実力に見合った仕組みの構築に向けて議論を続けている。第5回（5月26日）と第6回（7月3日）の会合では、事務局の内閣府が示した取りまとめの方向性や、静岡新聞社が静岡、高知両県の市町村長を対象に実施したアンケートとインターネットを通じて呼び掛けた住民アンケートの結果などを基に意見を交わし、現行の防災対応の見直しには地域の意見集約が欠かせないとの考えで一致した。議論の過

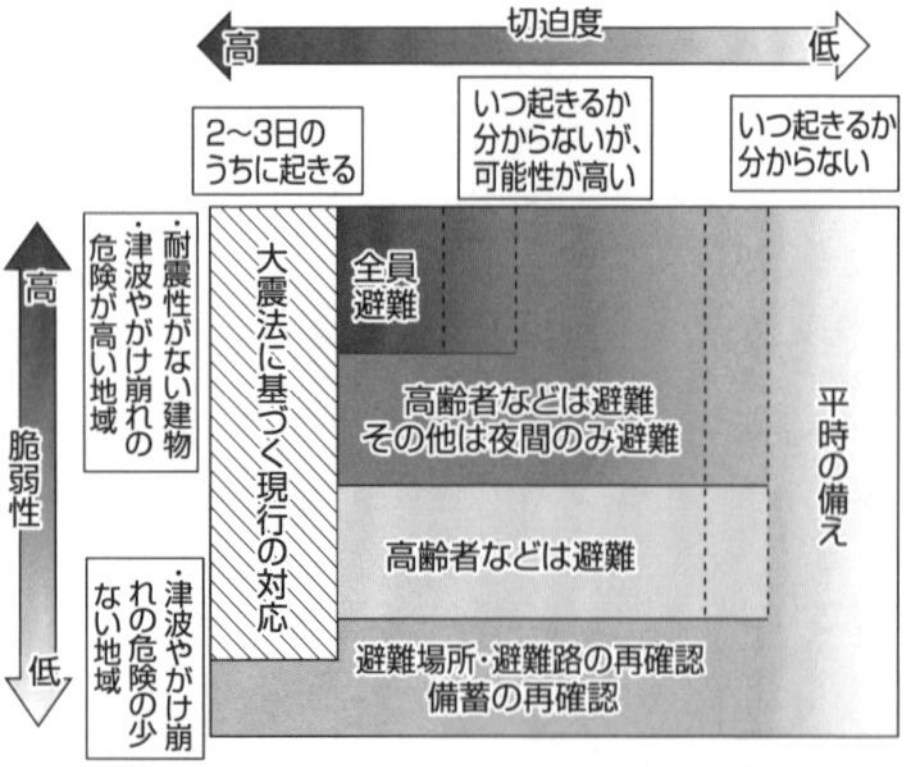

防災対策のレベル化のイメージ（住民避難の場合）
※内閣府の資料などを基に作成

程を詳報する。

第5回作業部会
気象庁中心の仕組みを

岩田委員　24時間監視している気象庁が発信体制の大本になる仕組みにすべき。そうしないと防災対応の役に立たなくなる恐れがある。政府の地震調査委員会からも情報を流すと気象庁との2本立てになり分かりにくい。

田中委員　自治体や防災機関に評価結果が伝わるシステムが既にあるかが最も大事だ。そういう意味で地震調査委員会がその任を負えるかというと（気象庁と比べて）厳しい。

山崎委員　南海トラフ地震と富士山の関係は関心が高い。南海トラフで大地震が起きた時に富士山（噴火の）評価と見通しを併せて発表する仕組みも考えておかないと社会のニーズに応えられない。

長谷川委員　速やかな評価には観測網の整備が不可欠だ。中でも津波と短期的な地殻変動、上下変動を測定できる圧力計（津波計）は非常に重要。報告書に明示してほしい。

小室委員　調査部会が（想定東海地震の予知の根拠の）ひずみ変化に基づく地震予測は

評価手法がないと指摘した。それを踏まえると当面の間、大震法に基づく地震予知情報や注意情報の発出は非常に困難では。この点について方向性を明らかにするなり共通認識を持つことも必要だ。

警戒宣言の必要性

尾崎委員　警戒宣言のようなトリガーは必要。その上で個々の主体に判断の余地を残すこともまた大事だ。問題はその境界をどうするか。どこまで共通事項として定め、どこからは個別の主体に判断をさせるのか。関係自治体の皆さんなどとよく話し合いをして、かなり個別のケースにも踏み込んで議論する場が必要になると思う。

事務局　静岡、高知両県の首長アンケートでは自分たちの地域が割れ残った場合、自治体の100％近くが何らかの態勢を取り、約半数が避難勧告や避難場所の呼び掛けなどを行うと答えた。避難勧告の日数は3日間から1週間が多い一方、発令しない自治体

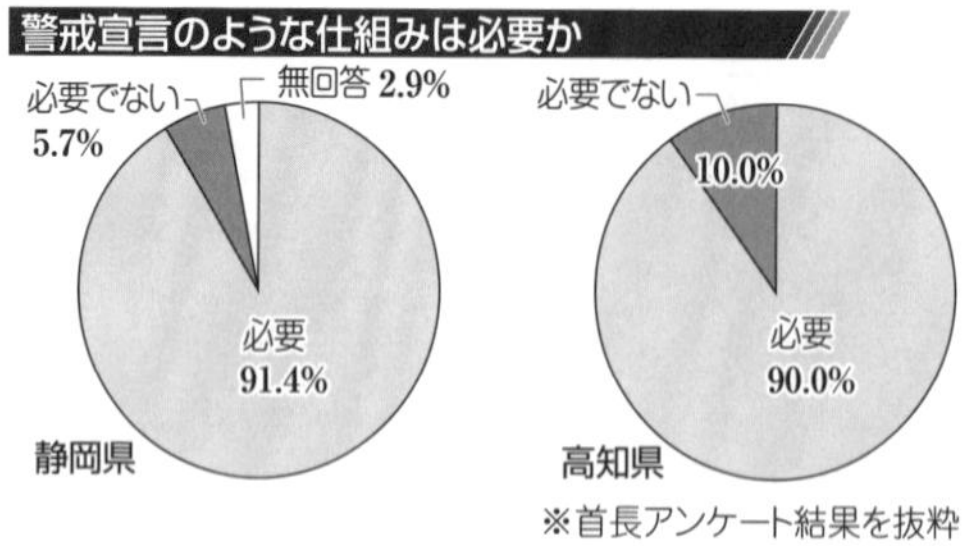

※首長アンケート結果を抜粋

も約2割。事前計画を一斉に実施する警戒宣言のような仕組みについては約9割が必要とした。

山崎委員 防災対応は1かゼロ、やるかやらないか。確率で防災対応を変えろという投げ出し方はできない。対応をすべきかしないべきか、何日間するべきか、どんな機関が何をすべきか―などを発信して指針を作らないと自治体は混乱する。

岩田委員 突発でも対応できそうな議論がある津波に比べ、土砂災害は事前に避難するか、犠牲になるかという本当に1かゼロで、対応に選択肢がない。こうした人命に関わる1、ゼロの議論を整理しておきたい。

方向性は三つに整理

事務局 防災対応の方向性は三つの論点に整理したい。まず、いろいろ想定される異常に備えて対応を考えておく必要があること。それから、ケースごとの状況や個人・地域の脆弱（ぜいじゃく）性も違うので複数の対応を準備する必要があること。三つ目は耐震性の確保を含め、事業者に責任を持って防災対応を判断してもらうことが必要ということ。また、作業部会の内容をしっかり説明しながら、地域住民に問題意識を持ってもらい、一緒に考えていく必要がある。議論を踏まえてそうした当面の対応も報告書に記述したい。

第6回作業部会
大震法の在り方

山崎委員　大震法による現行の防災対応は改める必要があるというところまで、方向性案で踏み込んだのは良かった。ケース1から4について具体的に対応を考えていくのは分かりやすくていいが、一体いつの段階で誰が判断して社会に防災対応を促すのかというところは、きちんと書かなければいけない。

宇賀委員　かなりの確度で予知ができるという大震法ができた時の前提に変化があったということであり、それは従前の在り方を見直す一つの考慮要素になる。他方、だからといって何もしなくていいというのではなく、一定のリスクがあるのであれば、それに応じた予防体制をとっていくことは重要だろう。

想定される異常のケース

	ケース
①	南海トラフの半分で大地震が起き、もう半分が割れ残る
②	南海トラフでM７級の地震が発生する
③	2011年3月の東北地方太平洋沖地震に先行したような現象が多種目で観測される
④	東海地震の判定基準とされる前兆すべりが見られる

ケース4　扱いに苦言

川勝委員　現在の科学的知見のもとに、大震法による現行の防災対応を改めるのは賛成だが、ケース1、2を中心にする一方、ケース4は避難などについて深刻に考える必要はないとも読める。現行の警戒宣言を要らないとまで言ってしまうと基本的に間違い。むしろ、大震法を充実、拡充する方向における法改正でなくてはならない。

岩田委員　多くの方々が今起きている現象について、ある意味で非常に懸念する状況がケース4。その時に社会として応急対応をどうするのかということは、やはりきちんと議論しておいてほしい。

避難する場合、最大どの程度の期間、避難しますか（「避難する」と答えた方のみ）

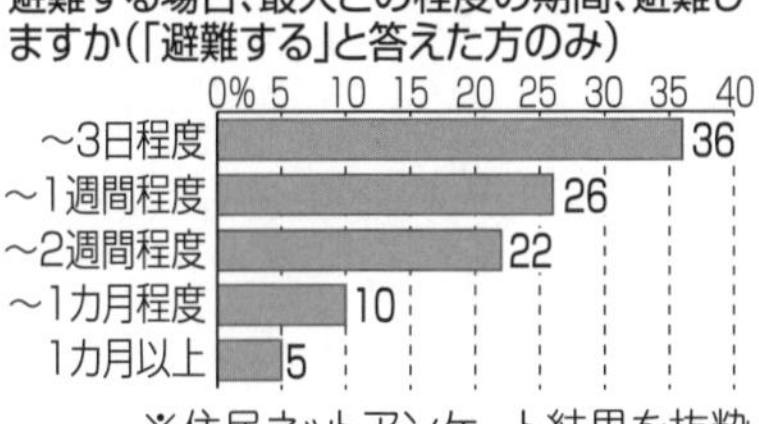

※住民ネットアンケート結果を抜粋

観測・評価体制の整備

河田委員　南海トラフの西の方は日向灘に入っていて、1900年代に5回もマグニチュード（M）7クラスのプレート境界地震が起こっているが、こういうところの観測調査体制がまったくない。これまでの知見を生かして観測調査体制を南海トラフ全域に広げるという形での大震法の見直しというものは当然あってしかるべき。起こった被害がどれぐらいなのかを評価するシステムも必要だ。

福和委員　首都圏は非常に高密度な観測網があるが、人口が密集し、かつ南海トラフの大きな被災地域になる大阪や名古屋にはほとんど観測網が整備されていない。一方で湾岸の観測網が今、どんどん減り、災害発生時にどういう事態になっているかのモニタリングが非常にしづらくなっている。ぜひ、陸上の観測網も忘れずに整備してほしい。

異常時の防災対応

事務局　異常現象を観測した時の防災対応は、国の機関、地方自治体、民間事業者などが関わる協議会などを設置し、計画の方向性について各主体の相互調整をしなければいけないと考える。

尾崎委員　最悪に備えることを基本に国で一定のガイドラインを作り、それに基づいて各主体が対応する仕組みにすべき。防災対応の開始は国で号砲を鳴らしてもらいたいが、終期については詳細な議論を要するだろう。

田中委員 南海トラフ地域は日本経済の大動脈であり、3日から1週間、1週間から2年という単位に何が起こるのかということをもう少し研究しておかないと。地震に対する知見以上に、産業あるいは地域の知見というものがほとんどない。

福和委員 地方自治体よりも広域の地域ブロックごとに、産業界とも相当に議論しないと、まずはガイドラインが作れない。有効なガイドラインを作るためには、モデル的地区を使ってどれだけ（議論を）やっておくかというところがすべてだと思う。

とりまとめの方向性案の要点
（内閣府の資料を基に作成）

【南海トラフで異常な現象が観測された場合の防災対応の方向性】

大震法による現行の防災対応の取り扱い

・「2～3日以内に地震発生の恐れ」という情報を前提とした大震法による現行の防災対応は改める必要

防災対応の方向性

▽異常な現象の評価に基づく防災対応の基本的な考え方

・ケース1、2は、発生確率が一定程度高い期間内に何らかの対策を講じる意義はある

▽短期的な発生確率に基づいた防災対応の基本的な考え方

・具体的な対応案は国や地方公共団体、各事業主体がメリットとデメリットを勘案して検討すべき

・例えば住民アンケートでは3日程度の避難は受忍されうることも踏まえ、発生確率の高い3日間程度は、個人・地域のリスクに応じて比較的厳しい防災対応を取り、確率が下がる1週間以降は平時の対応に戻していくーという考え方を標準として今後具体的な検討を進めることを提案

▽地震の観測・評価体制の在り方

・異常現象を評価するために、具体的な手法や国民への情報提供の内容などをあらかじめ決めておくことが必要。その上で、実際に発生した現象を緊急に評価するために、気象庁に学術経験者による評価体制の整備が必要

【おわりに】

・突発発生を前提とした防災対策は引き続き着実に進めるべき

・新たな対応が決まるまでの間に備え、国や地方公共団体は暫定的な防災体制をあらかじめ定めておくこと

2017.11.28朝刊

「東海」予知から南海トラフ監視へ

県「今後も積極関与」―作業部会が報告書

大規模地震対策特別措置法（大震法）の見直しも含めた「南海トラフ沿いの地震観測・評価に基づく防災対応検討ワーキンググループ（作業部会）」（主査・平田直東京大地震研究所地震予知研究センター長）は9月26日、約1年間の議論を経て、今後南海トラフ沿いで異常現象が観測された場合、万一に備えて何らかの事前行動を取ることができる場合があるという防災対応のあり方をとりまとめた。報告書を受け、防災対応の具体的な中身についての議論もモデル地区で順次始まっている。最終報告から現在までの流れを改めて整理した。

第7回発言要旨

8月25日の第7回作業部会では、報告書案について細部を詰める議論を行った。平田主査が「皆方向性は同じだと理解したので、報告書案の意見を主査預かりで反映し、それで報告をしたい」とまとめると、「異議なし」の声が上がった。

四つのケース

想定される異常のケース

	ケース
①	南海トラフの半分で大地震が起き、もう半分が割れ残る
②	南海トラフでＭ７級の地震が発生する
③	2011年3月の東北地方太平洋沖地震に先行したような現象が多種目で観測される
④	東海地震の判定基準とされる前兆すべりが見られる

平原和朗委員（京都大大学院教授）　安政（東海・南海地震）は30～32時間、昭和（東南海・南海地震）は2年などの（発生の）時間差を本文や表などの形で入れてほしい。知らない方が結構多い。

事務局（内閣府）　静岡新聞の調査でも時間差で割れていることを知らない方が回答者の3分の1いた。分かりやすく修正したい。

尾崎正直委員（高知県知事）　ケース1、2はどういう事象かが比較的明瞭に書かれている一方、ケース4は非常に境界的な場合が出てくるので、今後より詰めた議論が必要だと留意してもらえればありがたい。

小室広佐子委員（東京国際大副学長兼国際関係学部長）　報告書が世に出るとケース1～4が脚光を浴びる。それだけしか起こらないと世間の人は思ってしまう可能性が高いので、

「おわりに」の部分でそれだけではないと強調してほしい。

国のガイドライン

尾崎委員　ケース1〜4自体が近年始まったばかりの議論で、各主体が自分で対応を考えろと言っても困るだろう。国がしっかりガイドラインを示し、それに基づいて各主体が対応を検討するという書き方にしてほしい。また、今後の大綱や関連法規の見直しの可能性程度は報告書で触れた方がいいのでは。

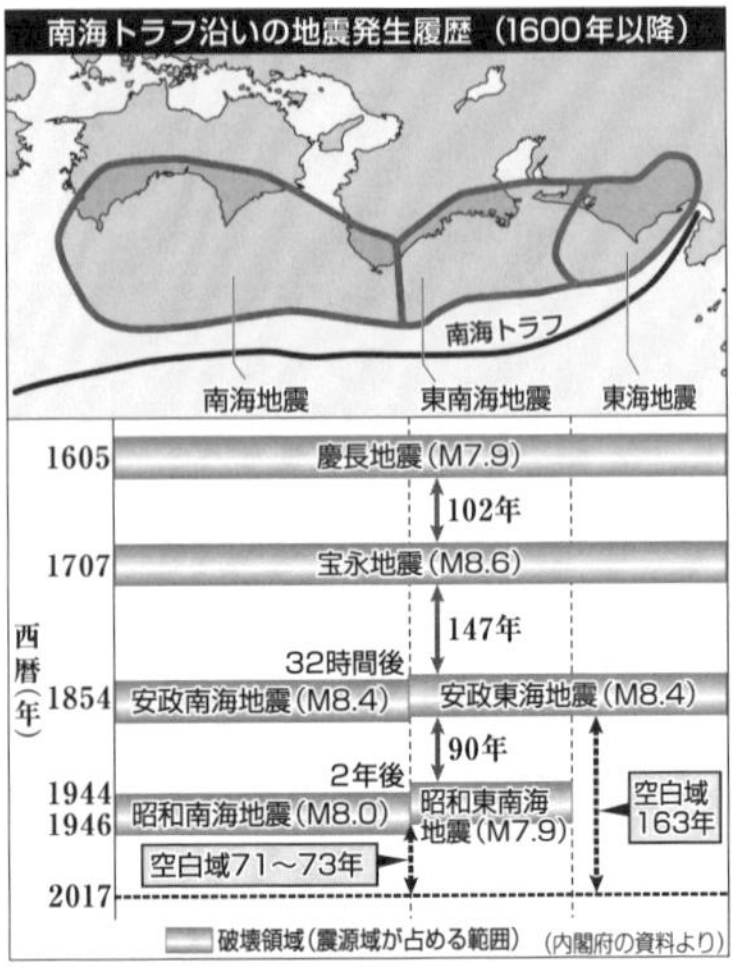

山崎登委員（日本放送協会解説委員）　法律や制度、ガイドラインも含め、国がこの問題に向き合っていくという問題意識や、全国の自治体や各主体を引っ張っていくんだときちんと書いてほしい。

小室委員　「主体」が地方公共団体や関係事業者を指すのか、国も含むのか曖昧だ。主体の意味が分かるような記述にしてほしい。

事務局　地震防災対策はそれぞれが責任感を持って考えていただかないといけないという意味で「主体」という言葉を使っている。基本的に国も入った概念として記載しているが、記述を精査する。

自治体の思い

外岡達朗代理委員（静岡県危機管理監）　２００９年8月11日の駿河湾の地震では判定会が招集され、いろいろ判断して、東海地震には結びつかないと情報を出した。今後の議論はそうしたことが実際に今起きたらどうするか考えながら進める必要がある。われわれがやってきた対策や東海地震の仕組みが参考になると思うので、静岡県として今後の検討に積極的に関わっていきたい。

尾崎委員　静岡県からも話があったが、われわれ自治体も、より詳細な検討のため汗をかいていかなければならないと常に考えている。

（抜粋、委員の肩書は当時）

政府、関係省庁　会議を招集―県、内容に応じて体制

南海トラフ沿いの大地震発生の可能性が平常時に比べ相対的に高まった―などの「南海トラフ地震に関連する情報（臨時）」が気象庁から発表されると、政府は関係省庁災害警戒会議を招集。被害が想定される地域の住民に対し家具の固定や避難場所・経路、家族との連絡手段などの再確認を呼び掛け、関係都府県には警戒会議の結果を連絡する。

静岡県は10月、臨時情報が発表された場合の対応を定めた。「南海トラフ沿いで異常現象が観測され、大地震と関連するかどうか調査を開始した」という内容の情報であれば、約100人規模の事前配備体制（情報収集体制）をとる。

「大地震発生の可能性が平常時に比べ相対的に高まった」と評価する情報が出されると、関係職員による危機管理連絡調整会議を開催。体制を格上げし、県民への広報や県有施設の点検、発生後の物資緊急輸送体制の確認などに当たる。

実効性ある仕組み要請

中央防災会議の有識者ワーキンググループ（作業部会）が２０１６年9月から17年8月まで7回の議論を経てまとめた南海トラフ沿いの大地震の防災対応の在り方に関する報告書は、９月26日に内閣府で主査の平田直東京大地震研究所地震予知研究センター長から小此木八郎防災担当相に手渡された。

平田主査は「今の科学の実力を生かす、社会全体で備える、という視点で具体的な取り組みが進められ、南海トラフ沿いの防災対応の向上につながれば」と強調し、〝不確実な予測〟を活用した実効性ある防災対応の仕組みの構築を求めた。

報告書の提出を受けた政府は直後に、作業部会の親会議の防災対策実行会議を官邸で開いた。座長の菅義偉官房長官は、防災対応の検討体制の早期確立と速やかな取りまとめ▽間隙

報告書のポイント

- 確度の高い地震予知は困難で、直前予知を前提とした防災対応を改める必要がある
- 南海トラフ沿いの一部地域で大規模地震が発生した場合など、これから地震が起こる可能性のあるトラフ沿いの他の地域で住民避難を促す仕組みを検討
- 対応策は、国や地方自治体、関係事業者などが被害の軽減効果と社会的な受忍限度を勘案し、具体的に考える
- 地方自治体などの防災対応の策定を進めるため、モデル的地区で具体的な防災対応の検討を行い、国はガイドラインの策定を目指す
- 防災対応を一斉開始、一斉中止できるような仕組みを国が検討
- 愛知県から四国にかけて観測態勢を強化し、観測データを即時公開、説明に努める
- 気象庁に、現在の東海地震に対する評価体制のような、学識者による新たな評価体制の整備が必要

（かんげき）を作らない政府対応の実施▽国民に対する迅速な情報提供の実施―の3点を指示。これに基づいて具体的な防災対応を検討するモデル地区に静岡県と高知県、中部経済界を選定した。

さらに、続く中央防災会議幹事会では新たな防災対応が定まるまでの暫定措置として、南海トラフ沿いで異常現象が観測され、大地震発生の可能性が平常時と比べて相対的に高まった場合に、気象庁が「南海トラフ地震に関連する情報（臨時）」を発表することを報告、了承した。

一方で、東海地震に特化した従来の「東海地震に関連する情報」は運用されなくなり、確定的な地震予知を前提とした大震法に基づく「警戒宣言」の事実上の凍結が決まった。今後は新たな防災対応の検討と並行し、改正や他の法律との統合、廃止など大震法そのものの在り方を巡る議論の行方も注目される。

異常現象捉え「臨時」発表　「南海トラフ情報」

「南海トラフ地震に関連する情報」は「定例」と「臨時」の2種類。南海トラフ沿いで起こる大地震に対する新たな防災対応が決まるまでの暫定的な措置として、11月から気象庁が運用を始めた。大震法に基づき想定東海地震を対象に発令されることになっていた警戒宣言は、事実上〝凍結〟された。

平田直東京大地震研究所地震予知研究センター長をはじめ東海地震の発生予測を担ってきた地震防災対策強化地域判定会と同じ顔ぶれの委員6人が「南海トラフ沿いの地震に関する評価検討会」を月1回開き、日頃の地震や地殻変動についての調査結果を定例情報として発表する。

臨時情報は、南海トラフ地震の想定震源域で①マグニチュード（M）7以上の地震②M6（または震度5弱）以上の地震が発生し、ひずみ計に特異な変化③1カ所以上のひずみ計に有意な変化―など異常現象が発生した場合を想定。気象庁は検討会を招集し、大地震との関連について調査を始めたことを知らせる第1号の臨時情報を出した後、最短2時間で評価結果を反映した第2号を発表、記者会見を開く。

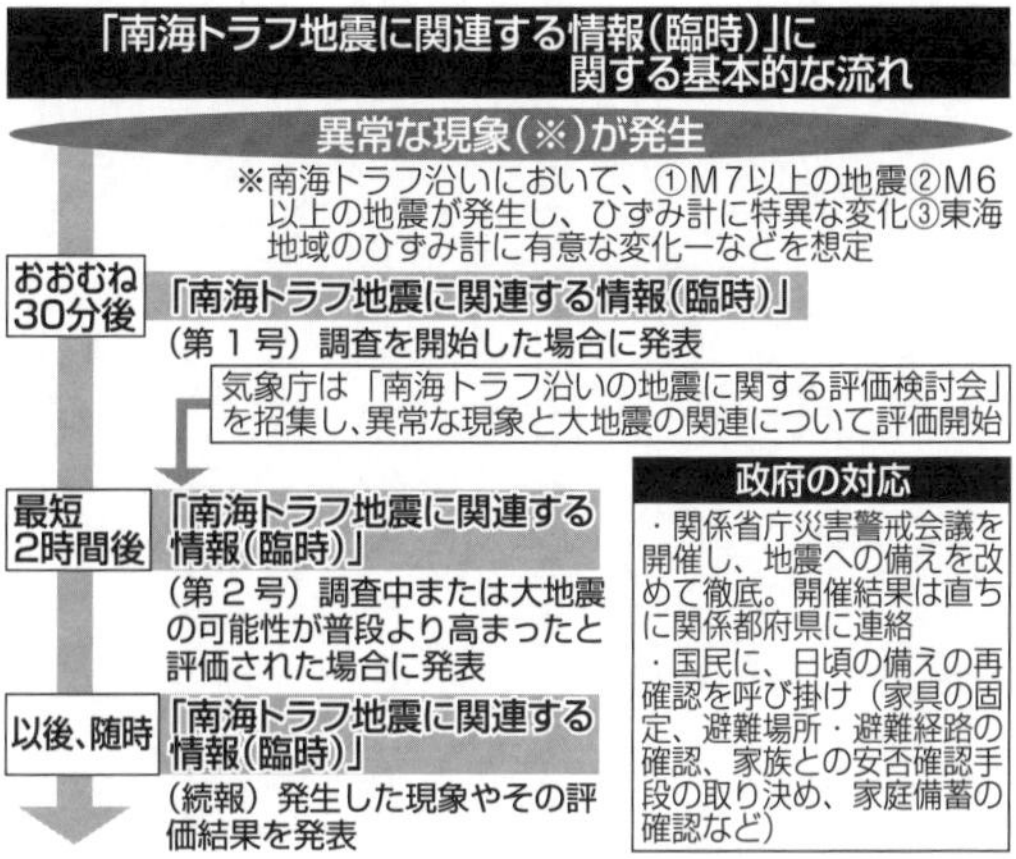

「南海トラフ地震に関連する情報（臨時）」に
関する基本的な流れ
異常な現象（※）が発生
※南海トラフ沿いにおいて、①M7以上の地震②M6以上の地震が発生し、ひずみ計に特異な変化③東海地域のひずみ計に有意な変化―などを想定
おおむね30分後
「南海トラフ地震に関連する情報（臨時）」
（第1号）調査を開始した場合に発表
気象庁は「南海トラフ沿いの地震に関する評価検討会」を招集し、異常な現象と大地震の関連について評価開始
最短2時間後
「南海トラフ地震に関連する情報（臨時）」
（第2号）調査中または大地震の可能性が普段より高まったと評価された場合に発表
以後、随時
「南海トラフ地震に関連する情報（臨時）」
（続報）発生した現象やその評価結果を発表
政府の対応
・関係省庁災害警戒会議を開催し、地震への備えを改めて徹底。開催結果は直ちに関係都府県に連絡
・国民に、日頃の備えの再確認を呼び掛け（家具の固定、避難場所・避難経路の確認、家族との安否確認手段の取り決め、家庭備蓄の確認など）

中部経済界で検討会開始　モデル地区―本県でも本格化へ

不確実な地震発生予測に基づく南海トラフ巨大地震の防災対応について話し合うモデル地区での検討会は11月15日、名古屋市を中心とした中部経済界を皮切りに始まった。同じくモデル地区の静岡、高知両県でも今後検討が本格化する見込み。

中部経済界の検討会は静岡、愛知両県などの学識者や行政・経済団体関係者ら11人で構成し、本県からは岩田孝仁静岡大防災総合センター長、外岡達朗県危機管理監が名を連ねる。大震法で地震防災応急対策が求められる鉄道、製造業、百貨店などの業種を中心に、中小企業も含めてヒアリングを行う。

静岡県は既に、臨時の「南海トラフ地震に関連する情報」を受けた際の配備態勢などを庁内で確認した。外岡危機管理監は「中部経済界での議論を踏まえ、本県での議論も進めたい」としている。

高知県の尾崎正直知事は、県内モデル地区での検証を早ければ年末にも開始する方針。静岡県や愛知県などを含めた南海トラフ地震対策に取り組む10県知事会で検証結果を共有する考えを強調した。

強化地域アンケート

2016.1.21 朝刊

【調査の方法】

大規模地震対策特別措置法（大震法）に基づく地震防災対策強化地域の全８都県157市町村の防災担当部署を対象に、2015年11月下旬から同12月下旬にかけて郵送やファクスで実施した。147市町村と８都県の防災担当課長や危機管理監などから回答を得た。市町村分の回収率は93.6%、都県分は100.0%。※カッコ内は都県分

問1 大震法の施行から40年近く経過しましたが、その間、東海地震は発生せず、次の東南海・南海地震と連動する可能性（南海トラフ巨大地震）が指摘されることも増えてきました。大震法の見直しをめぐる議論について次から最もあてはまるものを一つ選んでください。

議論の必要はない	7(1)	4.8%(12.5%)
議論はしたほうがよい	113(7)	76.9%(87.5%)
分からない	21(0)	14.3%(0.0%)
その他	6(0)	4.1%(0.0%)

問2 東海地震に関連する情報（調査情報や注意情報、予知情報）や警戒宣言と、とるべき対応に関する住民の認知度について次から最もあてはまるものを一つ選んでください。

広く知られており、正確に理解されている	0(0)	0.0%(0.0%)
広く知られているが、正確には理解されていない懸念がある	56(3)	38.1%(37.5%)
広く知られているとはいえない	84(1)	57.1%(12.5%)
分からない	6(3)	4.1%(37.5%)
その他	1(1)	0.7%(12.5%)

問3 東海地震に関連する情報（調査情報や注意情報、予知情報）や警戒宣言について、住民の認知度を調査したことがありますか。次から最もあてはまるものを一つ選んでください。

調査したことがある	1(1)	0.7%(12.5%)
調査したことはない	137(6)	93.2%(75.0%)
分からない	7(0)	4.8%(0.0%)
その他	2(1)	1.4%(12.5%)

問4 「調査情報（臨時）」について最もあてはまるものを次から一つ選んでください。

発表されたら住民に何かしらの混乱が懸念される	74(3)	50.3%(37.5%)
発表されたらほとんどの住民は冷静に適切な行動をとる	20(1)	13.6%(12.5%)
そもそも発表は難しいと考えている	14(2)	9.5%(25.0%)
分からない	31(2)	21.1%(25.0%)
その他	8(0)	5.4%(0.0%)

問5 「注意情報」について最もあてはまるものを次から一つ選んでください。

発表されたら住民に何かしらの混乱が懸念される	107(3)	72.8%(37.5%)
発表されたらほとんどの住民は冷静に適切な行動をとる	8(1)	5.4%(12.5%)
そもそも発表は難しいと考えている	13(2)	8.8%(25.0%)
分からない	16(2)	10.9%(25.0%)
その他	3(0)	2.0%(0.0%)

問6　「予知情報」について最もあてはまるものを次から一つ選んでください。

発表されたら住民に何かしらの混乱が懸念される	113(4)	76.9%(50.0%)
発表されたらほとんどの住民は冷静に適切な行動をとる	3(0)	2.0%(0.0%)
そもそも発表は難しいと考えている	18(2)	12.2%(25.0%)
分からない	10(2)	6.8%(25.0%)
その他	3(0)	2.0%(0.0%)

問7　「警戒宣言」について最もあてはまるものを次から一つ選んでください。

発令されたら住民に何かしらの混乱が懸念される	118(4)	80.3%(50.0%)
発令されたらほとんどの住民は冷静に適切な行動をとる	4(0)	2.7%(0.0%)
そもそも発令は難しいと考えている	13(2)	8.8%(25.0%)
分からない	7(2)	4.8%(25.0%)
その他	5(0)	3.4%(0.0%)

問8　警戒宣言が発令された場合に特に懸念されることを次から最大五つ選び、下記の回答欄に深刻と思われる順に選択肢の数字を書き込んでください。

回　答	第1位	第2位	第3位	第4位	第5位	合計	
住民への適切な情報伝達	86(3)	14(1)	4	4	4	112(4)	76.2%(50.0%)
外国人への適切な情報伝達	4	14(1)	11	7(1)	4(1)	40(3)	27.2%(37.5%)
視覚・聴覚障害者への適切な情報伝達	3	16	9(1)	2	2	32(1)	21.8%(12.5%)
買い出しや預貯金の引き出し等の混乱	5(1)	8	5	12(1)	8	38(2)	25.9%(25.0%)
流言飛語（デマ）	6	13	14	8(1)	13	54(1)	36.7%(12.5%)
道路の渋滞	2	6	11(2)	11	8	38(2)	25.9%(25.0%)
急性期医療	0	1(1)	3	4	4	12(1)	8.2%(12.5%)
避難地の収容能力不足	4	12	7	7	5	35(0)	23.8%(0.0%)
避難地の水・食糧・生活物資、燃料の不足	4	7(1)	8	12	4	35(1)	23.8%(12.5%)
避難地のトイレ不足	0	1	1	4	1	7(0)	4.8%(0.0%)
要援護者の避難	2(2)	25(1)	22(1)	12	9	70(4)	47.6%(50.0%)
滞留旅客の対応	2	3	5(2)	6(1)	5(1)	21(4)	14.3%(50.0%)
交通事故	0	1	0	1	1	3(0)	2.0%(0.0%)
治安の悪化・暴動	0	0	1	2(1)	2	5(1)	3.4%(12.5%)
警戒宣言が長期化した場合の対応	6	8(1)	22	22	22(2)	80(3)	54.4%(37.5%)
深夜未明に発令された場合の対応	7	8	11	12	6	44(0)	29.9%(0.0%)
荒天時に発令された場合の対応	2	5	6	6	6	25(0)	17.0%(0.0%)
予期できない事態	11	4	6	4	24(2)	49(2)	33.3%(25.0%)
その他	3	0	0	2(1)	1	6(1)	4.1%(12.5%)

問9　警戒宣言の発令とその対応を検証することだけに目的を絞った独自の訓練を最近5年以内に実施したことがありますか。次から最もあてはまるものを一つ選んでください。

住民と職員を対象に実施したことがある	12(0)	8.2%(0.0%)
職員を対象にだけ実施したことがある	11(2)	7.5%(25.0%)
住民対象にだけ実施したことがある	3(0)	2.0%(0.0%)
初の実施を具体的に検討している	0(0)	0.0%(0.0%)
必要性は感じているが、具体的な予定はない	94(4)	63.9%(50.0%)
必要ないと考えている	5(0)	3.4%(0.0%)
分からない	8(1)	5.4%(12.5%)
その他	14(1)	9.5%(12.5%)

問10 警戒宣言発令時に避難が必要な人口に対して避難地は確保できていますか。次から最もあてはまるものを一つ選んでください。

東海地震(単独型)に対しては確保できていたが、南海トラフ地震の新想定(連動型)で津波の浸水域が拡大するなどしたため、確保できなくなった	10(0)	6.8%(0.0%)
南海トラフ地震の新想定(連動型)で津波の浸水域が拡大するなどしたが、避難地は確保できている	68(2)	46.3%(25.0%)
確保できていない	25(2)	17.0%(25.0%)
分からない	20(0)	13.6%(0.0%)
その他	24(4)	16.3%(50.0%)

問11 大震法に規定する警戒宣言の在り方について、今後どう考えるか、次から最もあてはまるものを一つ選んでください。

警戒宣言の発令の仕組みは今後も必要	110(7)	74.8%(87.5%)
警戒宣言の発令の仕組みは廃止したほうがよい	6(0)	4.1%(0.0%)
分からない	27(0)	18.4%(0.0%)
その他	4(1)	2.7%(12.5%)

問12 問11で「警戒宣言の発令の仕組みは今後も必要」と回答した方にお聞きします。今後も必要な理由として近いものを次から選んでください。(複数回答可)

減災に役立つと思うから	70(2)	63.6%(28.6%)
地震予知に期待しているから	25(1)	22.7%(14.3%)
地震の前兆現象など、異常が観測された場合に備えて受け皿が必要だから	59(6)	53.6%(85.7%)
価値ある挑戦だと思うから	4(0)	3.6%(0.0%)
分からない	1(0)	0.9%(0.0%)
その他	5(0)	4.5%(0.0%)

※パーセンテージは問11で「必要」としたサンプルに対する割合

問13 問11で「警戒宣言の発令の仕組みは今後も必要」と回答した方にお聞きします。大震法の今後の在り方についてあなたの考えに近いものを次から選んでください。(複数回答可)

現状のままでよい	5(1)	4.5%(14.3%)
現状のままでよいが、より実効性を高めるための議論をすべき	47(1)	42.7%(14.3%)
より実効性を高めるため、運用を見直すべき	29(1)	26.4%(14.3%)
より実効性を高めるため、法改正すべき	6(1)	5.5%(14.3%)
南海トラフ地震との連動も組み込めるように運用を見直すべき	51(6)	46.4%(85.7%)
南海トラフ地震との連動も組み込めるように法改正すべき	20(3)	18.2%(42.9%)
分からない	0(0)	0.0%(0.0%)
その他	3(0)	2.7%(0.0%)

※パーセンテージは問11で「必要」としたサンプルに対する割合

問14 問11で「警戒宣言の発令の仕組みは廃止したほうがよい」と回答した方にお聞きします。その理由として近いものを次から選んでください。(複数回答可)

実効性に疑問があるから	4(0)	66.7%(0.0%)
地震予知は困難だ	3(0)	50.0%(0.0%)
仮に異常が観測されても予知情報や警戒宣言は出せないと思うから	1(0)	16.7%(0.0%)
警戒宣言は社会への影響が大きすぎるから	1(0)	16.7%(0.0%)
警戒宣言は経済的な損失が大きすぎるから	1(0)	16.7%(0.0%)
予知を前提とせず南海トラフの地震と合わせた法律にしたほうがよいから	5(0)	83.3%(0.0%)
分からない	0(0)	0.0%(0.0%)
その他	0(0)	0.0%(0.0%)

※パーセンテージは問11で「廃止」としたサンプルに対する割合

問15 警戒宣言に備えて独自の取り組みをされていたら教えてください。

(以下、自由回答の一部を抜粋)
- 予知された場合の行動指針をマニュアル化して全職員に配布している
- 「防災ファイル」を作成し、市内に全戸配布。また、防災ファイルを使い、自治会の役員の研修会や市民への防災講座などで周知・啓発に取り組んでいる
- 地震防災出前講座で周知。市内360町内会で実施している防災マップ支援事業において、マップ上に警戒宣言発令時の行動や避難場所を記載。本年度も34町内会が取り組んでいる
- 毎年異動期に、各職員に災害発生時等の担当部署を明記して配布している
- 毎年地震防災総合訓練を全町民参加のもと実施。最近の地震発生予測から、東海地震の警戒宣言が発令された後、南海トラフ地震、糸魚川―静岡構造線での地震が発生したとの想定としている。これは、警戒宣言のシステム周知と地震発生対応のため

問16 大震法や警戒宣言の在り方についてご意見や国への注文・要望等ありましたら、ご自由にお書きください。

(以下、自由回答の一部を抜粋)
- 市民が東海地震を含めた南海トラフ地震を正しく受け止め、これに対する的確な判断、行動が取れるように、平時から自主防災訓練や研修を行い、地震に対する知識、地域の防災力および防災意識を向上させることで、警戒宣言時等の社会的混乱防止と発生に伴う被害の軽減を図ることが重要
- 地震防災対策強化地域において情報伝達手段である防災行政無線のデジタル化の整備費や消防車両の整備等について国の財政上の特別措置を強化推進してほしい(補助制度の構築、補助率の増など)
- 国庫予算補助を増やしてほしい。ハード面はもちろん、防災・減災対策費としてソフト面に充当できる措置をお願いしたい(例:訓練費補助金)
- 地震予知は困難だと思うが、万が一兆候を発見できた場合のための制度として大震法の意義はある。しかし、例えば企業の中には「地震対策=(イコール)地震予知時の大震法に基づく対応マニュアルのみ」となっているところもあり、徒歩帰宅支援をはじめ、東海地震を予知できることを前提として体制を整備してきた負債もあるかもしれない。事前予知が困難であることを前提に、南海トラフ地震が発生した場合の対策が必要
- 当市では、大震法の強化地域(東海地震)に指定されているが、最も対策を強化すべき地震は、糸魚川―静岡構造線帯の活断層を震源とする内陸性直下型地震と認識して対策を進めている。大震法および関連法令については、さまざまな地震を想定した内容への見直しを期待したい。加えて、より広域的な支援体制の構築(運用上)が必要
- 再度住民に対し周知すべき
- 市としても広く広報していくが、国も広報活動を強化してほしい(市民へのパンフレット、マニュアルなど)
- 大震法に基づき、警戒宣言が発せられた場合の対策について、国の主催で、国・県・市町と関係機関の参加による図上訓練の実施を希望する(定期的な訓練は必要)

首長アンケート

2017.5.25 朝刊

問1 南海トラフ地震防災対策推進計画、津波避難対策緊急事業計画等の南海トラフ地震に備えた防災計画を策定していますか

回　答	静岡県	高知県	沿　岸	内　陸
策定済みである	34(97.1%)	24(80.0%)	36(94.7%)	22(81.5%)
策定中である	0(0.0%)	4(13.3%)	0(0.0%)	4(14.8%)
策定していない	1(2.9%)	2(6.7%)	2(5.3%)	1(3.7%)
わからない	0(0.0%)	0(0.0%)	0(0.0%)	0(0.0%)

問2 南海トラフ地震等に備えた防災対策実施に当たり、貴市町村において特に課題と考えられるものは何ですか(五つまで)

回　答	静岡県	高知県	沿　岸	内　陸
住宅の耐震化	23(65.7%)	24(80.0%)	27(71.1%)	20(74.1%)
公共建築物、土木構造物、防災関連施設等の耐震性の確保	12(34.3%)	9(30.0%)	10(26.3%)	11(40.7%)
まちの不燃化を含めた災害に強いまちづくりの推進	6(17.1%)	2(6.7%)	6(15.8%)	2(7.4%)
液状化対策	3(8.6%)	1(3.3%)	2(5.3%)	2(7.4%)
急傾斜地崩壊危険箇所等の整備	8(22.9%)	7(23.3%)	4(10.5%)	11(40.7%)
防災教育・防災訓練の推進	19(54.3%)	15(50.0%)	20(52.6%)	14(51.9%)
災害時の迅速・的確な情報収集、住民等への情報伝達	22(62.9%)	17(56.7%)	24(63.2%)	15(55.6%)
安全な避難場所・避難所の確保	12(34.3%)	13(43.3%)	18(47.4%)	7(25.9%)
避難路整備を含めた迅速で的確な避難誘導体制の確保	15(42.9%)	6(20.0%)	16(42.1%)	5(18.5%)
避難所運営体制の整備	17(48.6%)	15(50.0%)	17(44.7%)	15(55.6%)
救助・救急、医療及び消火活動体制の確保	6(17.1%)	7(23.3%)	8(21.1%)	5(18.5%)
緊急輸送用の交通確保・緊急輸送活動、物資調達・供給体制整備	14(40.0%)	10(33.3%)	17(44.7%)	7(25.9%)
ライフラインの早期復旧体制の確保	7(20.0%)	7(23.3%)	9(23.7%)	5(18.5%)
行政の業務継続	10(28.6%)	11(36.7%)	10(26.3%)	11(40.7%)
災害廃棄物処理体制の確保	2(5.7%)	3(10.0%)	5(13.2%)	0(0.0%)
その他	5(14.3%)	2(6.7%)	6(15.8%)	1(3.7%)
特になし	0(0.0%)	0(0.0%)	0(0.0%)	0(0.0%)

問3 南海トラフでは、東南海・東海地震と南海地震が、数日から数年の時間差で連続して、あるいは同時に発生したことを知っていますか

回　答	静岡県	高知県	沿　岸	内　陸
良く知っている	24(68.6%)	24(80.0%)	30(78.9%)	18(66.7%)
聞いたことはある	11(31.4%)	5(16.7%)	7(18.4%)	9(33.3%)
知らなかった(今、知った)	0(0.0%)	1(3.3%)	1(2.6%)	0(0.0%)

問4 南海トラフ沿いで異常な現象が発生した場合にとるべき防災対応について検討を行うため、政府は中央防災会議のもとに、「南海トラフ沿いの地震観測・評価に基づく防災対応検討ワーキンググループ」(以下「南トラワーキング」という)を設置していることを知っていますか

回　答	静岡県	高知県	沿　岸	内　陸
会議が行われていること、その議論の概要も含めて知っている	14(40.0%)	7(23.3%)	14(36.8%)	7(25.9%)
会議が行われていることは知っているが、内容までは知らない	19(54.3%)	16(53.3%)	18(47.4%)	17(63.0%)
会議が行われていることを知らない	2(5.7%)	6(20.0%)	5(13.2%)	3(11.1%)
その他	0(0.0%)	1(3.3%)	1(2.6%)	0(0.0%)

問5 ケース1、2、3、4のどの現象が確認された場合の対応が懸念されますか

回　答	静岡県	高知県	沿　岸	内　陸
ケース1が最も懸念される	10(28.6%)	9(30.0%)	10(26.3%)	9(33.3%)
ケース2が最も懸念される	8(22.9%)	14(46.7%)	12(31.6%)	10(37.0%)
ケース3が最も懸念される	1(2.9%)	2(6.7%)	2(5.3%)	1(3.7%)
ケース4が最も懸念される	12(34.3%)	4(13.3%)	10(26.3%)	6(22.2%)
ケース1が最も懸念されない	7(20.0%)	2(6.7%)	6(15.8%)	3(11.1%)
ケース2が最も懸念されない	2(5.7%)	1(3.3%)	2(5.3%)	1(3.7%)
ケース3が最も懸念されない	17(48.6%)	12(40.0%)	15(39.5%)	14(51.9%)
ケース4が最も懸念されない	5(14.3%)	14(46.7%)	11(28.9%)	8(29.6%)

※その他の回答があるため合計は100%にならない

問6 ケース1や2のような現象が発生した場合、どのようなことが懸念されますか(三つ)

回　答	静岡県	高知県	沿　岸	内　陸
地震発生についての情報流布や情報不足による混乱	31(88.6%)	23(76.7%)	31(81.6%)	23(85.2%)
多数の避難者の発生	14(40.0%)	16(53.3%)	21(55.3%)	9(33.3%)
避難すべきかどうかを迷うことによる混乱	18(51.4%)	15(50.0%)	22(57.9%)	11(40.7%)
避難に伴う道路渋滞等交通機関の混乱	11(31.4%)	5(16.7%)	10(26.3%)	6(22.2%)
買い占めや預貯金の引き出し等の混乱	6(17.1%)	7(23.3%)	5(13.2%)	8(29.6%)
水や食料、生活物資、燃料などの不足	15(42.9%)	14(46.7%)	17(44.7%)	12(44.4%)
住民や避難した地域等での治安の悪化	5(14.3%)	1(3.3%)	3(7.9%)	3(11.1%)
その他	3(8.6%)	2(6.7%)	3(7.9%)	2(7.4%)

問7 南海トラフでは、ケース1～4に示すような、多様な現象が観測される可能性があります。このような場合において、観測結果の防災対策への活用についてどのように考えますか

回　答	静岡県	高知県	沿　岸	内　陸
大規模地震の発生予測は不確実なので、対策による社会的影響の大きさを考慮すると、地震防災応急対策のような趣旨の対応は実施するべきではない	0(0.0%)	0(0.0%)	0(0.0%)	0(0.0%)
南海トラフ地震の被害は甚大なので、大規模地震の発生予測が不確実でも、現在の地震防災応急対策のような趣旨の対応は実施するべき	18(51.4%)	20(66.7%)	18(47.4%)	20(74.1%)
地震の発生予測の不確実さ、予防的な対応の進捗状況も考慮し、現在の地震防災応急対策の内容を見直して実施するべき	14(40.0%)	10(33.3%)	18(47.4%)	6(22.2%)
無回答(その他)	3(8.6%)		2(5.3%)	1(3.7%)

問8 （ケース1において）最初の地震の発生直後、まずどのような対応をとりますか。貴市町村では、この時点では被害はほとんど発生していないとしてお答えください（複数回答）

回　答	静岡県	高知県	沿　岸	内　陸
災害対策本部（もしくは準備本部）等の設置など体制の整備	34(97.1%)	28(93.3%)	36(94.7%)	26(96.3%)
庁舎や管理している橋梁や水門など施設の点検	19(54.3%)	14(46.7%)	19(50.0%)	14(51.9%)
住民に避難勧告の発令もしくは避難場所、避難経路の確認などの呼びかけ	27(77.1%)	18(60.0%)	28(73.7%)	17(63.0%)
住民への不要不出の外出や備蓄品の確認の呼びかけ	20(57.1%)	16(53.3%)	19(50.0%)	17(63.0%)
高所での工事や危険な作業などの自粛を呼びかけ	11(31.4%)	4(13.3%)	8(21.1%)	7(25.9%)
被災地への応援要員の派遣（準備を含む）	12(34.3%)	3(10.0%)	11(28.9%)	4(14.8%)
その他	4(11.4%)	3(10.0%)	6(15.8%)	1(3.7%)
何も対応は実施しない	0(0.0%)	0(0.0%)	0(0.0%)	0(0.0%)

問9 南トラワーキングでは、地震発生の切迫度に応じて、時間帯や避難の対象者によって、避難の方法を変化させる考え方が示されています。このような避難の方法を変化させる方法を取り入れるべきだとお考えですか（ケース1をイメージしてお答えください）

回　答	静岡県	高知県	沿　岸	内　陸
はい	25(71.4%)	18(60.0%)	26(68.4%)	17(63.0%)
いいえ	9(25.7%)	9(30.0%)	10(26.3%)	8(29.6%)
無回答（その他）	1(2.9%)	3(10.0%)	2(5.3%)	2(7.4%)

問10 地震が発生してからでは避難が間に合わない津波到達時間が短い地域や土砂災害のおそれがある地域の住民全員に避難勧告するとした場合、どの程度の期間、避難勧告を発令することが適当だとお考えですか（ケース1をイメージしてお答えください）

回　答	静岡県	高知県	沿　岸	内　陸
3日程度	12(34.3%)	9(30.0%)	14(36.8%)	7(25.9%)
1週間程度	12(34.3%)	6(20.0%)	9(23.7%)	9(33.3%)
1カ月程度	4(11.4%)	4(13.3%)	4(10.5%)	4(14.8%)
1カ月程度以上	0(0.0%)	3(10.0%)	2(5.3%)	1(3.7%)
避難勧告は発令しない	5(14.3%)	6(20.0%)	6(15.8%)	5(18.5%)
無回答（その他）	2(6.1%)	2(6.7%)	3(7.9%)	1(3.7%)

問11 問10を考えるにあたって、地震の発生のおそれのほかに考慮されたものとしては、どのようなものがありますか（ケース1をイメージしてお答えください）

（以下自由回答の一部を抜粋）
・避難に伴う経済活動の停止の影響
・住民が避難所の生活を受忍できる程度
・住民が避難した地域等での治安の悪化
・避難所となる学校の通常の運営への影響
・要配慮者等の体調悪化に伴う関連死
・避難準備・高齢者等避難開始の発令や注意喚起は行う（避難勧告は発令しないと回答）

問12 南海トラフではケース1～4のような現象が発生することが想定されますが、それを受けた対応を行うにあたって、現在の大震法の警戒宣言のような仕組みは必要でしょうか

回　答	静岡県	高知県	沿　岸	内　陸
必要	32(91.4%)	27(90.0%)	36(94.7%)	23(85.2%)
必要でない	2(5.7%)	3(10.0%)	1(2.6%)	4(14.8%)
無回答	1(2.9%)		1(2.6%)	

問12-1 問12で「必要」と回答した方にお聞きします。必要と回答した理由は何ですか(複数回答)

回 答	静岡県	高知県	沿 岸	内 陸
不確実な情報なので、首長ではどのような対応をするべきか判断が難しいから	9(28.1%)	6(22.2%)	8(22.2%)	7(30.4%)
不確実な情報だからこそ、統一した対応が必要だから	16(50.0%)	14(51.9%)	17(47.2%)	13(56.5%)
あらかじめ対応の計画を策定しておいて、いざという時にそれを実施することは減災に役立つと思うから	25(78.1%)	16(59.3%)	25(69.4%)	16(69.6%)
その他	2(6.3%)	1(3.7%)	1(2.8%)	2(8.7%)

問12-2 問12で「必要でない」と回答した方にお聞きします。必要でないと回答した理由は何ですか

回 答	静岡県	高知県	沿 岸	内 陸
不確実な情報に基づく対応は住民・企業等のそれぞれの判断に委ねるべきで、そもそも行政が関与することは適当でないから	0(0.0%)	0(0.0%)	0(0.0%)	0(0.0%)
地域によって避難施設の整備状況等も異なるので、首長の判断に委ねるべきだから	1(50.0%)	1(33.3%)	0(0.0%)	2(50.0%)
不確実な情報に基づいて一斉に対応することは、社会・経済への影響が大きすぎるから	1(50.0%)	1(33.3%)	1(100.0%)	1(25.0%)
その他	0(0.0%)	1(33.3%)	0(0.0%)	1(25.0%)

問13 国への要望など皆さまのご意見を自由にお書きください

(以下、自由回答の一部を抜粋)
- 防災対策にかかる自治体へのアドバイスや予算措置を充実してほしい
- 公的研究機関や民間の観測データを総合評価して配信する仕組みを作ってほしい
- 防潮堤や津波避難タワーなどの防災施設を平時から地域振興や観光に活用するような創意工夫のある事業への支援
- 連動する時間差内における防災体制の指針
- 南海トラフ特別措置法が成立したが、事前防災対策(特にハード面)に対する予算措置が追いついていない。特別枠予算を組むべき。東北の復興は皆が願っているが、復興特会から出る復興予算は約5兆円の不用額が出ている。その一部を南海トラフ対策に回すことも考えたらどうか
- 交付金や補助金など財政支援について継続をお願いしたい

▽調査の方法=静岡県(35市町)と高知県(34市町村)の市町村長を対象に、2017年4月中旬から5月中旬にかけて実施した。静岡県全35市町、高知県30市町村の計65市町村から回答を得た。静岡県分の回収率は100%、高知県分は88.2%、合計で94.2%だった。また、津波の危険がある沿岸自治体(38市町村)と津波の危険がない内陸自治体(27市町村)別にも集計した。

住民アンケート

2017.6.6 朝刊

※パーセンテージは無回答を除く回答者のうちの割合。

【性別】

男性	227	55%
女性	188	45%

【年齢】

10代以下	22	5%
20〜29歳	68	16%
30〜39歳	66	16%
40〜49歳	109	26%
50〜59歳	85	20%
60〜69歳	39	9%
70歳以上	26	6%

【職業】

会社員・役員	157	38%
自営業	23	6%
専門職	17	4%
公務員	35	8%
学生	46	11%
主婦・主夫	49	12%
パート・フリーター	40	10%
無職	44	11%
その他	4	1%

【あなたのお宅は、次のどれにあたりますか】

持ち家（一戸建て）	281	68%
持ち家（マンション）	30	7%
賃貸（一戸建て）	16	4%
賃貸（マンション・アパート）	84	20%
その他	4	1%

【あなたのお宅には、あなた自身も含め次に該当する方がいますか】

小学校に入学する前の子供	44	11%
小学生	68	16%
日常生活に介護を必要とする方	33	8%
妊産婦	5	1%
上記に該当する方はいない	293	71%

問1	あなたのお住まいのご自宅あるいは地域は次のどれにあたりますか(複数選択可)	
自宅またはその周辺は、津波の危険がある	128	31%
自宅またはその周辺は、山・がけ崩れの危険がある	79	19%
自宅の周辺が住宅密集地で、延焼火災の危険がある	174	42%
自宅の耐震性がなく、倒壊する危険がある	90	22%
上記の危険はなく比較的安全だと思う	97	23%

【問1で「自宅またはその周辺は津波の危険がある」と答えた方のみ】

問2	南海トラフ地震が発生した場合、あなたのお住まいの地区(ご自宅の場所)では、津波は一番早い場合で地震発生後どのくらいの時間で到達すると思いますか	
地震発生直後〜5分	34	27%
6〜10分	45	35%
11〜15分	12	9%
16〜20分	11	9%
21〜30分	9	7%
31〜60分	1	1%
60分以上	0	0%
わからない	16	13%

問3	次にあげるものの中で、南海トラフ地震等に備えて実施している防災対策がありますか(複数選択可)	
家具類の転倒・移動防止対策を実施している	223	54%
家具を何も置いていない部屋を寝室にしている	105	25%
ガラス飛散防止をしている	68	16%
棚の上の重いものをおろしている	84	20%
ガスを使わないときには元栓を締めるようにしている	87	21%
火気器具のまわりを整理するようにしている	90	22%
石油ストーブは、耐震自動消火装置付きのものにしている	122	29%
風呂に水を入れるようにしている	94	23%
消火器や水を入れたバケツなどを用意するようにしている	76	18%
非常持出品を用意している	206	50%
食料・飲料水の備蓄をしている	280	67%
割れたガラスから保護するために運動靴などを用意している	93	22%
防災についての家族の役割を話しあっている	39	9%
家の中で「とっさ」に逃げる場所を決めている	74	18%
家族との連絡方法を決めている	90	22%
地震の時に避難する場所を決めている	155	37%
家族が離ればなれになったとき落ち合う場所を決めている	88	21%
自宅や勤め先付近の安全な避難路を確認している	92	22%
幼稚園、小学校の児童の引き取り方法を決めている	52	13%
感震ブレーカー(揺れを感知して電気を止める器具)の設置	36	9%
外出時には、携帯電話やスマートフォンなどの予備電池を携帯	119	29%
ブロック塀や門柱などの安全性について点検	32	8%
特に何もしていない	32	8%

問4	あなたは、このような南海トラフ巨大地震が発生した場合の被害の想定を知っていましたか	
良く知っている	117	28%
なんとなく知っている	272	66%
知らなかった（今、知った）	26	6%

問5	南海トラフでは、東南海・東海地震と南海地震が、数日から数年の時間差で連続して、あるいは同時に発生したことを知っていますか	
良く知っている	136	33%
なんとなく知っている	160	39%
知らなかった（今、知った）	119	29%

問6	南海トラフ地震等が起きたときの避難のため、市町村はあらかじめ地震や津波災害に対応した指定緊急避難場所を指定していますが、あなたの住む地域の指定緊急避難場所をご存じですか	
どこが地震や津波災害に対応した指定緊急避難場所であるか知っている	295	71%
地震や津波災害に対応した指定緊急避難場所があることは知っているが、場所は知らない	85	20%
全く知らない	35	8%

問7	あなたがご自宅にいるときに、突然地震が起こり、今まで経験したことがないような揺れを感じた場合、あなたやご家族は津波や余震に備えて自宅以外の場所に避難しますか。また、避難する場合はどこに避難しますか	
地震や津波に対応した指定緊急避難場所	181	44%
自宅周辺の広場や高台などの指定緊急避難場所以外の場所	117	28%
親戚、知人宅	13	3%
避難しない	104	25%

【問7で「避難しない」以外を選んだ方のみ（問7-3まで）】

問7-1	避難する理由は何ですか（複数回答）	
自宅又はその周辺は、津波の危険が予想されるから	71	34%
自宅又はその周辺は、山・がけ崩れの危険が予想されるから	30	14%
自宅の周辺が住宅密集地で、延焼火災の危険が予想されるから	61	29%
自宅の耐震性がないから（自宅が倒壊またはその危険があるから）	53	25%
自宅又はその周辺の危険はないが、不安だから	79	37%

問7-2	揺れがおさまってから何分後に避難開始しますか	
5分以内	144	53%
6～10分	63	23%
11～15分	18	7%
16～20分	8	3%
21～30分	11	4%
31～60分	3	1%
60分以上	5	2%
わからない	18	7%

問7-3 避難するときの交通手段は何ですか

徒歩	226	85%
自転車	18	7%
原付・バイク	3	1%
自家用車	20	7%
公共交通機関（電車・バス・タクシー等）	0	0%

【問7で「避難しない」を選んだ方のみ】

問7-4 避難しない理由は何ですか（複数選択可）

住んでいる地域や自宅は安全だと思うから	76	75%
どこに避難したらよいかがわからないから	7	7%
避難したくても避難できない理由があるから（例:家族に要配慮者がいる）	9	9%
避難所等に避難するのは嫌だから	19	19%
その他	15	15%

問8 あなたのお住まいの地域はどちらですか。

南海トラフ沿いの想定震源域の東側の地域（東海地震が懸念される地域）	410	99%
南海トラフ沿いの想定震源域の西側の地域（南海地震が懸念される地域）	5	1%

<次の状況をイメージしてください>

あなたの居住地域ではない側の地域（南海地震のエリア）で大地震が発生し、震源に近い地域では揺れや津波により多くの死者・行方不明者・家屋被害が発生しています。自衛隊や警察、消防が人命救出活動を行っています。鉄道や高速道路なども損壊したため、運休や通行止めとなっています。このような東日本大震災における東北地方の被災状況と同様の状況が、テレビ等を通じて刻々と報道されています。しかし、あなたの居住地では被害は発生しておらず、電気・水道等も問題なく使えています。会社や学校、商店などは通常どおり運営されています。

問9 あなたや家族が自宅にいて、この状態になった場合、安全な場所に避難しますか

自宅以外の安全な場所に避難する	79	19%
自宅にとどまる	336	81%

以下の「想定する状況」をイメージし、以降の問いにお答えください

<想定する状況>

○あなたの居住する側の地域（東海地震のエリア）では現時点では大地震は発生していませんが、「過去の歴史を踏まえると、まだ地震が起こっていないエリアでも数日から数年以内に必ず大規模な地震が発生している」ことがマスコミから報道され始めました。

○あなたの居住地域（東海地震のエリア）でも大地震が発生する可能性について、気象庁は過去の類似状況の統計データに基づいて「今後3日程度は極めて高く、2週間程度は依然として特段に高い状態にある」と発表して、注意を呼びかけています。

○仮に、あなたの居住地域（東海地震のエリア）でも大地震が発生した場合、強い揺れや津波によって多数の家屋が倒壊し、多くの人命被害が発生する可能性があります。先行した大地震と併せて被害は広域に及び、全国的な支援を受けることが困難となるため、救助活動の難航や手厚い物資支援等を期待できない可能性があります。

問10 あなたやご家族が自宅にいて、「想定する状況」になった場合、安全な場所に避難をしますか

自宅以外の安全な場所に避難する	172	41%
自宅にとどまる	243	59%

【問10で「自宅以外の安全な場所に避難する」を選んだ方のみ(問10-1-5まで)】

問10-1-1 避難する場合、最大どの程度の期間、避難しますか

～3日程度	60	36%
～1週間程度	44	26%
～2週間程度	37	22%
～1カ月程度	17	10%
1カ月以上	9	5%

問10-1-2 避難期間を問10-1-1のように答えた理由は何ですか

▽気象庁が、大地震の発生可能性について「今後3日程度は極めて高く、2週間程度は依然として特段に高い」と発表しているから		
そう思う	77	47%
ややそう思う	65	39%
どちらとも言えない	16	10%
あまりそうは思わない	3	2%
そうは思わない	4	2%
▽その期間くらいで周りの人も避難を止めると思うから		
そう思う	26	16%
ややそう思う	65	40%
どちらとも言えない	51	31%
あまりそうは思わない	12	7%
そうは思わない	8	5%
▽仕事ができなくなるなど、経済的に不安があるから		
そう思う	40	25%
ややそう思う	52	32%
どちらとも言えない	32	20%
あまりそうは思わない	18	11%
そうは思わない	20	12%
▽長距離の通勤や通学、通院等が耐えられないから		
そう思う	23	14%
ややそう思う	44	27%
どちらとも言えない	40	25%
あまりそうは思わない	26	16%
そうは思わない	28	17%
▽子供や高齢者がいる等、避難先での生活に抵抗があるから		
そう思う	38	24%
ややそう思う	53	33%
どちらとも言えない	32	20%
あまりそうは思わない	14	9%
そうは思わない	23	14%
▽住み慣れない避難生活でストレスや病気が心配だから		
そう思う	70	44%
ややそう思う	55	34%
どちらとも言えない	15	9%
あまりそうは思わない	11	7%
そうは思わない	9	6%

▽自宅や地域から離れることが不安だから		
そう思う	48	31%
ややそう思う	44	28%
どちらとも言えない	38	24%
あまりそうは思わない	11	7%
そうは思わない	16	10%

問10-1-3 避難する先はどこですか(複数選択可)

市町村で指定した避難場所(学校や公民館等の公共施設)	134	79%
親戚の家、友人・知人宅、別宅	50	30%
ホテル・旅館等	6	4%
指定された避難場所以外の安全な場所	20	12%
その他	5	3%

問10-1-4 (前問で「市町村で指定した避難場所」以外を答えた方)その場所はどこですか

同一市町村内	14	47%
同一県内	5	17%
その他(県外・海外)	11	37%

問10-1-5 仮に避難後に地震が発生しなかった場合に、あなたは何を考えると思いますか

▽津波や土砂災害に対しても安全な場所へ移住したい		
そう思う	57	36%
ややそう思う	30	19%
どちらとも言えない	38	24%
あまりそうは思わない	20	13%
そうは思わない	15	9%
▽自宅の耐震補強を実施して、地震時でも自宅で暮らせるようにしたい		
そう思う	76	48%
ややそう思う	42	27%
どちらとも言えない	20	13%
あまりそうは思わない	13	8%
そうは思わない	7	4%
▽安全な場所にある他の家族の家で暮らしたい		
そう思う	24	15%
ややそう思う	19	12%
どちらとも言えない	41	26%
あまりそうは思わない	36	23%
そうは思わない	40	25%

【問10で「自宅にとどまる」を選んだ方のみ(問10-2-4まで)】

問10-2-1 避難しない理由は何ですか(複数回答可)

住んでいる地域や自宅は安全と思うから	109	46%
実際に大地震が発生してから避難しても大丈夫と思うから	64	27%
地震が発生する可能性や発生時期等の情報の信頼性が低いから	41	17%
自分や家族が、仕事や学校に行く必要があるから	72	30%
避難所・避難先での生活に抵抗があるから	71	30%
その他	41	17%

問10-2-2 避難しない場合に緊急的に実施する防災対策は何ですか(複数回答可)

家具類の転倒・移動防止対策の確認・実施	152	64%
火気器具のまわりの整理	140	59%
飲料水・生活水、食料の備蓄・確保	210	89%
避難路・避難先の確認	135	57%
家族等との連絡方法の確認	174	74%
緊急地震速報が発表された時の対応の確認	145	61%
その他	16	7%
特に何もしない	1	0%

問10-2-3 「想定する状況」の中で、以下のどの条件が満たされれば、あなたやご家族は自宅以外の安全な場所に避難しますか。(複数回答可)

自分や家族の仕事が休みになった場合	97	43%
自分や家族の通う学校が休みになった場合	48	21%
取引先の会社が休みになった場合	21	9%
上記のどの条件がそろっても避難しない	119	52%

問10-2-4 次の場合であれば避難すると思いますか

▽周りの人が避難したり、周りの人から避難を呼び掛けられた場合		
そう思う	68	29%
ややそう思う	78	34%
どちらとも言えない	56	24%
あまりそうは思わない	12	5%
そうは思わない	17	7%
▽市町村から避難勧告等が出された場合		
そう思う	140	60%
ややそう思う	50	22%
どちらとも言えない	34	15%
あまりそうは思わない	4	2%
そうは思わない	4	2%
▽隣接地域で起きた大地震に大きな恐怖や不安を感じた場合		
そう思う	65	28%
ややそう思う	61	26%
どちらとも言えない	78	34%
あまりそうは思わない	14	6%
そうは思わない	13	6%
▽自宅周辺のスーパーや銀行が休みになった場合		
そう思う	52	22%
ややそう思う	70	30%
どちらとも言えない	61	26%
あまりそうは思わない	26	11%
そうは思わない	24	10%
▽通院している病院が休みになった場合		
そう思う	44	19%
ややそう思う	45	19%
どちらとも言えない	70	30%
あまりそうは思わない	34	15%
そうは思わない	39	17%

あとがき

予知を前提とした大規模地震対策特別措置法（大震法）は、国として予知の総括ができていなかったこともあり、見直し議論は今までほとんど行われず、いわば長年タブー視されてきました。しかし、予知に過度の期待をもたせる恐れや、現行の運用に伴う警戒宣言時の社会の大混乱、東海地震単独発生から南海トラフ地震の連動発生といった備えるべき地震像の変化などを鑑みると、現行の大震法の仕組みをこのまま継続させておくことは、逆に将来の被害を拡大する恐れがあり、地元紙として到底看過できませんでした。過去40年間、東海地震説や地震予知の重要性を繰り返し呼びかけてきた地元紙だからこそ、状況が変わった今、自ら率先して予知の現状を検証し、結果として「予知はできない」と提言することで、長年続く東海地震対策が大きな問題を抱えていることを広く知らしめることが使命であると考えました。

それは、地元紙の責務として東海地震説を総括する作業であったと言っても過言ではありません。県民・読者にとっても極めて重要な節目であり、事実や賛否両論を淡々と積み重ねていくジャーナリズムの原点に立ち返り、今後の国民的議論に必要な判断材料を蓄積できれば、との思いで臨みました。独自アンケートなどデータジャーナリズムの手法も取り入れ、できる限り客観的な判断材料を提供できるよう心がけました。

一方、直前予知は否定されたものの、地震の発生状況などから「普段より大地震が起きる可能性が高まっている」程度は言えることも明らかになっています。一人でも多くの国民の命を守るためには、そうした異常な観測データなどの情報が一部の学者に囲い込まれることなく、迅速に国民に提供されるべきです。国や学者による情報の隠蔽はあってはならず、国民目線に立って地震情報を発信する重要性も本企画を通じて強く訴えました。

連載開始から半年後の2016年6月、国の中央防災会議が大震法のあり方を含めた南海トラフ沿いの地震予測と防災対応を検討する有識者ワーキンググループを設置し、現行の東海地震の予知の仕組みの方針転換を決めました。連載開始前、我々が大震法のタブー視を解消するのに不可欠と考えていたことは、①提唱者である石橋克彦氏の東海地震説と大震法に対する現在の考え方を報じること、②強化地域8都県157市町村の防災担当者の現在の考え方を検証すること―の2点でした。2016年1月に立て続けにこの2点を報じると、同年2月、気象庁の元予知情報課長で地震防災対策強化地域判定会委員の吉田明夫氏が判定会の席上、本紙を引用して「想定東海地震の想定を見直すべき」と異例の提言を行いました。その後6月に国の中央防災会議がワーキンググループを設置したことから、本キャンペーンが長年のタブーに風穴を開ける後押しとなったことは明らかでした。東海地震説後の静岡県の40年は、防災対策のマンネリ化との闘いでもありました。特に我々マスメディアにとって「震災前報道」のマンネリ化は深刻な課題です。本キャンペーンで積極的に現行制度に異を唱え、国レベルの抜本的見直しにつなげられたことは、「震災前報道」のあるべき姿を実践できたと自負しています。

また、連載開始当時、大震法という言葉は忘れられ、インターネットのサイトやSNSでも検索にヒットすることはほとんどありませんでした。今では若者を含めて多くの県民・読者が大震法という言葉を頻繁に目にするようになりましたから、今後の国民的議論の礎を築けたと考えています。

大震法の問題点を参加型イベントで県民・読者に分かりやすく知ってもらおうと、「大震法シンポジウム『みんなで考える地震予測～限界と活用法』」も２０１７年5月13日に静岡市内で主催しました。前述の吉田明夫氏をはじめ、地震学者や災害情報学者、静岡県危機管理監、内閣府参事官をパネリストに、取材班の記者らが進行役となって会場の参加者から募った質問に答えるという形式でパネル討論を行いました。県内外から参加希望者が殺到したため、急遽サテライト会場を設け、当初予定した定員１８０人を上回る約２２０人に聴講して頂きました。参加者のアンケートによれば、法制度見直しの動きを先取りして地元新聞社自らこうしたイベントを主催したことに好意的な意見がほとんどでした。これまで顧みられることのなかった大震法に脚光を当て、県民・読者とともに見直し議論の第一歩を踏み出すという本キャンペーンの企画意図にかなった結果となったと考えています。

本キャンペーンを通して、我々も地方紙の使命とは何かをあらためて考え直すことができました。これからも我々は、様々な取材に挑戦していきます。皆様の信頼を背負う地方紙として、タブーから目を背けることなく――。

最後に、本キャンペーンにご協力頂いた全ての方々に感謝致します。

静岡新聞社取締役編集局長　植松恒裕

【取材・執筆】鈴木誠之（社会部）、関本豪（同）、高林和徳（経済部）、遠藤竜哉（豊橋支局）、八木敬介（東京編集部）＝以上「大震法取材班」、武田愛一郎（御前崎支局）、高松勝（磐田支局）、寺田拓馬（社会部）、坂本昌信（同）、岩下勝哉（伊東支局）、秋山瑛美（社会部）【デスク】石川善太郎　※所属は2018年3月末現在

沈黙の駿河湾

平成30年4月1日　初版発行

静岡新聞社　編

発行者／大石　剛
発行所／静岡新聞社
〒422－8033
静岡市駿河区登呂3－1－1
電話054（284）1666

印刷・製本／石垣印刷

The Shizuoka Simbun 2018 Prinnted in Japan

ISBN978-4-7838-0554-0